计算机科学丛书

算法往事

关于计算的那些事

［美］马丁·埃尔维格（Martin Erwig）著

乔海燕 译

Once Upon an Algorithm
How Stories Explain Computing

机械工业出版社
CHINA MACHINE PRESS

Martin Erwig: Once Upon an Algorithm: How Stories Explain Computing (ISBN 9780262036634).

Original English language edition copyright © 2017 Massachusetts Institute of Technology.

Simplified Chinese Translation Copyright © 2025 by China Machine Press.

Simplified Chinese translation rights arranged with MIT Press through Bardon-Chinese Media Agency.

No part of this book may be reproduced or transmitted in any form or by any means, electronic or mechanical, including photocopying, recording or any information storage and retrieval system, without permission, in writing, from the publisher.

All rights reserved.

本书中文简体字版由 MIT Press 通过 Bardon-Chinese Media Agency 授权机械工业出版社在中国大陆地区（不包括香港、澳门特别行政区及台湾地区）独家出版发行。未经出版者书面许可，不得以任何方式抄袭、复制或节录本书中的任何部分。

北京市版权局著作权合同登记　图字：01-2017-8951 号。

图书在版编目（CIP）数据

算法往事：关于计算的那些事 /（美）马丁·埃尔维格 (Martin Erwig) 著；乔海燕译 . -- 北京：机械工业出版社，2025.6. --（计算机科学丛书）. -- ISBN 978-7-111-78024-3

Ⅰ . TP301.6

中国国家版本馆 CIP 数据核字第 2025CK4967 号

机械工业出版社（北京市百万庄大街 22 号　邮政编码 100037）
策划编辑：姚　蕾　　　　　　　　　责任编辑：姚　蕾
责任校对：王　捷　张慧敏　景　飞　责任印制：常天培
北京联兴盛业印刷股份有限公司印刷
2025 年 6 月第 1 版第 1 次印刷
185mm×260mm・11.75 印张・298 千字
标准书号：ISBN 978-7-111-78024-3
定价：79.00 元

电话服务　　　　　　　　　　网络服务
客服电话：010-88361066　　　机 工 官 网：www.cmpbook.com
　　　　　010-88379833　　　机 工 官 博：weibo.com/cmp1952
　　　　　010-68326294　　　金 书 网：www.golden-book.com
封底无防伪标均为盗版　　　　机工教育服务网：www.cmpedu.com

译者序

Once Upon an Algorithm: How Stories Explain Computing

在数字化和智能化时代，"算法"一词频繁出现在公众视野，基于算法的技术广泛应用在我们的日常生活中并对我们的生活产生深远影响。算法及其相关的计算基本知识就像物理、化学基本知识一样，应该成为现代人具有的常识，这似乎已经成为大家的共识。

如何将算法和计算这些抽象的概念普及给大众，本书做了很好的尝试。作者用人们熟知的故事（如《糖果屋》、夏洛克·福尔摩斯、印第安纳·琼斯和《哈利·波特》等）诠释了计算机科学中的基本概念，令没有任何计算机科学知识的大众能够理解算法和计算其实无时无刻不在陪伴着我们。我们早上起床、穿衣、淋浴、吃早餐和冲咖啡，上午完成例行公事，中午与同事一起午餐，晚上回家做一顿晚餐等，都在无意识地执行着一种算法，这种执行过程都叫计算。

作者在书中描述的许多场景都是我们所熟悉的。例如，

你几个月前写的那张纸条在哪？你记得写在一张纸上，这张纸与刚刚想到的计划有关。你找遍了所有可能放纸条的地方——至少你认为自己找遍了。然而，你就是找不到它。你发现自己在一些地方反复搜索——也许你第一次看得不够仔细。你还发现了你上次拼命寻找却没有找到的笔记。真该死。

我们都有这种找东西时花费太多时间的感受。如果我们听从计算机科学家的建议，即在存放东西时选择合适的数据结构，以及在找东西时使用高效的算法，或许我们下次找东西时不会再有这种不愉快的经历。

如果你是一名教师，每次考试你需要批改试卷，然后把成绩登入记分册，还要把试卷发还给学生或者按学号排序存档。如果学生人数较多，如何高效完成这些工作大有讲究。就100个学生来说，高效算法可比低效算法节省90%以上的时间。因此，如果我们对排序问题和排序算法有所了解，那么工作效率可以大大提高。

类型和类型规则在计算机科学中扮演着很重要的角色。但是，作者告诉大家，我们吃饭时喝汤用勺子而不用筷子，吃面条用筷子而不用勺子就是生活中的类型和类型规则的反映。作者进一步借助哈利·波特的故事阐释了类型规则无论是在魔法世界还是在麻瓜世界的重要性。可见，计算机科学研究的许多内容（特别是算法）并非神秘莫测，而是许多来自生活的问题，研究的成果还可以用于生活。

我相信，通过阅读这本书，读者不仅能感受到故事的乐趣，更能对计算机科学有比较全面深入的理解。希望这本书能够成为连接普通读者和计算机科学的桥梁，让更多人了解和喜爱这个充满智慧和创新的领域。翻译中可能存在不足之处，在此恳请读者批评指正。

最后，我要感谢机械工业出版社的编辑们。同时，还要感谢我的家人的支持和鼓励，让我能专注于本书的翻译，并享受翻译工作的乐趣和成果。

译者
2025年3月于伊犁师范大学

前 言

Once Upon an Algorithm: How Stories Explain Computing

当人们问起我的工作时,话题很快就转向了什么是计算机科学。说计算机科学是计算机的科学是一种误导(尽管严格来说并非不正确),因为大多数人会把计算机理解为个人计算机或笔记本计算机,并推断计算机科学家整天在构造硬件。其实,将计算机科学定义为对计算的研究只是在转移问题,因为它立即引出了计算是什么的问题。

多年来,我逐渐意识到,仅仅通过介绍一个又一个的概念来教学并不是很有效,它太抽象了。现在,我通常首先将计算机科学描述为对系统性解决问题的研究。每个人都知道问题是什么,每个人也都理解问题的解。在通过一个例子解释了这个观点之后,我就有机会介绍算法的概念了,这使我能够指出计算机科学和数学之间的重要区别。大多数时候,我不需要谈论编程语言、计算机和相关的技术问题,但即使涉及这些问题,通过具体的问题也可以很容易地说明这些概念。本书是对这种方法的详细阐述。

计算机科学是科学俱乐部的一名相对较新的成员,有时它似乎还没有赢得像物理、化学和生物等严肃科学学科那样的声望。想象一个涉及物理学家的电影场景。你可能会看到有人在讨论黑板上复杂的公式,或者穿着实验服做实验。这位物理学家是一位声誉卓著的科学家,他的知识受到珍视。现在想象一个涉及计算机科学家的类似场景。你可能会看到一个书呆子坐在一个黑暗、凌乱的房间里,眼睛紧盯着计算机屏幕。他疯狂地敲击键盘,可能是想破解一些代码或密码。在这两个场景中,他们都正在解决一个重要的问题,但是物理学家可能会对如何解决这个问题提供一些合理的解释,而计算机问题的解仍然是神秘的,往往是神奇的,而且太复杂了,导致无法向非专业人士解释。如果计算机科学对外行来说是无法解释的,还会有人尝试进一步了解或理解它吗?

计算机科学的主题是计算,这是一种影响每个人的现象。我指的不仅仅是手机、笔记本计算机或互联网。想想折纸飞机、开车去上班、做饭,甚至是 DNA 转录(当你读这句话的时候在你的细胞中发生了数百万次的过程),这些都是计算——一种解决问题的系统方法的例子——尽管大多数人并不这样认为。

科学使我们对自然界如何运作有了基本的了解,并为我们提供了可靠地建立这种知识的科学方法。适用于一般科学的东西也适用于计算机科学,特别是因为我们在众多不同情况下遇到了众多形式的计算。因此,对计算有基本理解就像具备物理、化学和生物基础知识一样,可以更好地理解这个世界,更有效地解决许多现实世界的问题。这方面的计算能力通常被称为计算思维。

本书的一个主要目标是着重于计算的一般性质,进而强调计算机科学的广泛适用性。我希望这能激发人们对计算机科学更广泛的兴趣,使人们愿意对计算机科学有更多了解。

我首先指出日常活动中的计算,然后通过大家熟知的故事解释相应的计算机科学概念。日常情景取自一个典型的工作日:早上起床,吃早餐,上下班,工作场所的情节,预约医生,午后的爱好活动,晚餐,晚上反思一天的事件。这些小插曲都将引出书中的一章。然后,这些章节用七个流行的故事解释了计算的概念。每个故事贯穿 2 或 3 章,围绕计算机科学的一个主题展开讨论。

本书分两篇：算法和语言。它们是计算概念所依赖的两个主要支柱。表 1 概述了本书要讲的故事和它们所说明的计算机科学概念。

表 1　本书中的故事

	故事	章	主题
第一篇	《糖果屋》 夏洛克·福尔摩斯 印第安纳·琼斯	1、2 3、4 5、6、7	计算与算法 表示与数据结构 问题求解与其局限
第二篇	《飞跃彩虹》 《土拨鼠之日》 《回到未来》 《哈利·波特》	8、9 10、11 12、13 14、15	语言与语义 控制结构与循环 递归 类型与抽象

我们都喜欢好故事。故事给予我们安慰、希望和力量。它们向我们讲述这个世界，让我们意识到我们面临的问题，有时还会提出解决方案。故事也可以为我们的生活提供指导。当你思考故事教给我们的东西时，你可能会想到爱、冲突、人类的状况，但我还会想到计算。当莎士比亚笔下的朱丽叶问及名字意味着什么时，她谈到了一个关于表示的重要问题。阿尔贝·加缪的《西西弗斯的神话》提出了如何面对生活的荒谬以及如何发现永无止境的计算的问题。

故事有多层意义，它们通常包括一个计算层。本书努力揭开这一层面纱，并为读者提供一个关于故事和计算的新视角。我希望读者能欣赏这些故事中的计算内容，并且这种新颖的观点能激发读者对计算机科学的兴趣。

致 谢

Once Upon an Algorithm: How Stories Explain Computing

　　编写本书的想法来自我与朋友、学生、同事以及上下班公交车上的人们的交谈。我感谢他们耐心地听我解释计算机科学，也感谢他们在解释变得太长太复杂时即使不耐烦仍表现出的友好。这些经历在很大程度上激发了我写一本通俗易懂的计算机科学图书的想法。

　　在过去的十年里，我有机会和许多暑期实习的高中生一起工作，这给了我额外的鼓励。这些实习工作得到了美国国家科学基金会的多次资助，在此对该基金会对美国科学研究和科学教育的支持表示感谢。

　　在为本书准备材料时，我依赖于互联网，特别是维基百科和 TV Tropes（tvtropes.org）。感谢所有贡献者与世界分享他们知识时的承诺和热情。

　　在我写这本书的时候，Eric Walkingshaw、Paul Cull 和 Karl Smeltzer 阅读了一些章节，并就内容和写作风格提供了专业的反馈。我要感谢他们提出的有益建议。还要感谢 Jennifer Parham-Mocello，她阅读了一些章节，并在大学新生课堂上测试了书中的几个例子。我还要感谢我的儿子亚历山大校对手稿，并就有关哈利·波特的问题提供了专家建议。这本书的大部分内容是我在俄勒冈州立大学休假期间写的。感谢我系和学校对这个项目的支持。

　　把本书的想法变成现实是一个比我的预想更大的挑战。我衷心感谢麻省理工学院出版社的 Marie Lufkin-Lee、Katherine Almeida、Kathleen Hensley 和 Christine Savage 对这个项目的支持，以及一路上对我的帮助。

　　最后，我很幸运地与我最耐心、最坦诚的读者结为了伴侣。我的妻子 Anya 在本书的整个撰写过程中一直鼓励着我。她总是愿意倾听我的问题，尽管我的问题对她来说往往是很无聊和抽象的。她读了很多手稿，每当我的写作过于学术化、过于依赖专业术语时，她就耐心地尝试纠正我。相比其他人，本书的完成更多地归功于她，我把本书献给她。

目 录

Once Upon an Algorithm: How Stories Explain Computing

译者序
前言
致谢

引言 1

第一篇　算法

计算与算法——《糖果屋》 10
第 1 章　理解计算之路 13
第 2 章　走一遍：计算真正发生的时候 21

表示与数据结构——夏洛克·福尔摩斯 28
第 3 章　符号的秘密 30
第 4 章　侦探笔记：事后从犯 39

问题求解与其局限——印第安纳·琼斯 49
第 5 章　寻找完美的数据结构 52
第 6 章　解决排序 66
第 7 章　难解的任务 77

第二篇　语言

语言与语义——《飞跃彩虹》 88
第 8 章　语言多棱镜 90
第 9 章　寻找正确的语气：声音的意义 101

控制结构与循环——《土拨鼠之日》 108
第 10 章　揉搓，冲洗，重复 111
第 11 章　结局不一定圆满 120

递归——《回到未来》 ··· *128*
    第 12 章　事半功倍 ··· *131*
    第 13 章　只是解释的问题 ··· *144*

类型与抽象——《哈利·波特》 ··· *153*
    第 14 章　魔法类型 ··· *156*
    第 15 章　鸟瞰：从细节到抽象 ·· *166*

引言

Once Upon an Algorithm: How Stories Explain Computing

计算在现代社会具有很重要的地位。不过，除非你想成为一名计算机科学家，否则为什么要深入理解这个概念呢？你完全可以止于欣赏由计算支撑的技术，享受它们所带来的好处。就像你可以享受乘飞机的便捷而无须学习空气动力学，或者享受现代医疗保健的成果而无须获得一个医学学位。

但是，我们生活的这个世界不只由人造的技术构成。我们必须面对由物理定律控制的非自主对象。因此，我们应该懂得力学的基本知识，以便预测对象的行为，安全地驾驭我们的环境。这个道理同样适用于学习计算及其相关概念。计算不只存在于计算机和电子产品中，在机器之外也普遍存在。下面我将简单地讨论计算机科学的一些重要原理，并说明其重要性。

计算与算法

我请你做一个练习。请准备1把尺子、1支铅笔和1张纸（最好是有小方格的纸）。先画1英尺[⊖]长的水平线段，然后在线段的一端画同样长度的垂直线段，最后用直线连接这两个线段的另一端点，由此做出一个三角形。现在请量一下三角形斜边的长度。祝贺你！你刚刚计算出了2的平方根（见图1）。

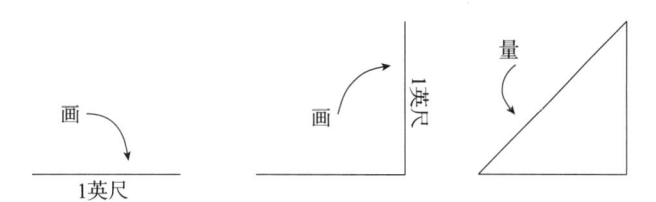

图1　使用尺子和铅笔计算2的平方根

这个几何练习同计算有什么关系呢？我将在第1、2章解释，这正是计算机执行算法的过程产生了计算。在这个例子中，你就像一台计算机在执行一个算法——先画线段，然后量长度，由此产生了 $\sqrt{2}$ 的计算。拥有一个算法是非常关键的，因为只有这样，不同的计算机才能在不同的时间重复完成一个计算。计算的一个重要特点是它需要资源（诸如铅笔、纸张和尺子）和时间来完成。此外，算法的描述也非常重要，它有助于我们分析计算所需要的资源。

第1章和第2章将讨论：

❏ 什么是算法
❏ 算法用于系统地解决问题
❏ 算法需要计算机（人、机器等）来执行以产生一个计算
❏ 算法的执行需要消耗资源

⊖　1英尺 = 0.3048米。——编辑注

算法为什么重要？

菜谱是算法的例子。每当你按照菜谱做三明治、烘焙巧克力蛋糕，或者烹饪一道美食时，你便是在按照一个算法将原料转变为成品。所需的资源包括原料、工具、能源和准备时间。

算法的知识令我们关注一个方法的正确性以及它对资源的需求，由此可以（重新）组织这些步骤和原料，从而为改进我们各种领域的生活过程创造机会。例如，在用几何计算平方根的过程中，我们可以省去画斜边的步骤，直接量两个未连接端点之间的距离。

在烹饪过程中，简单明了的改进可以是做好计划，或者把原料预先放在一起，省去频繁地开关冰箱。你也可以让某些步骤同时进行，比如在煮土豆的同时预热烤箱或者制作沙拉，以便更高效地使用烤箱或者炉子并且省时。这些技术同样适用于许多其他领域，从简单的家具组装说明到办公室运营或工厂车间管理的组织流程。

在技术层面，算法基本上控制了计算机中的所有计算。一个典型例子是数据压缩，可以说，没有数据压缩就几乎不可能有网络上音乐和电影的传输。数据压缩算法可以识别频繁出现的模式并用较短的代码代替它。数据压缩直接通过减少表示音乐和电影所需的空间，以及减少在网络上传输它们所需的时间，解决计算的资源问题。另一个例子是谷歌的网页排名算法，该算法决定按照什么次序将搜索结果呈现给用户。它的工作方式是评估网页的重要性，即计算有多少链接指向网页以及这些链接的重要性。

表示与数据结构

你可能觉得数值计算是借助数字完成的，因为我们使用印度－阿拉伯数字系统，而且机器使用 0 和 1。因此，借用线段计算 $\sqrt{2}$ 的几何方法似乎有些出乎意料。但是，这个例子表明同一个事情（例如，一个量）可以用不同的方法（数字符号或者线段）表示。

计算的本质是表示形式的转换。第 3 章将解释什么是表示形式，以及在计算中是如何使用表示的。因为许多计算都需要处理大量的信息，第 4 章将解释如何有效地组织数据集。这个问题的挑战在于任何一种数据组织形式都是对某些数据操作是高效的，对于其他操作则不然。

第 3 章和第 4 章将讨论：

- ❏ 表示的不同形式
- ❏ 数据集的不同组织方法和存取方法
- ❏ 不同数据组织方法的优缺点

表示形式为什么重要？

菜谱中原料的多少可以用重量或体积度量。这些便是不同形式的表示，需要不同的量器（秤或者量杯）以便正确地完成菜谱/算法。至于数据组织，你的冰箱或食品柜的组织方式会直接影响你获取菜谱原料的效率。考虑菜谱本身的表示形式问题。菜谱的表示可以是文字描述、一系列图片，甚至一个社交媒体视频。表示形式的选择往往会对算法的效率产生重大影响。

特别是，如何组织一些对象或者人员的问题具有许多实际应用，例如，如何布置你的书桌或者车库以便更有效地取得你所需的东西，或者如何摆放图书馆的书架。又如，考虑等候人员的不同组织方式：在一家商店（站成一个队列），或者在一家医院（取号后坐在等候区），又或者在登机时（排成多个队列）。

在技术层面，电子表格是最成功的编程工具。用表格组织数据是成功的关键，因为这使得按行或按列的求和非常简单便捷，而且可以在一个单元表示数据和它们的计算结果。另外，互联网——20世纪后期最具变革意义的发明之一——把网页、计算机以及它们之间的连接组织成一个网络结构。这种表示支持灵活的信息存取和高效的数据传输。

问题求解与其局限

算法是求解问题的一种方法，问题可能是求一个数的平方根或者烘焙蛋糕。计算机科学是研究系统性问题求解的学科。

在用算法求解的许多问题中，有两个问题值得我们详细讨论。第5章将介绍搜索问题，这是数据处理中最常用的一种计算。第6章讨论排序问题，并介绍一个最有效的问题求解方法以及问题的内在复杂度。第7章介绍所谓的难解问题类，虽然存在求解这些问题的算法，但是算法运行时间过长，所以这些问题实际上是不可解的。

第5章、第6章和第7章将讨论：

- 为什么搜索可能既困难又费时
- 改进搜索的方法
- 不同的排序算法
- 有些计算可以为其他计算提供支持，如排序可以支持搜索
- 具有指数运行时间的算法实际上不能算作问题的解

问题求解为什么重要？

我们把无数生命时光花费在搜索上，可能是寻找车钥匙，可能是在互联网上搜索信息。因此，理解搜索及高效搜索技术对我们很有帮助。此外，搜索问题展示了表示的选择如何影响算法的性能，这反映了约翰·杜威的观察：问题表达得好等于问题解决了一半[⊖]。

认识到一个问题不能有效地解决，其重要性不亚于找到可解问题的求解算法，因为这样可以避免寻找本不存在的有效解。这也表明，在某些情况下我们应该满足于近似解。

在技术层面，最明显的搜索例子是谷歌的网络搜索引擎。它并不是随意呈现查询的搜索结果，而是按照结果的预期重要性和相关性有序排列结果。对于求问题精确解的算法需时太长的情况，问题难度的知识可用于开发计算近似解的算法。一个有名的问题是旅行商问题，旨在查找游览某些城市的往返旅程，要求总的游览距离最短。

认识到一个问题缺乏有效求解算法也有正面的意义。一个例子是公钥加密，它促成了互联网上的私密交易，包括银行账号管理和在线购物。这种加密的可行性依赖于目前不存在有效的素数分解算法（即把一个数分解成素数的乘积）。一旦出现了有效素数分解算法，公钥加密便不再安全。

语言与语义

任何算法都需要用某种语言表述。目前计算机还不能用自然语言编程，因为自然语言有

⊖ 来自 *Logic：The Theory of Inquiry*（1938年）的"The Pattern of Inquiry"一节。

太多歧义，这对于人类不是大问题，但对于机器是难以理解的。因此，由机器执行的算法必须用结构和语义定义良好的语言描述。

第 8 章介绍语言的概念以及如何定义语言的语法。语言的语法定义确保每个语句都有良好的结构，这是理解和定义语言和语句的语义的基础。第 9 章讨论语言的语义和歧义问题。

第 8 章和第 9 章将讨论：
- 一个语言是如何用语法定义的
- 如何用语法构造语言的所有语句
- 语法树的概念
- 如何用语法树表示语句的结构以及解决语句的歧义问题

语言与语义为什么重要？

我们人类使用语言交流信息。要使得交流有意义，交流的人必须就哪些模式构成一个合适的句子以及句子的语义是什么达成一致。例如，菜谱中关于原料的量、烤箱的温度和烹饪时间等的说明必须是准确的，才能做出期望的食物。

我们已经在生活的方方面面创造了特殊的术语和语言，使得通信交流更有效。计算机科学中尤其如此，其中关键的通信是在机器之间进行的。因为机器处理语言的能力不及人类，语言的准确定义尤其重要，这样才能确保编程后的机器以我们期望的方式运作。

在技术层面，一个广泛使用的程序设计语言是电子表格公式语言。一个人只要在电子表格中写过一个公式，就可以说他写过一个电子表格程序。电子表格有时会因公式错误而出错，造成几十亿美元的损失。另一个普适语言是 HTML（超文本标记语言）。每当你在便携式计算机、PC 或者手机上打开一个网页时，很可能在你的浏览器中呈现的内容就是用 HTML 表示的，这种语言明确表达网页内容的结构，并用唯一的方法将其呈现出来。HTML 只是表达信息，它本身并不描述计算，而另一种网页浏览器理解的语言 JavaScript 专用于定义网页的动态行为。

控制结构与循环

算法中的指令有两类不同的功能，它们或者直接处理数据，或者决定下一步执行哪些指令以及一个指令执行多少次。后一类指令称为控制结构。就像一部电影或者小说的情节是单个动作或者场景的有机组合一样，算法是在单个指令基础上用控制结构组建的。

第 10 章介绍不同的控制结构，重点是用于表达动作重复的循环。第 11 章讨论一个重要问题，即一个循环会终止还是会无休止重复，以及这个问题是否可以用一个算法判断。

第 10 章和第 11 章将讨论：
- 什么是控制结构
- 为什么在任何描述算法的语言中，控制结构是关键的部分
- 如何用循环表达重复任务
- 什么是停机问题，该问题何以例证计算的一个基本性质

控制结构为什么重要？

烙饼之前需要先在烤盘上抹油。菜谱中步骤的顺序很重要。此外，菜谱中有时含有需要

依据原料和烘焙工具的性质做出的决定。例如，如果使用对流烤箱，那么烘焙时间要短一些或者温度要低一些（或两者同时要求）。如果一个菜谱指导你重复某些动作，比如在制作蛋糕时不停加入鸡蛋和搅拌面糊，这便是循环。

控制结构与其他操作的区别就像做某事与组织何时做和做多少次之间的区别。对于任何过程或者算法，我们可能想知道它们做的和应该做的是否一致，或者只想知道它们是否会结束。后一个简单问题就是所谓的停机问题，这只是应该理解的算法的许多性质中的一个。知道算法的哪些性质可以用其他算法自动判定，能得到算法可达的能力和计算面临的局限。

在技术层面，有算法的地方就有控制结构，因此它们无处不在。互联网上传输的信息被不断地循环发送直至被对方接收，交通信号灯由无线循环结构控制，许多制造过程包含重复的任务直至达到某个质量指标。对于将来未知的输入，算法会产生什么结果，这种预测在安全领域具有许多实际应用。例如，预测一个系统是否容易遭到黑客的攻击。类似的情景如救援机器人实际投放的环境不同于训练环境，准确地预测机器人在未知环境中的行为可能意味着生或死的完全不同结果。

递归

归纳原理，即用简单的部分去解释或者实现复杂系统的过程在很多科技领域都发挥着非常重要的作用。递归是一种特殊的自指归纳。许多算法是递归的。例如，设想一个字典，每一页包含一个词条，在字典中查找一个单词的说明是这样的：翻开字典，如果看到了该词则停止，否则在当前翻开页的前面或者后面查找。注意，最后分句中的查找说明是递归的指引，它指向了整个查找说明的开始。这里无须加上"重复这个过程直至找到该词"的描述。

第12章介绍递归，它是一个控制结构，同时也应用于数据组织的定义。第13章介绍理解递归的不同途径。

第12章和第13章将讨论：

❏ 递归的概念
❏ 如何区分不同形式的递归
❏ 两种解开和理解递归的不同方法
❏ 这些方法如何帮助我们理解递归以及它的不同形式之间的关系

递归为什么重要？

"调味"的递归定义是"尝一尝。如果味道合适，则停止。否则，加一点调料，然后调味。"任何重复的动作都可以递归地描述，即在描述中使用被重复的动作（这里的"调味"）以及停止的条件。

递归是获得潜在无穷数据和计算的有穷描述的基本原则。一个语言的语法中的递归提供了描述无穷个句子的方法，递归算法允许它处理任意大的输入。

因为递归是组织数据的一个通用控制结构和机制，因此也是许多软件系统的组成部分。另外，递归有许多直接的应用。例如，一个图片的某个部分与整个图片相同，这种所谓的德罗斯特效应（Droste effect）可以通过一个信号（一个图片）和一个接收器（一个照相机）之间的反馈循环获得。反馈循环是重复效应的一个递归描述。分形是自相似的几何模式，可以通过递归方程描述。分形存在于自然界中（例如，雪花和水晶中）。分形可应用于分析蛋白质和 DNA 的结构，还可应用在设计自组装纳米电路使用的纳米技术中。自我复制机器是一个递归概念，因为一旦开始运行，它们将再生成自身的副本，这些副本又生成它们自身的副本等。自我复制机器被应用于空间探测。

类型与抽象

计算是对表示的转换，但不是每个转换都适用于每个表示。数值可以相乘，但是线段不可以。同样，可以计算一条线段的长度或者一个三角形的面积，但对一个数做这样的计算毫无意义。

表示和转换可以划分为不同的类别，以区别哪些转换适用于哪些表示，对其他表示则无意义。这样划分的类别称为类型，决定哪些转换和表示的组合有意义的规则称为类型规则。类型和类型规则支持算法的设计。例如，如果需要计算一个数值，就需要使用生成数值的运算；如果需要处理数值列表，则需要使用接收数值列表作为输入的运算。

第 14 章将介绍类型的概念以及如何应用类型制定描述计算规律的规则。这些规则可用于发现算法中的错误。类型的威力在于它可以忽略单个对象的细节而在更一般的层面制定规则。忽略细节的过程称为抽象，这是第 15 章的内容，其中介绍为什么抽象是计算机科学的核心，除了将抽象应用于类型，如何将其应用于算法甚至计算机和语言。

第 14 章和第 15 章将讨论：
- 什么是类型和类型规则
- 如何将其用于描述计算规则，从而发现算法中的错误，构造可靠的算法
- 类型和类型规则只是更一般的抽象概念的特殊情况
- 算法是计算的抽象
- 类型是表示的抽象
- 运行时复杂度是执行时间的抽象

类型与类型规则为什么重要？

如果一个菜谱中需要打开一罐豆子，那么当一个人使用一个勺子来完成这个操作时你会感到很奇怪，因为相关的类型规则表明，勺子必定是不适合这个任务的工具。

使用类型和其他抽象描述规则和过程是普遍适用的思想。任何必须重复的过程都需要算法抽象，这是一个忽略不必要细节并用参数代替可变部分的描述。菜谱也包含了算法抽象。例如，许多烹调书用一节描述基本技能（西红柿去皮和去籽等），然后在菜谱中可以简单地说需要多少去皮西红柿或者去籽西红柿。此外，在这种抽象中不同对象所起的作用是按照描述它们要求的类型汇总的。

在技术层面，有许多类型和抽象的例子。物理类型的例子包括各种不同形状的插头和插座，不同规格的螺丝和螺丝刀以及钻头，锁和钥匙等。形状不同是为了避免不当的组合。软件中类型的例子可以是网页中要求以不同格式输入电话号码和电子邮箱地址。因为忽视类型导致重大损失的例子比比皆是。例如，1998 年 NASA 的火星气候轨道器因为不兼容数的表示错误而损失 6 亿 5500 万美元。这种类型错误本可以使用类型系统避免。最后，计算机的概念本身是有能力执行算法的人类、机器或者其他角色的抽象。

如何阅读本书

图 2 展示了本书讨论的概念以及它们之间关系的概览。第 7、11 和 13 章（图 2 中深灰色部分）包含了更多技术内容。这些章节可以跳过，不影响后续章节的理解。

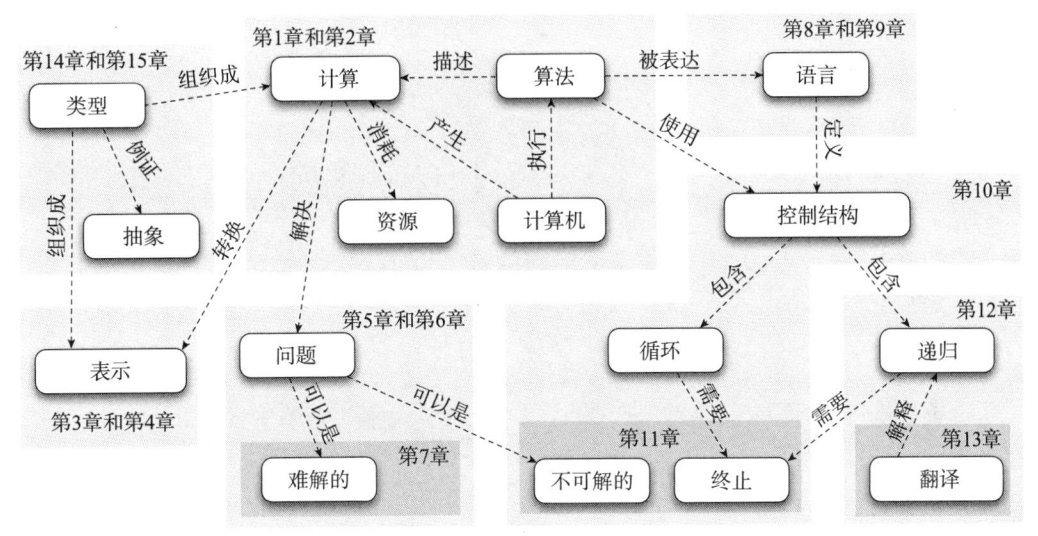

图 2 计算的概念及其关系

读者不一定要按照顺序阅读本书内容。许多章节的内容是相互独立的，尽管后续章节有时会引用前面章节所介绍的概念和例子。

右面的指引说明了选择和阅读各章的顺序，同时也为读者提供了跳读和穿插阅读的捷径。我在通过故事中的事件、人物和对象讨论计算概念的同时，有时也通过例子介绍新的概念和工作，通过更多细节展示计算的重要特性。因此，有些内容容易理解，有些则较难。作为众多科普读物的读者，我完全理解读者对于细节的兴趣因人而异。因此我希望这个阅读指引能更好地帮助读者阅读本书内容。

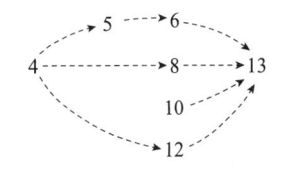

我建议先阅读第 1 章和第 2 章，因为这两章引入了贯穿整本书的计算的基本概念，包括算法、参数、计算机和运行时复杂度。

其他 6 个主题（图 2 浅灰色框）大致是相互独立的，但是在每个主题范围内应该按顺序阅读各章节。第 4 章介绍几个数据结构，因此应该在阅读第 5、6、8、12 和 13 章前阅读该章（见示意图）。

第一篇
算法

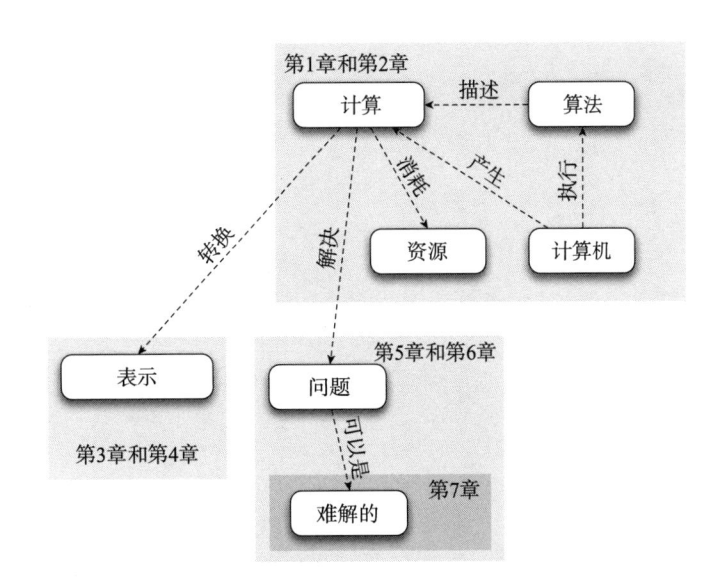

```
第1章和第2章
           描述
    计算 ←——— 算法
   ↓ ↓ ↘产生  ↑执行
转换 解决 消耗
 ↓    ↓    ↓    ↑
      资源  计算机

表示        问题
            ↓可以是
第3章和第4章  难解的
          第5章和第6章
                第7章
```

计算与算法

《糖果屋》

起床

清晨，闹钟响起。你不情愿地从床上挪下来。你穿上衣服。这个简单的日常起床程序通过一系列熟练的步骤解决了每日发生的问题。这样的过程在计算机科学中被称为一个算法（algorithm）。淋浴、刷牙、吃早餐等，这些都是解决特定问题的算法例子。

不过，等一下。如果不考虑睡眠不足，这里所说的问题是什么？我们通常不认为平凡的日常活动在生成解决问题的方法。或许这是因为这些问题都有显然的解决方法，或者这些解决方法都很容易获得。但是，问题（problem）这个词通常用于具有熟知解决方法的情形或事情。设想一个考试，其中包含了许多有确切答案的问题。因此，一个问题是任何需要一个解的事情或者情形，即使我们清楚如何得到这些解。在这个意义上，清晨起床是一个具有熟知解决方法的问题。

一旦我们知道了如何解决一个问题，就很少会琢磨相应的解决方法是如何构思出来的。特别是当这个方法简单易用时，似乎没有反思的必要。不过，思考如何解决问题有助于我们解决未来的未知问题。问题的解决方法并不总是显然的。事后看来大多数解决方法是明显的，但是假如你并不知道起床问题的解，你会如何解决这个问题呢？

一种关键的观察是非平凡问题可以分解成一些子问题，子问题的解可以结合成原问题的解。起床问题包含两个子问题：下床和穿衣服。解决这些子问题都有算法，分别是从床上挪下来和穿上衣服，因此可以把这两个算法结合起来构成起床算法，不过需要注意两者结合的次序。因为在床上穿衣服很困难，我们应该先下床。如果这个例子不够令人信服，可试想淋浴和穿衣服的次序。在这个简单例子中，只有一个次序可构成问题的可行解，但情况并不总是这样的。

问题的分解并不限于一个层次。例如，穿衣服问题可以进一步分解成几个子问题，比如穿裤子、穿上衣、穿鞋等。问题分解的优点是它能帮助我们模块化寻找解决方法的过程，也就是说不同的子问题可以独立求解。模块化的重要性在于我们可以通过团队并行找出问题的解。

找到解决问题的算法并不算万事大吉。算法必须付诸实施以真正解决问题。说和做是两个不同的事情。有些人理解清晨闹钟响起时那种差别的痛苦。因此，算法及其应用是有区别的。

在计算机科学中，算法的每次应用称为一个计算（computation）。这是否意味着，当我们实际起床时，我们将自己计算出床铺并被套进了衣服里？这听起来有些古怪，但是如果一个机器人做同样的事情，我们会怎么说呢？机器人需要经过编程以完成这个任务。换句话说，我们需要将算法用一种机器人理解的语言告诉它。当机器人执行起床程序时，我们能说它不是在完成一个计算吗？这并不是说人类是机器人，而是说当人们执行算法时，他们确实是在进行计算。

算法的强大来自它们可以被无限次执行。就像轮子不需要重复发明一样，一个好的算法一旦被开发出来，就可以永远为我们服务。算法可以被许多人用来在许多场合可靠地计算重复出现的问题。这就是为什么算法是计算机科学的核心,而且算法的设计是计算机科学家最重要、最有趣的工作。

　　计算机科学可以被称为解决问题的科学。即使在众多教科书中找不到这样的定义,但这种观点可以提醒我们为什么计算机科学对我们生活的方方面面影响越来越多。此外,许多有益的计算发生在机器之外,而且(没有受过计算机教育的)人们可以执行这些计算来解决问题。第 1 章通过汉赛尔与格莱特的故事介绍计算的概念,突显计算解决问题以及人的作用。

第 1 章
Once Upon an Algorithm: How Stories Explain Computing

理解计算之路

什么是计算？这个问题是计算机科学的核心。本章为此提供一个答案，至少是一个初步的尝试，并建立计算及与其紧密相关概念之间的联系。特别是，我将介绍计算及问题求解和算法之间的关系。为此，我将从两个互补的方面描述计算概念：它做什么和它是什么。

第一个观点是计算解决问题，它强调一个问题可以通过计算来解决，只要该问题被适当地表示出来并被分解成子问题。这个视角不仅反映了计算机科学对社会方方面面的巨大影响，而且解释了为什么计算是人类各种活动中必不可少的部分，这与是否使用计算机无关。

但是，问题求解的视角遗漏了计算的一些重要方面。仔细察看计算与问题求解之间的差别后产生了第二个观点，即计算是算法的执行。算法是计算的准确描述，而且使得计算的自动化和分析成为可能。这个观点将计算看作由一系列步骤构成的过程，这有助于解释计算如何以及为何能有效解决问题。

掌控计算的关键在于将类似问题看成一类问题，并设计一个能解决该类中每一个问题的算法。一个算法有点像一种技能。就像烤蛋糕或者修汽车的技能可以在不同的时候重复应用，解决一类问题的不同特例。技能也可以被教授和分享，因此具有更广泛的影响。同样，我们可以对不同的问题特例重复执行算法，并在每次执行过程中生成一个解决手头问题的计算。

将问题分解成平凡问题

我们从第一个观点开始，将计算看作解决特定问题的过程。我用大家熟悉的《糖果屋》的故事作为例子，故事中汉赛尔和格莱特兄妹俩被他们的父母遗弃在森林中。我们来观察被遗弃后，汉赛尔的智慧如何引导他们找到了回家的路。故事发生在一个饥荒年，汉赛尔和格莱特的后母要求他们的父亲将两个孩子遗弃到森林中，以便父母能存活下去。汉赛尔听到父母的对话后，当晚悄悄地收集了一些石子，然后装在口袋里。第二天，在他们被送往森林的路上，汉赛尔沿路留下石子以标记回家的路。父母离开他们后，两个孩子等到天黑，沿着在月光下闪闪发光的石子返回家中。

虽然故事并没有到此结束，但是这一段情节提供了如何使用计算解决一个问题的例子。这里要解决的是存活问题——显然比起床问题严重得多。存活问题陈述为从森林中的某个位置移动到汉赛尔和格莱特的家。这个问题不能简单地用一个步骤解决，因此并不是一个平凡问题。一个不能用一步解决的复杂问题必须被分解成一些容易解决的子问题，而且这些子问题的解可以结合成原问题的解。

在森林中找到路的问题可分解为找出一系列中间位置的子问题，而且这些位置互相足够近，使得从一个位置移到下一个位置很容易。这些位置构成走出森林回到汉赛尔和格莱特家的路径，而且从一个位置到下一个位置的每一步移动都很容易实现。将这些单步移动连接起来便是从森林中的初始位置到家的移动。这个移动系统地解决了汉赛尔和格莱特的生存问题。计算的一个关键特性就是系统性地解决问题。

如上例所示，一个计算通常不止包含一步，而是由多步组成。计算的每一步解决一个子问题，并且使得问题的状态有些改变。例如，汉赛尔和格莱特每次走到下一颗石子的移动是计算中的一步，它改变了他们在森林中的位置，对应于解决到达回家之路上下一个目标的子问题。在大多数情况下，每次单步的实施都使得计算更接近问题的解，但并不是每一步都是这样的。只有所有的步骤结合起来才能生成问题之解。在这个故事中，汉赛尔和格莱特经过的每个位置通常会更接近家，但道路可能不是一条直线。有些石子可能构成弯路，比如为了绕过某个障碍或者借助桥梁过河，但是这并不改变整体移动的效果。

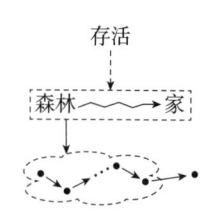

通过系统的问题分解获得一个解，这是一个重要的经验。问题分解是获得问题之解的关键策略，但有时需要借助一些辅助对象，例如本故事中的石子。

没有表示便没有计算

如果一个计算由一系列步骤构成，那么其中每一步真正做什么，这些步骤又如何一起产生给定问题的解？为了产生综合的效果，每一步的效果必须为下一步提供准备，使得所有步骤的累积效果生成问题的解。在前面的故事中，每一步的结果将改变汉赛尔和格莱特的位置，当位置最终变成他们的家时，问题便得到了解决。一般地，计算的每一步几乎可以对任何事物（可以是具体的物理对象，或者抽象的数学对象）产生效果。

要解决一个问题，一个计算必须处理现实世界中某种有意义的表示（representation）。汉赛尔和格莱特的位置表示两种可能状态：森林中的所有位置表示问题的状态——危险和可能的死亡，他们的家表示解的状态——安全和存活。这就是为什么引导汉赛尔和格莱特回家的计算解决了一个问题——它让两个孩子转危为安。对比之下，引导从森林中的一个位置到另一个位置的计算并不能得到这样的结果。

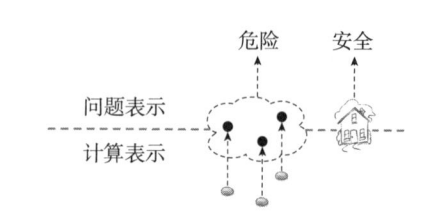

这个例子还有另一个层次的表示。因为用位置间移动定义的计算是由汉赛尔和格莱特实现的，因此这些位置必须能被他们识别，这也是汉赛尔沿途丢下石子的原因。石子用计算机——汉赛尔和格莱特——能够真正实现计算步骤的形式表示了位置。表示通常分多个层次。本例包含一个定义问题的表示（位置）和一个便于计算解的表示（石子）。此外，所有的石子一起形成另一个层次的表示，它们表示从森林到家的路径。这些表示的小结参见表 1.1。

表 1.1 表示的小结

计算表示		问题表示	
对象	表示	概念	表示
一颗石子	森林中的位置 家	森林中的位置 家	危险 安全
所有石子	走出森林的路径	走出森林的路径	问题之解

图 1.1 概括了计算的问题求解画面，它把汉赛尔和格莱特寻找回家之路显示为计算通过一系列步骤处理表示的例子。在起床例子中，我们也可以找出各种表示，例如位置（床上、床下）的表示以及反映时间的闹钟的表示。表示可以有多种不同的形式。这些将在第 3 章讨论。

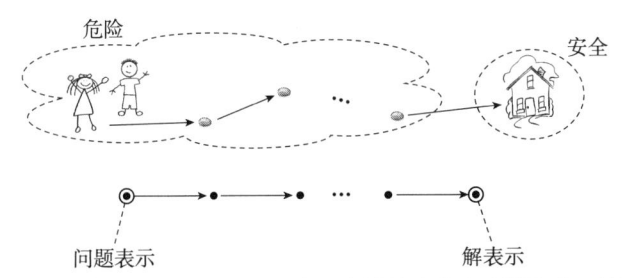

图 1.1 计算是解决一个特定问题的过程。通常一个计算由多个步骤构成。从问题的表示出发，每一步都会改变表示，直至得到问题的解。汉赛尔和格莱特从一颗石子到另一颗石子，一步步改变他们从森林到家之间位置的过程，解决了存活问题

问题求解之外

把计算看作问题求解过程，这种观点抓住了计算的目的，但是并没有解释计算到底是什么。此外，问题求解的观点具有某些局限性，因为并非问题求解的每个动作都是一个计算。

如图 1.2 所示，这里有计算，也有问题求解。尽管它们常常重叠，但有的计算并不解决问题，而且有些问题也不是通过计算解决的。本书的重点是计算与问题求解的交集，但为了使得问题更明晰，我将考虑另外两种情况的一些例子。

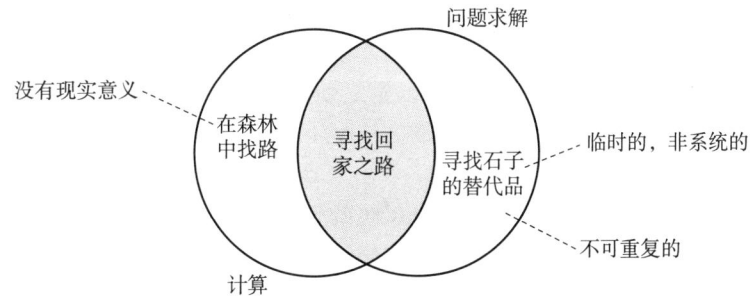

图 1.2 区别问题求解与计算。如果一个计算的效果在现实世界中没有任何意义，那么它不解决任何问题。如果一个问题的临时解是不可重复的，那么它不构成一个计算

对于第一种情况，设想一个计算，它由在森林中相互跟随从一个地方到另一个地方的石子构成。这个过程的步骤原则上与原故事的步骤相同，但是相应的位置变化不会解决汉赛尔和格莱特的存活问题。设想一个更极端的例子，假设这些石子构成一个圈，这意味着相应的计算似乎没有任何成果，因为初始位置和终止位置完全一样。换言之，这种计算没有累积效果。这两种情况与原故事之间的区别在于过程是否有意义。

没有这种明显意义的过程仍然称得上计算，但它们不能被看作解决问题的过程。这种情况并不是很重要，因为我们总是可以给计算作用于的表示任意赋予某种意义。因此，任何计算均可被视为问题求解，这依赖于表示所关联的意义是什么。例如，在森林中沿着一个圈走可能对汉赛尔和格莱特没有意义，但是对于跑步者来说，它解决了锻炼问题。因此，一个计算是否解决问题在于计算的功用。总之，是否给一个特定的计算戴上解决问题的桂冠，并不影响计算的实质。

对于第二种情况——非计算的问题求解，情况则明显不同，因为它为我们提供了计算的进一步标准。图 1.2 显示了两个这样的标准，事实上它们是密切相关的。首先，如果一个问

题是通过临时的（ad hoc）方式（并不遵循一定的方法）解决的，那么它不构成计算。换言之，一个计算必须是系统的。我们可以在这个故事中举出几个这种非计算的问题求解例子。一个例子是当巫婆把汉赛尔和格莱特囚禁并设法把他们养胖吃掉的时候发生的。因为巫婆眼睛看不清，所以她通过汉赛尔的手指估计他的体重。汉赛尔用一根小骨头假装手指哄骗巫婆。这个想法不是系统计算的结果，但是它解决了问题：它延缓了巫婆吃汉赛尔的时间。

另一个例子发生在汉赛尔和格莱特返回家后。父母计划在第二天再次把他们送回森林中，但这一次后母晚上先锁了门，以防汉赛尔收集石子。问题是汉赛尔没法拿到上次帮他们返回家的石子。他的解决方法是用面包屑代替石子。这里的关键点是汉赛尔何以得到这种解——他有一个想法，一个有创造力的想法。一个需要灵感的解，即便有可能，通常也很难系统地通过计算推导出来，因为这需要对对象及其性质在一个隐晦层面做推理。

对于汉赛尔和格莱特，不幸的是，面包屑的解并不像预期那样起作用：

当月亮出来的时候，他们出发了，但是他们找不到面包屑，因为飞过森林和田野的鸟早已吃掉了面包屑[⊖]。

因为面包屑不见了，汉赛尔和格莱特无法找到回家的路，于是剩下的故事从这里展开了。

不过，我们姑且假设汉赛尔和格莱特能找到回家的路，然后他们的父母第三次设法把他们抛弃在森林中。汉赛尔和格莱特将不得不再次想办法标记回家的路。他们必须找到某种沿途容易丢下的东西，或是尝试在树上或者灌木丛上做标记。无论最终的方法是什么，这个方法必须通过思考问题并产生某种创造性思想才能得到，而不能通过系统地使用一个方法获得。由此突显了计算的另一个标准，即可以重复使用和解决许多相似问题的能力。在这方面，通过跟随石子解决寻找回家之路问题的方法是不同的，因为它可以被重复应用于许多不同的石子放置方法。

总之，从问题求解的角度来看，计算是系统的且可分解的过程，但这不足以给出计算的全面和准确的画面。视计算为问题求解的观点展示了计算如何应用于所有的情形，从而说明了其重要性，但忽略了计算如何工作以及为什么能用许多不同的方式成功地应用它。

当问题重复出现时

汉赛尔和格莱特两次面临找到回家之路的问题。除了缺乏石子带来的实际问题之外，第二次的问题可以沿用第一次的方法解决，即跟随一系列标记。这毫不奇怪，因为汉赛尔和格莱特只是在用一种通用的找路方法。这种方法称为算法。

我们来看看汉赛尔和格莱特找回家之路使用的算法。童话中并没有解释确切的方法。我们所知道的是下面的描述：

当一轮满月升起时，石子就像新造的银币闪闪发光，汉赛尔牵着妹妹的手跟随着石子踏上了回家的路。

符合这段情节的简单算法可以描述为：

找一颗没有经过的闪光石子，走过去。
重复这个过程，直至回家。

⊖ 引文原文见 www.gutenberg.org/ebooks/2591。

算法的一个重要性质是它可以被同一个人或者不同的人重复使用，并解决相同的或者密切相关的问题。如果一个算法生成的计算具有实际的物理效果，那么即使它仅解决了一个特定的问题，它也是有用的。例如，一个烤蛋糕菜谱将一次次产生同样的蛋糕。因为这个算法的输出产品是短期的——蛋糕被吃掉——重复产生相同的结果是非常有意义的。这对于起床和穿衣服的情况同样适用，算法的效果必须日日重复产生，尽管可能穿的衣服不同，或者周末起床的时间不同。这也适用于汉赛尔和格莱特。即使他们被带到森林中与第一次相同的地方，也必须重复执行算法，才能解决相同的回家问题。

对于产生非物理的抽象结果（如数值）的算法，情况则不同。面对这种情况，我们只要写下结果，下次需要时直接查看结果即可，无须再次运行算法。在这种情况下，一个能够解决一类问题的算法才是有效的，这也意味着算法必须能够解决多个不同但相关的问题[⊖]。

故事中的方法已经足够通用，可以解决许多不同的找路问题，因为石子的确切位置并不重要。不管父母把孩子遗弃在森林的什么地方，该算法均起作用[⊖]，而且算法生成的计算可解决汉赛尔和格莱特的存活问题。算法的力量和影响主要源于一个算法能产生许多计算的事实。

算法是计算机科学中最重要的概念之一，因为它是系统地研究计算的基础。因此，对算法许多方面的讨论将贯穿本书。

你讲"算法语"吗？

一个算法是对如何完成一个计算的描述，因此必须用某种语言表述。故事中的算法只是略微提及。汉赛尔的头脑中一定存在算法，而且可能告诉了格莱特，尽管故事中并没有写下算法。但是，能够写下来是算法的一个重要性质，因为它能让算法被可靠分享，从而许多人可以用算法解决问题。算法能用某种语言表达的能力支撑了计算的传播，因为不止一个人在生成许多计算，而是许多人在生成更多的计算。如果表达算法的语言能被计算机理解，那么计算的传播似乎是永无止境的，它只受限于构造和运行计算机所需的资源。

起床算法需要用一种语言描述吗？或许不需要。我们通过重复执行起床算法，已经把起床算法的步骤内化得可以无意识执行，不再需要一个描述。但是，这个算法的某些步骤确实存在描述，通常用一系列图画表示。例如，打领带或者梳一种复杂的辫子。如果你第一次做这种事情，旁边没有人演示，那么你可以通过这种图示描述学会这种技能。

算法被一种语言表达的能力还有另一种重要的效果。它使得人们可以系统地分析算法和形式化操作算法，这些是计算机科学理论和程序设计语言的研究内容。

一个算法要在计算机上执行，就必须能用计算机理解的语言表达。此外，这种描述必须是有穷的，即它是有界限的，不会永远进行下去。最后，算法的每个步骤必须是有效的，即无论谁执行该算法，必须能理解并完成所有的步骤。汉赛尔和格莱特的算法显然是有穷的，因为它只有几个指令，而且每个步骤都是有效的，至少在假设两颗石子间的距离在可见范围内的情况下，算法是有效的。或许有人怀疑"总是找一颗未经过的石子"这个要求，这可能

⊖ 术语"问题"有时指一类问题，如"求路径问题"，有时指一个具体的问题实例，如"求两个给定点之间的路径问题"。通常可以根据上下文理解其含义。

⊖ 在一定的假设下成立，后续会讨论。

有些困难，因为需要记住先前已经见过的所有石子。这个要求也容易实现，方法是捡起每个经过的石子。不过，这会变成一个不同的算法。顺便说明的是，这个算法使得汉赛尔和格莱特会很容易在第二天找到回家的路，因为汉赛尔收集了所有的石子。这个稍加改变的算法将使得格林兄弟的故事不可能发生（唉，剥夺了我们一个经典童话）。

愿望清单

除定义的特征外，算法还应具备几个特征。例如，算法应该总是产生一个会终止的，并给出正确结果的计算。汉赛尔留下的标记回家之路的石子数是有穷的，运行前面所述的算法将终止，因为它对每颗石子只经过一次。但是，出人意料的是，算法可能不会对所有情况都生成一个正确结果，因为这个过程可能会被困住。

算法的描述没有说明具体选择哪颗石子。如果父母送汉赛尔和格莱特去森林的路上没有选择走直线，而是走弯弯曲曲的路线，有可能在一颗石子的位置可以看到多个其他石子。在这种情况下，汉赛尔与格莱特应该选择哪一颗石子呢？算法并没有说明。假设每两个相邻石子都在对方可见范围内，可能遇到图1.3的情况。

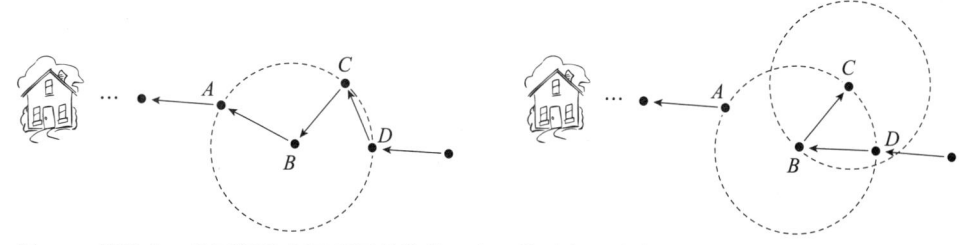

图1.3 算法中一条可能进入死胡同的路径。左：按照字母逆序经过石子到达汉赛尔和格莱特的家。右：因为石子B、C和D都在彼此的可见范围内，汉赛尔和格莱特可能选择从D到B，然后到C。但是，在这个位置他们将被困住，因为所有可见范围内的石子都已经过了。特别是，他们无法到达回家之路上的下一个石子A处

设想汉赛尔在进入森林时沿途放下石子A、B、C和D。假设在B的位置可以看到A，在C的位置可以看到B，但是在C的位置看不到A。图中B和C的可见范围是用圆圈表示的。此外，在B和C的位置均可看到D。因此当汉赛尔和格莱特到达D时，B和C他们都可以看到，需要做出选择。如果他们选择C，那么他们稍后会发现B，最后发现A，结果是圆满的（见图1.3左）。但是，如果他们选择B而不是C——根据算法这是可能的，因为B是未经过的石子而且在可见范围内——他们可能遇到麻烦，因为如果他们下一步选择C——这颗石子在可见范围内，而且还没有经过——他们将被困在C的位置。这是因为在位置C只能看到B和D，两颗石子都已经经过，根据算法描述，当前没有其他选择（见图1.3右）。

当然，我们可以给算法添加指令，在这种情况下回溯，选择一个不同的石子，但这个例子想说明，一个给定算法会在某个情况下不能给出正确的结果。它也显示，一个算法的行为并不总是容易预测的，这使得算法的设计是具有挑战性也很有趣的工作。

算法是否终止同样也不是容易识别的性质。如果我们去掉算法中只找没有经过的石子这个条件，一个计算很容易陷入在两颗石子之间来回移动的非终止状态。或许有人反驳，汉赛尔和格莱特能识别这种模式，不会做这种傻事。或许这是真的，但这样一来他们将不再完全按照算法行事，事实上，他们会小心翼翼地避开先前经过的石子。

如果说在两颗石子间非终止地来回移动容易看出来，那么这个问题的一般情况很难识别。设想父母带他们进森林时绕了好几圈。相应地，小石子将包括多个圈，汉赛尔和格莱特可能陷入每个圈，只有记住经过的石子，他们才能避开这种圈。第 11 章将详细讨论算法的终止问题。

对于起床算法，正确性和终止问题似乎并不重要，但是人们穿了不一样的袜子或者扣错纽扣的事情时有发生。还有，如果你不停地按贪睡按钮，那么起床算法将不会终止。

一天的开始

大部分人的一天在吃早餐后才真正开始。燕麦、水果、鸡蛋火腿、果汁和咖啡——不论早餐吃什么，都很可能需要某种方式的准备。有些准备方式可以用算法描述。

如果你喜欢改变早餐，比如给燕麦添加不同的佐料或者冲泡不同量的咖啡，那么描述准备过程的算法必须能够反映这些灵活性。控制可变性的关键在于使用一个或者多个占位符（称为参数），它们在算法执行时被替换为具体值。给占位符代入不同的值将生成不同的计算。例如，一个"水果"参数可以在不同的日期代入不同的水果，使得算法的执行生成蓝莓燕麦或香蕉燕麦。起床算法也包含参数，这样我们就不必每天在同一时间醒来，穿同样的衬衫。

如果你在上班路上在一家咖啡店买了一杯咖啡，或者在一家餐厅订了早餐，那么算法依然被应用于制作你的早餐。只是其他人在帮你做这些工作。执行算法的人或者机器被称为计算机，它对计算的结果具有很大的影响。如果计算机不理解描述算法的语言，或者不能完成某个步骤，计算机便不能完成算法。设想你是一个农场的客人，早晨喝到牛奶的算法需要你挤牛奶。这个步骤可能令人望而却步。

但是，即使计算机能够执行一个算法的所有步骤，它所需的时间也是问题。特别是，不同计算机的执行时间可能差别很大。例如，一个有经验的挤奶工会比一个没有经验的人更快挤到一杯牛奶。但是，计算机科学大多忽略这种差别，因为这些是暂时的，不是很有意义，电子计算机的速度随着时间在加快——没有经验的挤奶工可以获得经验，因此越来越熟练。但是，解决同一个问题的不同算法的执行时间之间的差别却有重要意义。例如，如果你想给每一位家庭成员一杯牛奶，你可以一次给一个人端一杯，你也可以把牛奶瓶和杯子拿过来，在餐桌上给所有的杯子倒入牛奶。在后一种情况下，你只需要在餐桌和餐柜之间走两次，但在前一种情况下，对于五位家庭成员则需要走十次。这两个算法之间的这种差别不依赖于你倒牛奶以及走的快慢。这种差别是这两个算法的不同复杂度的体现，因此可以作为选择算法的基础。

除执行时间外，算法执行时在其他资源方面可能也有差别。比如你早餐喝咖啡，不喝牛奶，那么你可以选择用咖啡机或者法式压滤壶。两种方法都需要咖啡粉，但第一种方法还需要过滤纸。不同的牛奶获取算法对资源的要求差别更大。新鲜牛奶需要奶牛，而超市购买的牛奶需要冰箱来储存。这个例子也表明，计算结果可以存储起来以备后用，计算有时可以用存储空间换取。我们可以用存储在冰箱里的牛奶省去挤牛奶的功夫。

一个算法执行必须消耗资源来达到效果。因此，对解决同一个问题的不同算法做比较时，必须度量它们消耗的资源。偶尔我们会牺牲正确性以换取效率。假设在上班路上你需要在超市买几样东西。因为你赶时间，你付款后没有等待找零。正确的算法将会计算购物所需的确切价格和找零，但取整的近似算法使得交易更快捷。

研究算法的性质及其计算，包括资源需求，是计算机科学的重要任务。这种研究有助于判断一个特定的算法是否适合一个特定的问题。第 2 章将延续《糖果屋》的故事，解释一个算法如何产生不同的计算，以及如何度量算法所需的资源。

| 第 2 章

Once Upon an Algorithm: How Stories Explain Computing

走一遍：计算真正发生的时候

在前一章我们看到，汉赛尔和格莱特通过计算回家之路解决了生存问题。这个计算系统地一步一步改变了他们的位置，解决了从森林中一个表示危险的位置，到达家中最终表示安全的位置的问题。回家之路的计算是执行一个跟随石子之路的算法的结果。算法执行时计算就发生了。

虽然我们现在对于计算是什么有了一个较好的刻画，但是我们仅仅看到了计算真正做什么的一个方面，即对表示的转换。计算还有其他的细节值得我们关注。为此，在理解算法静态表示的基础上，我们讨论计算的动态行为。

算法的伟大之处在于它可以被重复执行，解决不同的问题。这是什么原理呢？一个固定的算法描述怎么能产生不同的计算？此外，我们说在执行一个算法时产生计算，但那是谁或者什么东西在执行这个算法？执行一个算法需要什么技能？是不是每个人都可以？最后，虽然有了解决问题的算法是好事，但我们必须知道使用它的代价。只有当一个算法能用分配给它的资源足够快地解决一个问题时，这个算法才称得上是一个切实可行的解。

构建可变性

回到汉赛尔和格莱特的故事，我们已经看到他们跟随石子的算法可以在不同的情形下使用。现在看看它到底是如何工作的。因为算法的描述是不变的，所以描述的某些地方必须说明计算的可变性。这部分被称为参数。算法中的一个参数表示某个具体值，当算法被执行时，必须用一个具体值替换算法中的参数。这样的值被称为算法的一个输入值，或者简称为输入。

例如，制作咖啡的算法可能使用一个参数 number 表示冲泡的杯数，算法的指令便可以使用这个参数。下面是这种算法的节选[⊖]：

加入 number 杯水

加入 1.5 × number 勺咖啡粉

用这个算法冲泡三杯咖啡，必须用输入值 3 替换算法指令中的参数 number，由此生成算法的特定版本：

加入 3 杯水

加入 1.5 × 3 勺咖啡粉

参数的使用使得算法可用于许多不同的情形。每种情形下参数被不同的输入值（例子中冲泡的杯数）替换，这种替换使得算法适用于输入值表示的情形。

汉赛尔和格莱特的算法使用了一个参数，代表丢在森林中的石子。先前我没有明确这

⊖ 参见 www.ncausa.org/i4a/pages/index.cfm?pageID=71。

个参数，因为"找一个没有经过的石子"这个指令很清楚指的是汉赛尔放的石子。要使这个参数更明确，可以使用下面的指令：在没有经过的 pebbles-placed-by-Hansel 中找一颗石子。每次执行算法时，参数 pebbles-placed-by-Hansel 被汉赛尔丢下的石子代替——我们至少可以这么想。因为我们不能在算法描述中实际放置石子，可以把这个参数看作一个引用或者指向输入值的指针。指针是一种访问输入值的机制，它告诉我们当算法需要时在哪里查找输入值。在找路算法中，输入值可以在森林地面上找到。在做咖啡的算法中，输入值在我们的脑中，每当参数引用输入值时，我们可以检索它。不过，替换的思想仍然为我们理解一个算法及其计算提供了一个具象。

通过在算法中引入参数，用参数代替具体值，可以把一个算法推广到许多情形下。例如，如果一个起床算法包含指令"在 6:30 起床"，我们可以用一个参数 wake-up-time 代替具体的时间，由此将指令推广为"在 wake-up-time 起床"。类似地，准备燕麦的算法可以使用参数 fruit 推广。

执行带参数的起床算法时，我们需要提供一个输入值并替换参数，使得带参数的命令具体化。这一点通常不是问题，但添加参数需要一个决策，这也是错误的潜在来源。添加参数也取决于可变性的价值。如果一个闹钟只能在一个不能改变的预设时间叫醒你，这样的闹钟恐怕是不可接受的，但是许多人可能不在意有没有参数来选择不同的闹铃声。

最后，如果一个算法没有参数，就不能使用不同的输入值，它将总是生成同样的计算。如前所述，对于具有短暂物理效应的算法来说，这些不是问题，如蛋糕菜谱的例子中生产的蛋糕被很快消费，或者取牛奶算法的情况下牛奶被喝掉。在这些情况下，具有相同效果的重复计算是有意义的。但是，如果算法计算的结果可以存储以备后用，那么这些算法需要一个或者多个参数才能被重用。

参数是算法的关键成分，但是一个算法应该多通用或者多具体，这个问题没有一个简单的答案。第 15 章将讨论这个问题。

谁是执行者？

我们已经看到，计算是执行算法的结果。问题是谁或者什么东西可以执行一个算法，以及如何执行。前面的例子显示，人无疑可以执行算法，（电子）计算机也可以。还有其他可能吗？执行一个算法的要求是什么？

描述可以完成一个计算的人或者东西的词当然是计算机。事实上，这个词的原意是实施计算的人 ⊖。我将用这个词指一般意义的任何完成计算的自然人或者人造的对象。

基于计算机的能力，我们可以区分两种主要的算法执行。一种是通用计算机，如人或者笔记本计算机或者智能手机。一个通用计算机原则上可以执行任何算法，只要描述算法的语言能被计算机理解。通用计算机在算法和计算之间建立了一种执行关系。当计算机执行用于解决一个特定问题的算法时，它将完成改变某种表示的步骤（见图 2.1）。

⊖ 计算机这个词的出现可追溯到 1613 年。第一台机械计算机是查尔斯·巴贝奇于 1822 年设计的差分机（Difference Engine）。第一台可编程的机械计算机 Z1 是由康德拉·祖斯于 1938 年建造的。

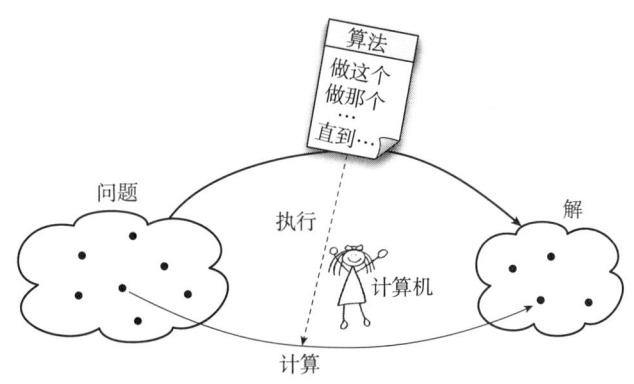

图 2.1 一个算法的执行产生一个计算。算法描述解决一类问题的方法，算法的一次执行作用在一个特定问题的表示上。算法必须被能理解描述算法语言的计算机（如人或者机器）执行

另一种计算机只执行一个算法（或者是一组预定义的算法）。例如，一个袖珍计算器的电子电路只执行进行算术运算的算法，同样一个闹钟只在某些特定的时间响铃。另一个有趣的例子可以在细胞生物学中找到。

想一想你在阅读这个句子时在你的细胞中发生的百万次变化。核糖体产生蛋白质以支持细胞的功能。核糖体是核糖核酸分子组装蛋白质的小机器。核糖核酸分子是一些氨基酸序列，令核糖体产生特定的蛋白质。你能活下来，多亏了你细胞里的核糖体计算机可靠地执行一种将 RNA 分子转化为蛋白质的算法。尽管核糖体使用的算法可以产生各种各样的蛋白质，但这是核糖体能够执行的唯一算法。虽然核糖体非常有用，但它们的能力是有限的，它们不能给你穿好衣服，也不能找到走出森林的路。

与由硬连线算法组成的计算机相反，通用计算机的一个显著要求是它们理解描述算法的语言。如果计算机是一台机器，则算法也称为程序，给出算法的语言称为编程语言。

如果汉赛尔和格莱特写了回忆录，其中有挽救他们生命的算法描述，那么其他能够接触到这本书的孩子，只有在理解这本书所使用的语言的情况下才能执行这个算法。这个要求不适用于只执行固定的硬连线算法的非通用计算机。

要对每种计算机都适用，需要具备访问算法所使用的表示的能力。特别是，计算机必须能够对这种表示进行所需的更改。如果汉赛尔和格莱特被绑在一棵树上，那么这个算法对他们不会有任何帮助，因为他们无法改变自己的位置，而这正是执行寻路算法所需要的。

总而言之，任何计算机都必须能够读取和操作算法所作用于的表示。此外，通用计算机必须理解描述算法的语言。从现在开始，我用计算机这个词表示通用计算机。

生存的代价

计算机在做一些实在的工作，每当笔记本计算机因在视频游戏中渲染高端图形而发热时，或者智能手机因后台运行太多应用程序而电池电量很快耗尽时，人们就会意识到这一点。在第一次约会时，你必须把闹钟设置得比约会时间早得多，其原因是起床算法的执行需

要一些时间。

找到解决问题的算法是一回事，确保算法生成的实际计算能够足够快地解决问题则完全是另一回事。相关的首要问题是，负责执行算法的计算机是否有足够的资源来完成计算。

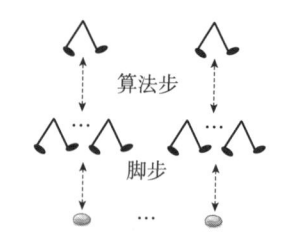

例如，当汉赛尔和格莱特沿着石子回家时，整个计算的步数等于汉赛尔抛下的石子数 ⊖。注意这里的步表示"算法步"，而不是"脚步"。特别是，算法的一步通常对应于汉赛尔和格莱特在森林中走过的多步。因此，石子的数量是算法执行时间的度量，因为每颗石子需要算法执行一步。考虑算法执行任务所需的步骤数就是在评估其运行时间复杂度。

此外，只有当汉赛尔和格莱特有足够的石子覆盖从他们家到森林中他们被丢下的地方的路径时，算法才会起作用。这是资源限制的一个示例。石子的短缺可能是由于可用的石子有限（这将是外部资源的限制），或者汉赛尔口袋空间有限（这将是计算机的限制）。评估一个算法的空间复杂度意思是询问计算机需要多少空间来执行该算法。在这个例子中，这相当于问询找到一条特定长度的路径需要多少石子，以及汉赛尔的口袋是否足够装下所有的石子。

因此，虽然该算法在理论上可能适用于森林中的任何地方，但无法提前确定计算是否会在实践中成功，因为它可能花费太多时间或可用的资源数量不足。在更仔细地研究计算资源之前，我将解释关于度量计算成本的两个重要假设，这两个假设使这种分析更具实际意义。在下文中，我主要关注运行时间方面，但讨论也适用于空间资源问题。

成本的全貌

一个算法可以被看作许多计算的概括。如前所述，算法描述中的参数抓住了这些计算中的差异，并且可以用特定输入值替换参数，然后执行算法来获得任何特定的计算。以同样的方式，我们希望对一个算法的资源需求进行一般化描述——这种描述不只适用于特定的计算，而是可以刻画所有的计算。换句话说，我们正在寻找成本描述的泛化。这种泛化可以通过使用参数来实现，使得执行算法所需的步数依赖于其输入的规模。因此，运行时间复杂度是一个函数，它估算出对于给定规模的输入，一个计算所需要的步数。

例如，执行石子追踪算法所需的计算步数，也就是时间，大致等于丢下的石子数目。由于通往森林中不同地方的路径通常包含不同数量的石子，因此这些路径的计算也需要不同的步数。这一事实反映在将运行时间复杂度表示为输入规模的函数中。对于石子追踪算法，由于计算步骤的数量似乎与石子的数量是一对一的，因此很容易推导出每次计算的精确度量。例如，对于一条有 87 颗石子的路径，相应的计算需要 87 步。

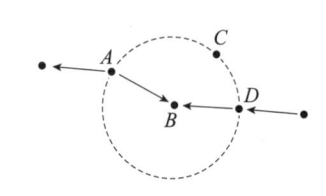

然而，情况并非总是如此。观察图 1.3 所示的路径。这个例子说明算法是如何被卡住的，但我们也可以用它来说明算法是如何生成步数少于石子数的计算的。由于 B 和 C 在 D 处都可见，我们可以选择 B。由于 A 和 C 在 B 处都可见，我们可以选择 A。也就是说，路径 $D \to B \to A$ 是一条有效路径，由于它绕

⊖ 假定汉赛尔和格莱特不走捷径，而且不需要返回解决死路问题。

过了 C，这个计算所包含的步数至少比路径中石子的数量少一步。

注意，在这种情况下，计算中的步数实际上比算法预测的度量要少，这意味着计算的成本被高估了。因此，运行时间复杂度是在最坏情况下计算可能具有的复杂度。这有助于我们决定是否对特定的输入执行算法。如果估计的运行时间是可接受的，则可以执行该算法。如果计算实际上执行得更快，需要的步骤更少，那就更好了，但最坏情况下的复杂度保证算法不会花费更多的时间。对起床的情况，你对早上洗澡时间的最坏估计可能是 5 分钟。因为这包括加热水所需的时间，如果有人在你之前洗过澡，你的实际淋浴时间可能会更短。

由于运行时间分析是在算法层完成的，因此只有算法（而不是单个的计算）服从这种分析。这也意味着可以在一个计算发生之前评估该计算的运行时间，因为分析基于的是算法的描述。

运行时间复杂度的另一个假设是，算法中的一步通常对应于算法执行者完成的多步。这在示例中是显而易见的。石子可能相距不止一步，所以汉赛尔和格莱特要走好几步才能从一颗石子走到另一颗石子。但是，每个算法步不能导致任意大的计算机步数。这个计算机步数必须是恒定的，并且与算法所花的步数相比较小。否则，关于算法运行时间的信息将变得毫无意义：算法的步数将不是实际运行时间的准确度量。一个相关的方面是，不同的计算机具有不同的性能特征。在这个例子中，汉赛尔可能比格莱特腿长，因此在石子之间走动可能需要的脚步数更少，但格莱特可能比汉赛尔走得快，因此用更短的时间走完特定的步数。对于算法的运行时间估算，所有这些因素都可以忽略。

代价的增长率

由于算法的运行时间复杂度是作为函数给出的，因此它可以刻画不同计算在运行时间上的差异。这种方法反映了一个事实——对于较大的输入，算法通常需要更多的时间。

汉赛尔与格莱特的算法的复杂度可以用"运行时间与石子的数量成正比"的规则来描述，这意味着脚步数与石子数之比是常数。换句话说，如果路径的长度增加了一倍，因此石子的数量也增加了一倍，那么运行时间也会增加一倍。请注意，这并不意味着脚步数与石子数相等，只是说，它与输入以相同的方式增加或减少。

这种关系被称为线性关系，在绘制任意数量的石子所需步数的图表中，它表现为一条直线。在这种情况下，我们说算法具有线性运行时间复杂度。我们有时也简称这个算法是线性的。

线性算法非常好，而且在许多情况下是人们所能期望的最好的算法。我们来看一个不同运行时间复杂度的例子，考虑汉赛尔在丢石子时执行的算法。在原故事的版本中，他把所有的石子都放在口袋里，因此当他们进入森林时，可以把石子扔在地上。

这显然是一种线性算法（相对于石子的数量），因为汉赛尔只需走固定的步数就可以到达下一个丢石子的位置。

现在假设汉赛尔没有办法储存和隐藏石子。在这种情况下，他每次想丢一颗石子时就必须返回到家里取一颗新石子，这大约需要两倍的步数才能到达那颗石子。因此，总步数就是到达每颗石子所需步数的总和。因为离家的距离随着丢下的石子而增加，所以总步数与 $1 + 2 + 3 + 4 + 5 + \cdots$ 成正比，它与放置的石子数量的平方成正比。

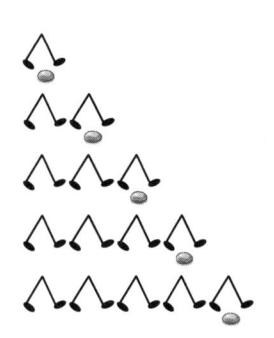

要说明这种关系，可以考虑用石子数表达汉赛尔必须走过的距离。要丢下两颗石子，汉赛尔必须先到他丢下第一颗石子的地方，再回家去拿另一颗石子，然后返回来，经过第一颗石子，并到达他丢第二颗石子的地方。这样他总共走了 4 颗石子的距离。要丢下三颗石子，汉赛尔首先需要走过丢下两颗石子所需的距离，我们已经知道这是 4。然后他必须回去取第三颗石子，这意味着要走过两颗石子的距离。为了放置第三颗石子，他需要从家出发走过另外三颗石子的距离，结果总距离相当于 4 + 2 + 3 = 9 颗石子。

我们再考虑一个情况。对于第四颗石子，汉赛尔已经走了三颗石子的距离，他返回家（经过三颗石子），然后从家出发再走四颗石子的距离才能到达放第四颗石子的地方，总距离为 9 + 3 + 4 = 16 颗石子。以类似的方式，我们可以计算放置 5 颗石子所需的距离（16 + 4 + 5 = 25）、6 颗石子所需的距离（25 + 5 + 6 = 36），以此类推。

我们可以清楚地看到一个特定的模式，即汉赛尔需要的步数与放置的石子数的平方成正比。具有这种复杂度模式的算法被称为具有二次运行时间，或者简称为二次的。二次算法的运行时间比线性算法的运行时间增长得快得多。例如，对于 10 颗石子，线性算法需要 10 步，而二次算法需要 100 步。对于 100 颗石子，线性算法需要 100 步，而二次算法需要 10,000 步。

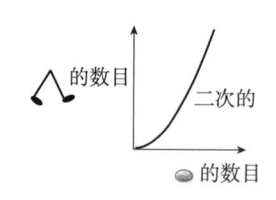

请注意，实际的步数可能会更多。如前所述，汉赛尔可能在每两颗石子间需要任意常数步，比如 2 步、3 步甚至 14 步。因此，对于一条由 10 颗石子组成的路径，线性算法中汉赛尔的实际步数可能分别是 20 步、30 步或 140 步。对于二次算法也是如此，其实际步数也可能需要乘以一个因子。这表明，并不是在所有情况下线性算法都比二次算法快。对于较大的常数因子，线性算法可能比具有较小常数因子的二次算法需要更多的步数，至少对于足较小的输入是如此。例如，对于每颗石子需要 14 步的线性算法，输入 10 颗石子时需要 140 步，而对于每颗石子只需要 1 步的二次算法，同样输入 10 颗石子时只需要 100 步。然而，我们也可以看到，随着输入越来越大，常数因子的影响逐渐消失，二次算法的增长取而代之。例如，对于 100 颗石子，这个线性算法需要 1400 步，而二次算法已经达到 10,000 步。

在这个故事中，二次算法是令人望而却步的，不可行的。想想放置最后一块石子要花多少时间。汉赛尔必须一路走回家，再回到森林里，这样基本上就走了三次进森林的距离。当他使用线性算法放置石子时，父母已经不耐烦了。

他的父亲说："汉赛尔，你呆在后面看什么？专注一点，别忘了怎么用你的腿。"

他们肯定不会允许汉赛尔一次又一次回家。因此，算法的运行时间确实很重要。如果算法太慢，从实用的角度来看，它是没用的（参见第 7 章）。

这个例子也说明了空间效率和时间效率往往是相互依存的。在这种情况下，我们可以用更大的存储容量换取更好的时间效率，将算法的运行时间从二次型提高到线性型，即使用线性的存储空间，假设汉赛尔的口袋可以存储所有的石子的话。

当两种算法解决相同的问题，但其中一种算法的运行时间复杂度低于另一种算法时，称较快的算法更有效（相对于运行时间而言）。类似地，当一种算法比另一种算法使用更少的内存时，则称它为更空间有效的。在这个例子中，线性放置石子算法比二次算法运行时间效率更高，但空间效率较低，因为它将汉赛尔的口袋装满了石子。

进一步探索

《糖果屋》故事中的石子是找路算法使用的一种表示。标记路径可以有不同的应用。一方面，在探索未知领域时，它可以帮助你找到回家的路。这就是《糖果屋》的故事。另一方面，它可以帮助别人找到你。例如，在托尔金的《指环王：双塔奇兵》中，皮平和梅里被奥克斯掳走时，皮平丢下一根胸针作为引导阿拉贡、莱格拉斯和金雳的暗号。类似地，在《印地安纳·琼斯之水晶骷髅王国》中，麦可暗自丢下无线电信标，以便他能被跟踪。

在所有三个例子中，标记都被放置在一个或多或少开阔的几乎可以向任何方向移动的地形上。相反，也有一些情况，运动被限制在几个固定的方向。就像马克·吐温的《汤姆·索亚历险记》中，汤姆和贝基在探索一个洞穴时，在墙上留下了烟熏标记，以便找到出去的路。但他们还是在洞穴里迷路了。几天后，贝基虚弱得再也走不动了，汤姆继续探索洞穴，这次他使用了一种更可靠的方法，沿途使用了风筝线，这样他总能回到贝基身边。也许最著名的（也是最古老的）使用细线避免在迷宫中迷路的例子可以在希腊神话中找到，在神话中，忒修斯用阿里阿德涅给他的一根线走出了迷宫。翁贝托·艾柯（Umberto Eco）的《玫瑰之名》（*The Name of The Rose*）中，本笃会的修士阿德索也使用了同样的方法，在修道院图书馆的迷宫找到出路。

有趣的是对故事中使用的不同类型的标记及其对相应的寻路算法的意义的比较。例如，使用石子、胸针或烟痕仍然需要一些搜索才能从一个标记到下一个标记，因为它们只出现在少数地方。相比之下，细线提供了连续的指引，可以简单地跟踪它，而无须任何搜索。此外，使用细线避免了在使用石子或其他离散标记时可能出现的死路，如在第 1 章所述的情况。

汉赛尔和格莱特的方法被用于现代文件系统或查询系统的用户界面，即所谓的面包屑导航。例如，文件系统的浏览器经常显示当前文件夹的一系列父文件夹或子文件夹。此外，电子邮件程序或数据库的搜索界面经常显示一个适用于当前显示选项的搜索词列表。返回到父文件夹或删除后一个搜索词以获得更广泛的选择的操作，就像走到一颗石子处并将其捡起来一样。

表示与数据结构

夏洛克·福尔摩斯

在路上

你在上班路上。无论你是开车、骑自行车还是步行,你都会遇到交通标志和信号灯,它们引导你和其他上下班人群共享道路。与交通标志相关的规则就是算法。例如,在一个十字路口,一个停车标志告诉你停下来,等待其他先到达的车辆通过,然后你自己通过十字路口。遵循交通标志相关的规则相当于执行相应的算法,这意味着由此产生的流动是计算的例子。由于许多驾驶员和车辆都参与了这个活动,并且他们将道路作为一种共享的公共资源,因此这实际上是分布式计算的一个示例,但这不是我们讨论的重点。

值得注意的是,每天数以百万计的人们,虽然目的地完全不同,但他们能有效地协调自己的行动,成功到达目的地。当然,交通堵塞和事故时有发生,但总体上交通运行得相当顺畅。更值得注意的是,这一切都是通过一小组符号实现的。在十字路口的所有入口放置一个红色的六角形标志,上面写着"STOP"字样,便可以协调无数车辆通行。

符号怎么会有如此深远的影响呢?关键是注意到符号带有意义。例如,方向标志提供了有关目的地方向的信息。这种标志帮助旅行者决定在哪里转弯或走哪个出口。其他标志提供警告信息(例如障碍物或弯道),禁止某些行为(例如限制最高时速),并规范共享交通空间(例如十字路口)的使用。我在第1章使用表示这个术语指代代表其他东西的符号(例如代表位置的石子)。从这个角度来看,符号的力量来自于它们是表示的事实。

一个符号的效果并不会神奇地自行出现,而是需要某个主体提取其意义。这个过程被称为解释,不同的主体可能以不同的方式解释一个信号。例如,平常的交通参与者将交通标志视为信息或指示,而收藏爱好者视它为收集品。理解交通标志需要解释,在计算机科学中使用的所有表示也需要解释。

符号与计算有多种不同的关联方式,由此说明它们的重要性。第一,符号可以直接表示计算,例如停止标志,它代表交通参与者需要执行的一个特定算法。虽然单个符号表示的计算微不足道,但这些符号的组合作为一个聚合体可能产生重要的计算。汉赛尔和格莱特的石子就是一个例子。一颗石子会触发一个简单的动作:"如果你还没来过我这里,就请来吧",而所有的石子聚集在一起成就了走出森林的救生行动。

第二,符号的系统变换是一个计算[○]。例如,一个符号上加斜线表示中止或否定它的意义,这种画法通常表示禁止动作。例如,带红色圆圈的转弯标志上再加一条红色斜线,它表示禁止转弯。另一个例子是交通灯:当它从红色变为绿色时,含义也相应从"停"变为"行"。

第三,解释符号的过程是一个计算。对于石子和停止标志等简单的标志来说,这一点并不明显,但对于复合标志来说,这一点就很明显了。一个例子是划掉的符号,它的意义是先解释符号的原意,然后将划掉的意义应用其上。另一个例子是餐厅出口标志,其含义是方向加上提供不同种类食物的餐馆标志的含义。解释将在第9章和第13章讨论。这里要说明的是,符号与计算以多种方式纠缠在一起。因此,一个好的方法是,了解符号是什么,它们如何工作,以及它们在计算中扮演什么角色。这将是第3章讨论的主题。

○ 因为符号是一种表示,而表示的系统转换就是计算。

第 3 章

Once Upon an Algorithm: How Stories Explain Computing

符号的秘密

如前两章所述,计算通过处理表示来完成其工作,而表示是代表有意义的事物的符号或标志。我们已经看到了汉赛尔和格莱特如何使用石子作为位置的表示,以支持他们的寻路算法。为此,石子必须满足许多我们认为理所当然的要求。仔细研究这些需求将有助于更好地理解什么是表示以及它如何支持计算。

表示至少由两部分组成,即表示物和被表示物。这便是符号(sign)的概念。有关符号需要牢记三个方面:符号可以作用在多个层面上;符号可以是有歧义的(一个符号可以代表不同的东西);一个东西可以用不同的符号表示。本章还讨论令符号成为表示的不同机制。

表示的符号

你对 1+1 等于 2 有任何疑问吗?很可能没有,除非你是从古罗马穿越过来的。若果真如此,数字符号看起来有些古怪,也就是说,如果有人向你解释符号 + 的含义,那你可能会同意 I + I 等于 II,因为罗马人不认识加号(加号第一次使用是在 15 世纪)。如果你问一台电子计算机同样的问题,因为它的数字系统是基于二进制数的,它会告诉你 1 + 1 等于 10⊖。这是怎么回事?

这个例子说明,即使是关于非常简单的算术运算的对话,也需要对表示数量的符号达成一致。这当然也适用于数量的计算。在基于印度阿拉伯数字的十进制系统中,将 11 加倍得到 22。在古罗马,人们将 II 加倍得到 IV(而不是 IIII)。电子计算机加倍的结果将是 110,因为 11 在二进制系统中代表数字 3,110 代表 6⊖。

这表明计算的意义取决于它所转换的表示的意义。例如,将 11 转换为 110 的计算意味着,如果将这些数字解释为二进制数,则转换的意义是将其加倍,而如果将这些数字解释为十进制数,则转换的意义是将其乘以 10。这个转换在罗马数字的解释下是没有意义的,因为罗马人没有零的表示。

由于表示在计算中起着至关重要的作用,因此理解它到底是什么很重要。由于"表示"这个词有许多不同的用法,所以弄清楚它在计算机科学中的含义是很重要的。为此,我请求夏洛克·福尔摩斯的帮助,这位著名侦探的破案方法可以揭示很多关于表示在支持计算时的方式。夏洛克·福尔摩斯具有敏锐的观察能力,善于发现微小的细节,并能给出出乎人们意料的解释。这些推理通常有助于破解谜案,但有时它们只是以一种娱乐的方式揭示信息,推动故事的发展。无论在什么情况下,夏洛克·福尔摩斯的推理往往是基于对表示的解释。

⊖ 二进制数是 0 和 1 构成的序列。前几个自然数:0 ↦ 0,1 ↦ 1,2 ↦ 10,3 ↦ 11,4 ↦ 100,5 ↦ 101,6 ↦ 110,7 ↦ 111,8 ↦ 1000,9 ↦ 1001。

⊖ 二进制数加倍与十进制数变成 10 倍一样简单,只需要在后面加一个 0。

在夏洛克·福尔摩斯最受欢迎、最著名的冒险之一《巴斯克维尔的猎犬》中，表示扮演着重要的角色。故事以典型的夏洛克·福尔摩斯风格——观察开始，观察访客莫蒂默医生遗留下来的一根手杖。夏洛克·福尔摩斯和华生解释了手杖上的刻字，上面写着："在CCH的朋友们献给詹姆斯·莫蒂默，MRCS。"住在英国的夏洛克·福尔摩斯和华生知道"MRCS"代表或表示皇家外科医师学会的会员，根据这一点和一本医疗目录，夏洛克·福尔摩斯推断"CCH"一定代表查令十字医院，因为莫蒂默医生曾在那里工作过一段时间。他还推断，手杖一定是在莫蒂默医生离开医院成为乡村医生时，人们为了感谢他的服务而送给他的，虽然后来证明这种推断是不正确的，莫蒂默医生实际上是在结婚周年纪念时得到手杖的。

手杖刻字有三种容易辨认的表示：两个缩写词和代表莫蒂默医生结婚周年纪念的整个铭文。三个表示中的每一个表示都以符号的形式呈现，这是瑞士语言学家费迪南德·德·索绪尔引入的概念。一个符号由能指（signifier）和所指（signified）两部分组成。能指是被感知或呈现的东西，所指是能指所代表的概念或观念。为了把符号的概念与表示的概念联系起来，我们可以说，能指表示了所指。既然我总是在"代表"的意义上使用"表示"这个词，我们也可以说，能指代表了所指。

符号的概念很重要，因为它简明扼要地抓住了表示的概念。具体来说，能指和它所代表的事物之间的关系为我们生成了意义——以手杖为例，这是莫蒂默医生职业生涯的一部分。所指常常被错误地假定为世界上的某种物理对象，但这并不是索绪尔所指的。例如，"树"这个词并不是指一棵真正的树，而是我们脑海中树的概念。

符号的这个特性使得讲解符号变得非常棘手，因为一方面，用来讲解符号的文字和图表本身就是符号，另一方面，头脑中的抽象概念或思想永远不能直接显示出来，最终也必须用符号来表示。在符号学（符号及其意义的理论）的文献中，符号的概念通常用一个图来说明，其中包含能指，如"树"这个词，并画一棵树作为"树"所表示的对象。然而，这幅画本身就是树的概念的符号，因此这幅图可能会误导人，因为"树"不是这幅画的能指，而是这幅画所象征的对象，也就是树的概念。

既然我们一定要用语言来谈论语言和表示，我们就无法摆脱这种困境，我们只能通过某种语言来表达思想或概念。无论我们是想谈论能指还是所指，我们总是要用能指来表达。幸运的是，在大多数情况下，我们可以给用作能指的单词或短语加上引号，或者将其设置为特殊形式（如斜体）来解决这个问题。引号的作用是指单词或短语本身，而不加解释。没有引号的单词或短语被解释为它所代表的事物，即一个所指的概念。

因此，"树"指的是木、又、寸组成的字，而没有引号的这个字指的是树的概念。在分析哲学中，带引号的词代表其本身，不带引号的词代表其意义，这种区别被称为使用与提及的区别。未加引号的词是实际被使用的，并表示它所代表的事物，而加引号的词只是被提及，并不是指它所代表的东西。引号阻止了对引用部分的解释，从而使我们能够清楚地区分谈论一个词和它的意思。例如，我们可以说"树"有三个部分，而树没有这些部分，只有树枝和叶子。

一个看似简单的符号概念包含了很大的灵活性。例如，符号可以作用在多个层面上，符号可以有多个含义，能指和所指之间可以建立不同的联系方式。我将在以下几节中描述这三个方面。

符号的层次

除了我已经辨认出的手杖上的三个符号——"MRCS"代表皇家外科医师学会的会员，"CCH"表示查令十字医院，整个铭文表示莫蒂默医生的结婚纪念日——实际上还有其他一些符号在起作用。首先，"皇家外科医师学会会员"意味着一个专业协会的会员资格，同样，"查令十字医院"意味着伦敦的一家特定医院（概念，而不是建筑）。但这还不是全部。此外，"MRCS"也表示外科医师协会会员，"CCH"也表示伦敦这家医院。

因此，一个缩写有两种可能的含义，可以有两种不同的所指，因为它延伸到了其所指的所指。这是什么意思？既然"CCH"的所指是"查令十字医院"这个短语，而后者本身是伦敦一家医院的能指，那么"CCH"可以通过结合两个表示来代表伦敦这家医院，其中第一个符号的所指是第二个符号的能指。类似地，"MRCS"将两个层次的表示结合为一个，因为它通过引用"皇家外科医师学会会员"的所指来代表外科医生协会的成员资格。

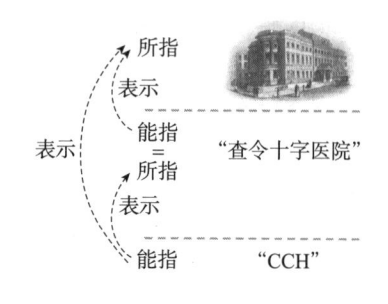

为什么要讲到这些，这和计算机科学有什么关系？回想第 1 章讲的两种表示形式：问题表示和计算表示。一个符号可以将两个层次的表示合并为一个，这使得它有可能为纯粹符号的计算添加意义。我用一个例子来解释这个思想，这个例子使用了前面讨论过的数字表示。

对于二进制数，能指"1"在计算表示层面上表示数字一。这个数字可以在不同的上下文中表示不同的事实，因此具有不同的问题表示。如果你在玩轮盘赌，这有可能是你押黑色的钱。在 1 后面添加 0 的转换意味着，在计算表示层次上，将数字一加倍到二。在问题表示的背景下，变换也可以意味着黑色出现，你赢了你的赌注，现在有两倍的钱可用。

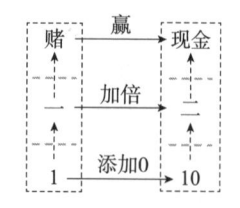

类似地，对于汉赛尔和格莱特来说，森林里的石子是表示地点的能指，属于计算表示。此外，个别地点代表问题表示中的危险位置。为了区分不同的地点，人们可以通过距离汉赛尔和格莱特家的远近进一步量化危险程度。从一颗石子移动到另一颗石子意味着在计算表示中位置的改变，但如果位置移动到离家更近的地方，也意味着问题表示中的危险降低了。由于符号的传递性，"他曾在 CCH 工作"意味着他曾在查令十字医院工作，而不是他曾在"查令十字医院"工作，后者没有任何意义，因为一个人不能在医院的名字里工作。

能指的含义

一个符号可以在不同表示层得到解释，由此说明一个能指可以代表多个所指。在轮盘赌的例子中，符号"1"表示数字一和下注金额；汉赛尔和格莱特使用的石子代表着地点和危险；石子整体代表了一条从危险到安全的道路。因此，任何缩写都代表它所表示的名称以及名称所代表的概念。

然而，一个能指也可以表示不同甚至不相关的概念，而且一个概念也有可能由不同的、不相关的能指来表示。例如，"10"表示十进制表示法中的数字十，也表示二进制表示法中的数字二。此外，数字二在十进制表示法中用能指"2"表示，在二进制表示法中用能指"10"表

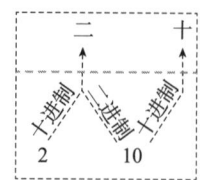

示。当然，在问题表示层也存在多重表示。显然，数字1除了表示轮盘赌桌上的黑色赌注外，还可以用来表示其他对象。

这两种现象在语言学中是众所周知的。如果一个词代表两个或两个以上不同的所指概念，则称之为同形异义词。例如，"trunk"这个词可以代表树干、大象的鼻子，或者汽车的行李厢。相反，如果两个词都表示相同的概念，则称它们是同义词。例如"bike"和"bicycle"（均指自行车）或者"hound"和"dog"（均指狗）。在计算的上下文中，同形异义词带来了几个重要的问题。

例如，如果一个能指可以表示不同的所指，那么当使用能指时，哪个表示是实际活跃的？显然，能指引用的表示取决于使用它的上下文。例如，当我们问"CCH"代表什么时，我们在询问这个缩写的含义，即名称"Charing Cross Hospital"（"查令十字医院"）。相反，像在——你去过"CCH"吗？——这样的问题中，它指的是医院，从而选择第二种表示。此外，能指"10"表示十或二，这取决于是使用十进制表示还是二进制表示。《糖果屋》的故事也说明，一个符号的作用取决于它的使用上下文。例如，当石子被放在汉赛尔和格莱特的房子前时，它们并不代表任何特定的对象。然而，一旦它们被有意放在森林中，它们就代表了用来寻找路径的位置。

同一个能指对于不同的主体来说也可以有不同的含义。例如，第二晚汉赛尔和格莱特使用的面包屑对他们来说意味着位置。然而，森林里的鸟儿却把它们当成了食物。无论是从汉赛尔和格莱特的角度，还是从鸟的角度，对面包屑的两种解释都是有道理的。不需要太多的想象力就能看出，同形异义词会给算法带来问题，因为它们本质上就呈现出二义性，因此必须用某种方式解决。为什么有人想要甚至需要用一个名称来表示算法中的不同值呢？这个问题将在第13章讨论，在那里我还将解释如何解决明显的结果歧义。

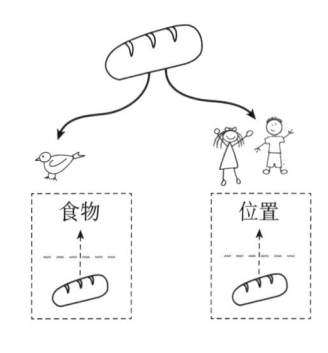

最后，一个表示也有可能被误解，并将不正确的所指与能指联系起来。一个例子是夏洛克·福尔摩斯推断莫蒂默医生手杖上的铭文代表他的退休，而实际上是莫蒂默医生的结婚纪念日（见图3.1）。这个特定的误解是故事《巴斯克维尔的猎犬》本身讨论和解决的一部分内容。

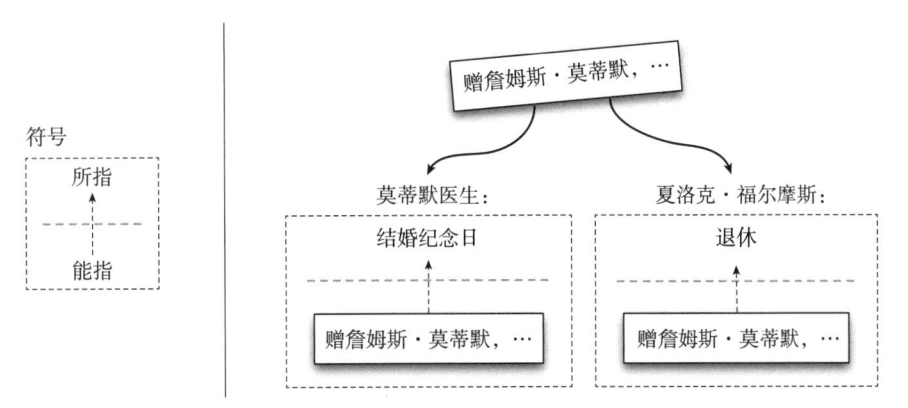

图3.1 符号是表示的基础。符号由代表某种概念的能指组成，被代表的概念称为所指。一个能指可以代表不同的概念

表示的正确性对于计算至关重要，因为如果计算用错误的表示作为输入，就会产生错误的结果。这个事实有时被称为"垃圾进，垃圾出"。毫无疑问，基于错误输入导致错误结果的计算可能会带来毁灭性的后果。如果石子代表一条通往森林深处的路，那么如果没有一个正确的寻找路径算法可以帮助汉赛尔和格莱特找到回家的路，他们就会死在森林里。

火星气候探测者号（Mars Climate Orbiter）的失踪，是对不慎重选择表示的一个沉痛教训。火星气候探测者号是美国宇航局（NASA）于1998年发射的一艘无人驾驶航天器，目的是探索火星的气候和大气。在一次修正轨道的操作过程中，飞船因距离火星表面太近而解体。操作失败的原因是控制软件和航天器使用了两种不同的数字表示。地面控制软件以英制单位计算推力，而推力控制器以公制单位计算推力。这次表示错误付出了6.55亿美元的沉重代价。我将在第14章讨论避免这类错误的方法。

三种指代方法

考虑到准确表示的重要性，一个符号和它所代表的对象之间的关系是如何建立的？这种关系可能用多种不同的方式建立起来，相应地可以对符号进行分类。逻辑学家、科学家和哲学家查尔斯·桑德斯·皮尔斯（Charles Sanders Peirce）发现了三种不同的符号。

第一，一个图标（icon）代表一个相似的或长相类似的对象。例如，通过突出显示人物的特定特征来描绘人物。一个典型的图标例子是《巴斯克维尔的猎犬》中雨果·巴斯克维尔爵士的肖像，通过长相的方式来代表他。这幅肖像看起来也很像凶手，因此这是另一个能指可以代表不同的所指的例子。事实上，这幅画像作为两个有效符号，帮助夏洛克·福尔摩斯破了案。进一步的例子是缩写CCH和MRCS，当它们代表短语的时候。这里的相似性是由一个短语和它的缩略词所共有的字符所建立的。最后，夏洛克·福尔摩斯利用德文郡沼泽的地图来了解谋杀案发生的地点。地图是图标性的，因为它包含的特征（路径、河流、森林等）在形状和位置上与它们所代表的对象相似。

第二，索引（index）通过某种规律性的关系表示对象，这种关系允许索引的查看者通过这种关系推断对象。一个例子是风向标，利用它的方向可以推断风向。其他的例子包括各种各样的仪表，它们被设计成不同物理现象（温度、压力、速度等）的指标。"有烟就有火"的说法基于烟是火的标志。索引符号是由它所表示的对象通过它们之间的规律关系来决定的。《巴斯克维尔的猎犬》（以及夏洛克·福尔摩斯的其他故事）中另一个重要的索引符号是脚印。例如，在已故的查尔斯·巴斯克维尔附近发现的狗脚印表明有一只巨大的猎犬。此外，夏洛克·福尔摩斯解释说，脚印停留在离查尔斯爵士一段距离的地方，这表明猎犬并没有和他发生身体接触。查尔斯爵士脚印的特殊形状表明他是在躲避猎狗。另一个索引是在犯罪现场发现的查尔斯爵士雪茄烟灰的量，这表明了他在死亡地点等待的时间。巧合的是，皮尔斯自己也用了凶手和受害者的例子作为索引的例子。应用到这个故事中，这意味着死去的查尔斯爵士是谋杀他的凶手的索引。

第三，一个符号只是根据约定表示一个对象，这种表示不涉及任何相似性或规律上的联系。由于能指和所指之间的联系完全是任意的，因此符号的创造者和使用者必须就符号的定义和解释达成一致，才能使其发挥作用。大多数现代语言都是符号性的。"树"这个词代表一棵树，这一事实不能被推断出来，而是一个必须学习的事实。同样，"11"既是十一的表示也是三的表示，石子是位置的象征，这些都是规定的。在我们从《巴斯克维尔的猎犬》中所提到的标志中，MRCS 和 CCH 这两个缩写分别用来表示外科医生协会的会员资格和医院的标志，因为它们既没有相似之处，也不是任何规律关系的结果。此外，符号 2704 代表福尔摩斯和华生跟踪的一辆出租车，以确定一个被怀疑威胁巴斯克维尔家族继承人亨利爵士的人。

系统地使用表示

区分了图标、索引和符号之后，我们现在可以看看这些不同形式的表示是如何在计算中使用的。由于计算是通过转换表示进行的，因此图标、索引和符号的不同表示机制导致了不同形式的计算。

例如，由于图标通过相似性来表示，因此可以通过显示或隐藏所表示对象的特定方面来转换这种表示。照片编辑工具以系统的方式改变图片，由此提供了无数的图片效果，例如，改变颜色或扭曲图像比例。这种计算有效地改变了图标的相似度。另一种图标性表示的计算方法与夏洛克·福尔摩斯的职业相关，即根据目击者的描述绘制嫌疑人的面部合成图。目击者报告其面部特征，如鼻子的大小和形状，或头发的颜色和长度，由警方素描师解释为绘制嫌疑人画像的指示。在这个例子中，目击者给出算法描述，警察素描艺术家执行算法，计算结果是嫌疑人素描画。考虑到这种计算的算法性质，不难理解，这种方法已经被自动化。

这种方法源于阿方斯·贝蒂荣（Alphonse Bertillon），他关于人体测量学（人体部位的测量）的想法于 1883 年被巴黎警方采用，作为识别罪犯的方法。他创建了一个面部特征分类系统，最初用于从大量罪犯的面部照片中找到特定的嫌疑人。这个方法是一个使用草图进行搜索的计算示例，这是一个重要的算法问题（参见第 5 章）。夏洛克·福尔摩斯很欣赏贝蒂荣的工作，尽管他在《巴斯克维尔的猎犬》中没有给他过高评价。另一个使用草图的计算是从面部合成图推断嫌疑人身份的过程。这种计算有效地建立了一个符号，其中能指是草图，嫌疑人是所指。当借助素描或图片识别出嫌疑人时，一个标志便建立起来了。当夏洛克·福尔摩斯在雨果·巴斯克维尔爵士的画像中认出凶手时，这种情况便出现了。

对于索引符号的计算例子，回想一下德文郡沼泽的地图。为了找到一条跨过河流道路的特定位置，福尔摩斯可以分别计算代表河流和道路的两条线的交点。实际上，地图表示已经有效地计算出了这个点，因此可以直接从地图中读取该点。假设地图是准确的，那么这个点就代表了要找的位置⊖。夏洛克·福尔摩斯还可以计算地图上路径的长度，并利用地图的比例尺，确定沼泽地中路径的长度以及穿越这条路径所需的时间。同样，如果地图是按比例绘制的，这也是可行的。索引计算利用符号和所指之间的规律关系，通过索引的变换从一个所指移动到另一个所指。

符号计算可能是计算机科学中最常见的，因为符号可以表示任意问题。最明显的基于符号的计算涉及数字和算术，我们可以在夏洛克·福尔摩斯的第一部冒险小说《血字的研究》（*A Study in Scarlet*）中找到这样一个例子，他根据嫌疑人的步幅计算出嫌疑人的高度。这是一个非常简单的计算，只包含一个乘法，相应的算法只包含一个步骤。

从计算的角度来看，更有趣的是夏洛克·福尔摩斯破译加密信息的尝试。在《恐惧之谷》中，他试图破解他收到的一条信息，开头如下：534 C2 13 127 36……。这个代码表示一条消息。夏洛克·福尔摩斯的第一个任务是找出生成密码的算法，这样他就能够解码信息。

⊖ 如果这条路多次跨过河（或者没有跨河），相交点可能有多个（或者没有）。

他推断，534 一定是某本书的页码，C2 表示第二列，后面的数字表示该列中的单词。

但是这个代码真的是一个象征性的符号吗？由于代码是由算法和给定消息生成的，因此编码算法似乎在消息与其代码之间建立了规律性的关系。因此，代码不是符号，而是索引。这说明了涉及符号的另一种计算方式。尽管解释为给定的能指生成其所指，但是用于生成索引值的算法以相反的方向操作，它由给定的所指生成能指。

归根结底，表示是计算的基础。计算的本质和基本属性可以通过符号这个镜头来理解。就像艺术品可以基于许多不同的材料（黏土、大理石、颜料等）一样，计算也可以基于不同的表示。表示的重要性是第 1 章的焦点：没有表示就没有计算。

在你的办公室

你来到办公室，面临处理一堆文件的任务。在开始实际工作之前，你必须决定文件处理顺序，以及如何管理这些文件以确保这种顺序。在许多其他场景下这些问题也会出现。例如，一个汽车修理工必须修理多辆不同的汽车，一个医生必须诊治在候诊室的许多病人。

处理集合中的元素（文件、汽车或人员）的顺序通常按照某个策略进行，例如先到先服务，也就是按元素到达的顺序处理元素。这种策略要求按照某个特定的模式维护集合，该模式定义了如何添加、访问和删除元素。在计算机科学中，具有特定访问模式的集合称为数据类型，而遵循先到先服务原则的数据类型称为队列。

虽然队列广泛用于确定处理集合元素的顺序，但也存在其他的策略。例如，如果元素是根据某种优先级而不是按照它们到达的顺序处理的，则该集合是优先级队列数据类型。你办公室里的一些文件可能就是这种类型的，例如，紧急询问必须立即回复，备忘录必须在午餐前回复，报价必须在当天发出。其他的例子还有急诊室的病人，他们按照症状的严重程度接受治疗，或者旅行者需要根据他们的常客身份顺序登机。

另一种模式是按照请求出现的相反顺序处理请求。虽然这种模式初看起来很奇怪，但这种情况经常出现。例如，假设你正在处理纳税申报单。你可能从主税务表格开始，但是当其中一个字段要求填写扣除时，你需要先填写另一个表格。为此，你必须找出相应的收据并添加金额。结果是你按照与之相关的相反顺序处理完这三种文件：你首先输入收据中的金额并将其收起来，然后填写扣除额表，最后返回来处理主纳税表格。以这种顺序处理元素集合的数据类型被称为堆栈或栈。它的行为就像在一堆煎饼中，最后放在堆上的煎饼将首先被吃掉，而最底部的煎饼（即堆上的第一个元素）将最后被吃掉。栈数据类型描述的模式在各种任务（从烘焙到组装家具）中出现。例如，蛋清在加入面糊之前必须先经过搅拌，抽屉必须先组装在一起再放进橱柜。

认识处理集合元素的访问模式，就会产生第二个问题，即如何组织这些元素以便最好地支持该模式。这种组织元素的方式称为数据结构。让我们以队列数据类型为例，看看如何用不同的数据结构实现。如果你有足够的桌面空间（这可能是一个过于乐观的假设），你可以将文件排成一行，在一端添加文件，然后从另一端拿走文件。你不时地移动所有文件，使队列前面的空白空间移动到队列的末尾。这就像人们在咖啡店里挨个排队一样。每个人都从一端进入队列，并在前面的所有人都离开队列后走到柜台前面。许多政府办公室采用的另一种方法是，每个人取一个号码，然后等待叫号。你也可以使用这个系统，方法是用便利贴在办公室的文件上贴上连续的号码。

桌子上的文件序列和咖啡店里的队列被称为列表数据结构。在这里，排队人员的物理站位确保了队列需要的顺序。相反，分配连续号码的方法不需要在物理上保持人员或文件的顺序，他（它）们可以在任何地方，因为号码代表了正确的顺序。这种给元素分配编号的组织方法称为数组数据结构。除编号（由取号后拿着号码的人实现）之外，还必须维护两个计数器，一个记录下一个可分配的编号，另一个记录下一个被叫号码。

集合表示为数据结构后，它们便可以被计算访问。数据结构的选择对于算法的效率非常重要，有时选择还会受到其他因素，比如可用空间的影响。当福尔摩斯维护一个案件的信息，比如嫌疑对象的集合时，他本质上是在使用数据类型和数据结构。因此，我继续用《巴斯克维尔的猎犬》的故事来推进和解释这些概念。

| 第 4 章 |

Once Upon an Algorithm: How Stories Explain Computing

侦探笔记：事后从犯

当我们必须处理大量数据，而且无法用几个单独的步骤完成时，计算就能显示其作用了。在这种情况下，合适的算法可以确保所有数据得到系统的处理，并且这种处理在许多情况下也是高效的。

在第 3 章讨论的符号说明了如何用表示表达单个信息片段，以及这种表示如何成为计算的一部分。例如，汉赛尔和格莱特在石子间的移动意味着他们处于危险之中，直到他们从最后一颗石子的位置回到家。但是，符号集合本身也是符号，如何用这样的集合进行计算尚不清楚。在《糖果屋》的故事中，一颗石子是一个地点的象征，而所有石子的集合象征着一条从危险到安全的道路，但如何系统地构建和使用这样的集合呢？数据集合的维护提出了两个问题。

首先，在集合中使用什么顺序插入、查找和删除元素呢？当然，答案取决于集合所涉及的计算任务，但是我们可以观察到访问集合中元素的特定模式会重复出现。这样的数据访问模式称为数据类型。例如，汉赛尔和格莱特使用石子的顺序和它们放置的顺序是相反的，这样的访问模式称为栈。

其次，如何存储集合，以便最有效地支持访问模式或数据类型？答案取决于各种各样的因素。例如，需要存储多少元素？这个数字是事先已知的吗？每个元素需要多少存储空间？是否所有元素都有相同的大小？存储集合的任何特定方式都称为数据结构。数据结构使集合易用于计算。一种数据类型可以通过不同的数据结构来实现，这意味着一种特定的访问模式可以通过不同的数据存储方式来实现。数据结构之间的区别表现在它们支持对集合进行特定操作的效率。此外，一个数据结构可以实现不同的数据类型。

本章讨论了几种数据类型、实现它们的数据结构，以及如何将它们用作计算的一部分。

普通嫌疑人

当犯罪者已知时（也许有目击者和供词），我们不需要夏洛克·福尔摩斯的技巧。但是，当存在几个嫌疑人时，我们需要追踪他们的动机、不在场证明和其他相关信息，以详细调查案件。

在《巴斯克维尔的猎犬》中，嫌疑人包括莫蒂默医生、杰克·斯台普顿和他假定的妹妹贝丽尔（贝丽尔实际上是他的妻子）、逃犯塞尔登、弗兰克兰先生和已故查尔斯·巴斯克维尔爵士的仆人白瑞摩夫妇。在华生动身前往巴斯克维尔庄园之前，夏洛克·福尔摩斯指示华生报告所有相关的事实，但要把詹姆斯·戴斯蒙德先生排除在嫌疑人之外。当华生建议夏洛克·福尔摩斯也把白瑞摩夫妇排除在外时，夏洛克·福尔摩斯回应道：

不，不，我们会把他们留在嫌疑人名单上[⊖]。

[⊖] 引文来自免费在线版《巴斯克维尔的猎犬》，作者是 A.Conan Doyle，参见 www.gutenberg.org/files/2852/2852-h/2852-h.htm。

这个简短的交流说明了两件事。

第一，尽管夏洛克·福尔摩斯对数据结构一无所知，但他正在使用数据结构，因为他似乎保留了一份嫌疑人名单。列表（list，这里是嫌疑人名单）是一种简单的数据结构，它把数据项链接在一起来存储数据，提供了访问和处理这些数据项的独特方法。第二，嫌疑人名单不是一个静态的实体，它会随着嫌疑人的加入和删除而扩大和缩小。在数据结构中添加、删除或更改数据项需要的算法通常含多个步骤，并且这些算法的运行时间决定了特定数据结构适合特定任务的程度。

由于简单性和多功能性，列表可能是计算机科学及其他领域中使用最广泛的数据结构。我们都会经常使用列表，比如待办事项清单、购物清单、阅读清单、愿望清单和各种排名。列表中元素的顺序很重要，通常访问元素的方式是从一端开始，挨个访问每个元素直到另一端。列表通常垂直书写，每行一个元素，第一个元素在顶部。不过，计算机科学家用水平方式书写列表，从左到右表示元素，并用箭头连接相邻元素以指示元素的顺序⊖。使用这种符号，夏洛克·福尔摩斯可以用下面的方式写下他的嫌疑人名单：

莫蒂默→杰克→贝丽尔→塞尔登→⋯

箭头被称为指针，它明确了列表元素之间的连接，这在考虑如何更新列表时变得很重要。假设夏洛克·福尔摩斯的嫌疑人名单是莫蒂默→贝丽尔，且他想把杰克加到两人中间。

如果元素被写成一个垂直的数据项列表，数据项之间没有任何空间，那么他必须借助一些额外的符号来明确新元素的位置。另一种选择是简单地重新写下完整的新列表。然而，这在时间和空间上是巨大的浪费。它需要的时间和空间在最坏的情况下是最终列表大小的二次方。

指针使我们能够灵活地在有空间的任何地方写下新元素，并且将新元素连接到相邻的列表元素，仍然将它们放置在列表中的适当位置。例如，我们可以将杰克放在列表的末尾，将从莫蒂默引出的指针重定向到杰克，并添加一个从杰克到贝丽尔的指针。

在这个故事的情况中，嫌疑人在列表中的顺序是任意的，没有特殊意义，但是我们可以看到，创建一个列表需要我们为列表元素选择一定的顺序。列表的一个定义性特征是它的元素按特定的顺序保存。

对列表元素的检查按照列表给出的特定顺序进行。因此，为了确定塞尔登是不是嫌疑人，我们必须从列表的头部开始，沿着指针逐一检查元素。虽然我们似乎可以直接在列表中发现元素塞尔登，但这只适用于相对较小的列表。由于我们的视野有限，我们不能在长列表中立即识别特定元素，因此必须采用一次一个元素的方法遍历列表。

列表的物理类比是一个活页夹，每个元素都是一张纸。要在活页夹中找到特定的元素，必须一个一个地查看各个页面，并且可以在其他页面之间的任何位置插入新页面。

列表的一个显著特性是，查找元素所需的时间取决于该元素在列表中的位置。在这个例子中，塞尔登将会在第四步被找到。一般来说，查找一个元素可能需要遍历整个列表，因为该元素可

⊖ 有更复杂的列表版本，例如，元素在两个方向上都有连接的列表。然而，本章只讨论简单的单一连接列表。

能是最后一个。在第 2 章关于运行时间复杂度的讨论中，这种算法被称为线性算法，因为时间复杂度与列表中元素的数量成正比。

如前所述，夏洛克·福尔摩斯的嫌疑人名单是否真地按照以上所示的顺序列出了这些人，这点我们并不清楚，塞尔登在贝丽尔之后这一事实也没有任何意义，因为列出名单只是为了记住谁是嫌疑人。重要的是一个人是否在名单上[○]。这是否意味着列表并不是记住嫌疑人的合适表示？完全不是，它只是意味着列表可能包含特定任务不需要的信息（例如元素的顺序）。这个观察结果表明，列表只是表示嫌疑人数据的一种可能的数据结构，可能还有其他表示可以用于相同的目的——只要它们同样支持添加、删除和查找元素的操作。这些操作表达了数据处理的需求。

这种通过一组操作来表达的数据需求，在计算机科学中称为数据类型。对嫌疑人数据的需求是能够添加、删除和查找元素。这种数据类型称为集合（set）。

集合是广泛适用的，因为它们对应于与问题或算法相关的谓词。例如，嫌疑人集合对应于谓词"是嫌疑人"，该谓词适用于人，并可用于确认或拒绝诸如"塞尔登是嫌疑人"之类的陈述句，这取决于应用谓词的人是不是该集合的成员。汉赛尔和格莱特使用的石子追踪算法中，"找一个以前没有经过的闪光石子"也使用了一个谓词。这里的谓词是"没有经过的"，它适用于石子，可以用一个集合来表示，这个集合最初是空的，在经过石子后将该石子添加到这个集合中。

数据类型描述了对数据做什么处理的需求，数据结构提供了支持这些需求的具体表示。你可以将数据类型视为数据处理任务的描述，将数据结构视为该任务的解决方案。（下面的助记法可能有助于记住这两个术语的含义：**数据类型**和**任务**的英文单词首字母都是 t，数据**结构**和**解决方案**的英文单词首字母都是 s。）和数据结构相比，数据类型是对数据处理更抽象的描述，它的优点是可以不指定某些细节，从而得到简洁和通用的描述。在《巴斯克维尔的猎犬》中，集合数据类型反映了维护嫌疑人集合的任务，而不必详细说明如何实现它。在《糖果屋》的故事中，用一个集合数据类型记住经过的石子，这对描述算法已经足够了。然而，为了实际执行数据类型规定的操作，计算机需要使用具体的数据结构来定义这些操作如何对数据结构提供的表示进行转换。此外，只有为算法选择了具体的数据结构，我们才能确定算法的运行时间复杂度。

由于一种数据类型可以用不同的数据结构实现，所以应该选择哪种数据结构是一个问题。人们可能希望实现数据类型的数据结构具有最佳的运行时间，以便使用该数据结构的算法运行得尽可能快。然而，这并不总是一个容易的决定，因为数据结构可能可以很好地支持某些操作，而对其他操作的支持欠佳。此外，数据结构对空间的要求也不同。这种情况类似于为一项特定的运送任务选择一种交通工具。摩托车对环境很友好，而且每加仑[○]汽油能跑的里程数是其他交通工具无法比拟的。但它的速度相对较慢，只能运送一两个人，而且里程有限。如果是和很多人一起长途旅行，你可能需要一辆面包车，甚至一辆大巴。你会选择一辆卡车来运送大件物品，选择一辆轿车使旅行更舒适，如果你是一个 50 多岁的男性，你可能会选择一辆跑车。

○ 原则上，列表中元素的次序是重要的，比如，在列表中的位置可以表示成员的嫌疑程度大小。但是，故事中没有表达这方面的意思。

○ 体积单位，1 加仑（美制）≈ 3.79 升。——编辑注回到如何实现集合数据类型的问题上，替代列表的两种常用数据结构是数组和二叉搜索树。第 5 章将详细讨论二叉搜索树，这里的重点是数组。

如果列表像活页夹，那么数组就像笔记本，它有固定的页数，每页都有唯一的标识。数组数据结构中的单个字段称为单元，单元的标识符也称为其索引。通常使用数字标识（或索引）单元，但我们也可以使用字母或名称作为标识符，只要可以使用该标识符直接打开特定的页面⊖。数组数据结构的重要性在于它可以快速访问每个单元。无论数组包含多少单元，访问一个单元只需要一步。如果一个操作只需要一个或几个步骤完成，而与数据结构的大小无关，那这样的操作被称为以常数时间运行。

如果用笔记本表示一个集合，我们假设每页都有一个标签，标签由集合的一个可能成员标记。因此，为表示《巴斯克维尔的猎犬》中的嫌疑人，我们用所有可能的嫌疑人的名字来标记这些页，即用莫蒂默、杰克等。笔记本还包含了原则上有嫌疑的戴斯蒙德和其他人的页面。这与活页夹不同，活页夹只包含实际嫌疑人。如果要添加，比如添加塞尔登为一个嫌疑人，我们可打开标有"塞尔登"的页面并在上面做一个标记（例如，我们在上面写 + 或"是"）。如果要删除一个嫌疑人，同样打开那个人的页面，然后删除标记（也可以在上面写 − 或"否"）。要想知道某人是否有嫌疑，就去他的页面查看标记。数组也以同样的方式工作。我们使用索引直接访问它的单元，并读取或修改存储在其中的信息。

+	−	+	+	+	…
莫蒂默	戴斯蒙德	杰克	贝丽尔	塞尔登	…

数组和列表之间的重要区别在于，数组中的单个单元可以立刻定位，但要找到列表中的元素必须从头开始扫描整个列表（如果元素不在列表中，则必须查到列表的末尾）。

由于我们可以直接打开笔记本中的特定页面（或访问数组中的单元），因此所有三个操作——添加、删除和查找嫌疑人——都可以用常数时间完成，这是最优的（换言之，完成这些操作不可能更快）。由于在列表数据结构中查找和删除嫌疑人需要线性时间，因此数组数据结构似乎是赢家。那么我们为什么还要讨论列表呢？

数组的问题在于它的大小是固定的，也就是说，笔记本具有特定数目的页面，并且不能随着时间的推移而增长。这有两个重要的含义。首先，从一开始就必须选择足够大的笔记本，以便它能包含所有可能的嫌疑人，即使其中的许多人永远不会成为嫌疑人。因此，我们可能会浪费大量的空间，可能会随身携带一本厚厚的本子，里面有数百或数千个潜在的嫌疑人，而实际上嫌疑人的集合可能非常小，可能在任何时候它都包含不到 10 名嫌疑人。这也意味着在开始时准备笔记本的拇指索引可能需要很长时间，因为它需要在不同的页面上写下每个潜在嫌疑人的名字。其次——这是一个更严重的问题——在疑案开始的时候可能不清楚所有潜在的嫌疑人是谁。特别是，随着故事的展开，可能会发现新的潜在嫌疑人，这在《巴斯克维尔的猎犬》中是肯定的。这种信息的缺乏阻碍了笔记本的使用，因为无法对其进行初始化。

笨重数组的缺点是灵活列表的优点，它可以根据需要随时间增长和缩小，并且永远不

⊖ 这种假设一般不成立。通常不能用名称作为数组单元的标识符，也不能有效访问数组单元。可以使用高级数据结构（如哈希表和所谓的字典树克服这种限制）。不过，数组和列表的比较不受这种限制的影响，因此下面讨论忽略这种限制。

会存储多余的元素。在为实现数据类型集合选择数据结构时，我们必须注意以下权衡。数组可以非常快地实现集合操作，但可能会浪费空间，而且不一定适用于所有情况。列表比数组的空间效率更高，在任何情况下都能工作，但它实现某些操作的效率较低。图 4.1 对此做了概述。

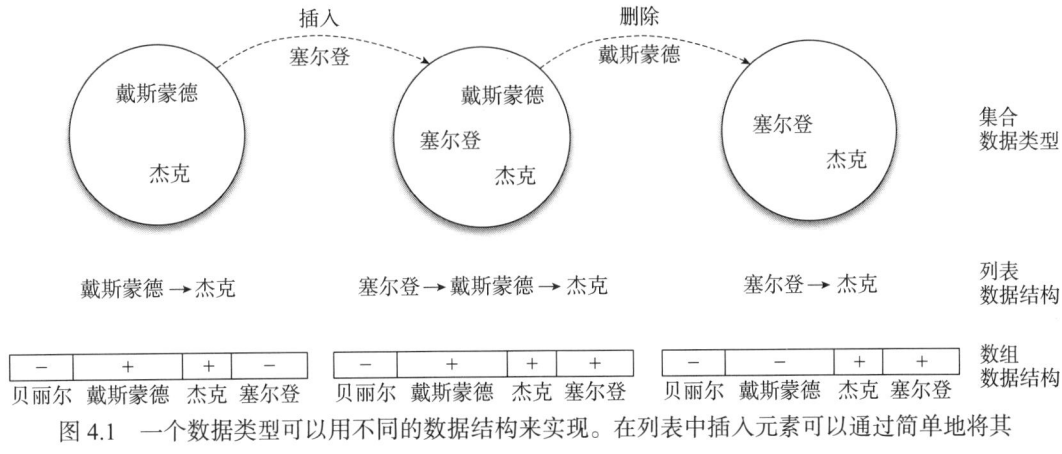

图 4.1　一个数据类型可以用不同的数据结构来实现。在列表中插入元素可以通过简单地将其添加到列表的前面来完成，但是删除时需要遍历列表才能找到它。对于数组，插入和删除通过直接访问由元素索引的数组单元，然后相应地更改标记来完成。数组允许更快的操作实现，但列表更节省空间

信息收集

查明嫌疑人只是解决谋杀疑案的第一步。为了缩小嫌疑人的集合，夏洛克·福尔摩斯和华生医生需要收集关于他们的具体信息，比如动机或潜在的不在场证明。例如，对塞尔登的情况，这种信息包括他是一名逃犯的事实。所有这些附加信息应与每个相应的嫌疑人一起存储。当使用笔记本时，夏洛克·福尔摩斯会在为那个人预留的页面添加这些信息。

数据类型集合的操作不能做到这一点，但是对添加和查找元素的操作进行一些小更改就足以做到这一点。首先，插入元素的操作需要两条信息：用于标识信息的关键字以及与该关键字关联的附加信息。嫌疑人信息的关键字是他或她的名字。其次，查找和删除嫌疑人的操作只需要用关键字作为输入。对于删除的情况，一个人的名字和所有存储的附加信息将一起被删除。对于查找的情况，将返回为所找姓名存储的信息作为结果。

数据类型集合的这个微小但重要的扩展被称为字典，因为它像真正的字典一样，允许我们根据关键字查找信息，就像在《巴斯克维尔的猎犬》的开始，夏洛克·福尔摩斯使用医疗目录查找莫蒂默医生的职业历史一样。字典可以看作符号的集合，每个关键字是和它存储在一起的信息的一个能指。数据类型字典与传统的印刷字典有两个不同之处。首先，印刷字典的内容是固定的，而数据类型字典可以改变——可以添加新的定义，可以删除过时的定义，可以更新现有的定义。其次，印刷字典中的内容项按关键字的字母顺序排列，数据类型字典则不需要这样做。对印刷字典中的内容项进行排序是必要的，因为大量的内容项使直接访问特定页面变得不可能。由于访问每个页面的拇指索引将包含太多内容项，并且太细密而不实用，因此有序的关键字允许字典的用户使用搜索算法找到内容项（参见第 5 章）。

物理字典的两个限制——需要排序的关键字以及固定的大小和内容——是电子字典没有的。一个广泛使用的动态词典是维基百科，它不仅允许用户使用它，还允许用户扩展和更新其中的信息。事实上，维基百科的内容是由它的用户汇集起来的，这是众包的显著成绩，也是协作力量的证明。如果夏洛克·福尔摩斯和华生现在调查巴斯克维尔的猎犬案，他们很可能不再来回寄信，而是使用维基 ⊖ 保存有关嫌疑人和案件的信息。

字典的动态性不仅限于插入和删除有关嫌疑人的信息，它还允许更新该信息。例如，逃犯塞尔登是伊莉莎·白瑞摩的兄弟，这一事实在塞尔登成为嫌疑人时并不为人所知，后来必须将其添加到字典中塞尔登的词条中。但是如何完成这个操作呢？既然我们只有三个操作——在字典中添加、删除和查找元素，那么在字典中存储了关键字的信息之后，如何更新相关信息呢？我们可以通过组合操作来实现这一点：使用关键字查找元素，获取返回的信息，根据需要修改返回的信息，然后从字典中删除该元素，最后将关键字与更新的信息一起添加到字典中。

我们可以用类似的方式给数据类型集合添加新的操作。例如，如果夏洛克·福尔摩斯记录了一组因查尔斯爵士去世受益的人，他可能想给某些嫌疑人添加动机。要做到这一点，他可以计算受益人集合和嫌疑人集合的交集。或者他想把不在嫌疑人集合中的受益人确定为新的嫌疑人。要做到这一点，他可以计算两个集合的集合差（或差集）。假设数据类型集合具有报告集合中所有元素的操作，则计算两个集合的交集或差集的算法可以简单地遍历一个集合的所有元素，并检查每个元素是否在另一个集合中。如果是，它将该元素报告为交集的成员。如果不是，则将该元素报告为差集的成员。这种计算很常见，因为它们对应于谓词的组合。例如，嫌疑人集合和受益人集合的交集对应于谓词"是嫌疑人和受益人"，而受益人集合和嫌疑人集合的差集对应于谓词"是受益人而不是嫌疑人"。

最后，我们需要一个数据结构来实现字典，以便我们可以实际地使用它们进行计算。由于数据类型字典与集合的区别仅在于元素有关联的附加信息，因此实现集合的大多数数据结构（包括数组和列表）都可以扩展来实现字典。对于显式表示集合的每个元素的所有数据结构都是如此，因为在这种情况下，我们可以简单地将附加信息添加到关键字上。这也意味着任何用于实现字典的数据结构都可以用于实现集合，可以简单地将空的或无意义的信息与关键字存储在一起。

什么时候需要顺序

正如在第 3 章中提到的，计算的优劣依赖于它所使用的表示。因此，夏洛克·福尔摩斯和华生希望嫌疑人的集合能准确地反映他们的调查状况。特别是，他们希望这个集合尽可能小（以避免在错误的线索上浪费精力）⊖，但也要尽可能大（以避免凶手漏网）。但除此之外，嫌疑人被加入集合或从集合中移除的顺序对他们来说并不重要。

对于某些任务，数据表示中各项的顺序很重要。以已故查尔斯爵士的继承人为例。第一顺序继承人比第二顺序继承人多获得价值 100 万英镑遗产的继承权。这些信息不仅对决定谁能变成富翁而谁不能很重要，还为夏洛克·福尔摩斯和华生提供了有关嫌疑人潜在动机的线索。事实上，凶手斯台普顿是第二顺序继承人，他试图杀死第一顺序继承人亨利爵士。虽

⊖ 维基是一种在网络上合作编辑和共享信息的程序。

⊖ 当然，他们的最终目标是将集合修剪为只包含一个元素。

然继承人的继承权很重要，但继承人的顺序并不是由人们进入继承人集合的时间决定的。例如，当遗赠人生下一个孩子时，他不会成为最后一个继承人，而是优先于比如侄子等人。当元素的顺序不由添加的时间而由其他标准决定时，这样的数据类型称为优先级队列。这个名称表明一个元素在队列中的位置是由某种优先级控制的，例如，优先级在继承人的情况下是与遗赠人的关系，而在急诊室中是患者受伤的严重程度。

相反，如果元素添加的时间确实决定了该元素在数据集中的位置，而且元素按照添加的顺序被移除，则该数据类型称为队列；如果元素被删除的顺序与添加顺序相反，则数据类型称为栈。排队是在超市、咖啡店或机场安检时会有的经历。人们从一头进去，从另一头出来，按照进入队列的顺序得到服务（然后离开队列）。因此，数据类型队列建立了先到先服务的策略。元素进入和离开队列的顺序也被称为先进先出（FIFO）。

在栈中，元素离开的顺序与它们被添加的顺序相反。一个很好的例子就是桌上的一摞书。最上面的书是最后放在栈上的，必须先移走上面的书，才能取到下面的书。当你乘飞机坐在靠窗的座位时，就上厕所来说，你处于栈底位置。你旁边坐中间座位的人必须在你之前离开你们这排，你必须等待坐在过道座位上的人先离开才能离开。坐在过道旁的人最后坐下来，处于栈顶，他是第一个离开座位的人。另一个例子是汉赛尔和格莱特放置和经过石子的顺序。最后放置的石子是他们最先经过的。如果他们使用改进的算法来避免绕圈，他们会首先捡起最后放置的石子。

乍一看，使用数据类型栈处理数据的方式显得有些奇怪，但是栈对于保持数据有组织确实是很好的工具。对于汉赛尔和格莱特来说，石子栈让他们能够系统地回到他们来的地方，最终回到他们的家。忒修斯也是以类似的方式，借助阿里阿德涅给他的线球逃出了牛头怪的迷宫：解开线球相当于把线一寸一寸地加到栈里，而把线重新卷起来走出迷宫相当于把线从栈里删除。在我们的日常生活中，如果正在做的事情被打断，比如在接电话时有人敲门，我们会在心里把这些任务用栈记下来，然后先完成最新的任务，再回到上一个任务被打断的地方继续做。因此，元素进入和离开栈的顺序也称为后进先出（LIFO），即最后进来，最先出去。为了便于记忆，我们可以把元素进入和离开一个优先级队列的顺序称为HIFO，即最高优先级先入先出。

就像数据类型集合和字典，我们想知道哪些数据结构可以用于实现数据类型（优先级）队列和栈。可以看出，栈完全可以由列表实现：只要总是在列表首部添加和删除元素，就可以实现栈的后进先出顺序，这些操作只需要常数时间。同样，通过在列表尾部添加元素并在列表首部删除它们，便可以获得FIFO行为。队列和栈也可以用数组实现。

队列和栈保持了数据结构中元素的顺序，因此表现出可预测的元素离开模式。在机场的安检队列中等待通常是相当无聊的，当允许插队或存在优先顾客专用通道时，过安检便不再那么无聊。优先级队列是反映这种行为的数据类型。

家族继承

查尔斯·巴斯克维尔爵士的继承人是优先级队列很好的例子。决定每个继承人在队列中位置的优先级标准是和已故查尔斯爵士的远近。但是这个远近是如何确定的呢？一个典型的简单继承规则是，死者的子女按年龄顺序是第一顺序继承人。假设死者的财富是可以继承的，这条规则意味着，如果死者没有孩子，他或她最大的兄弟姐妹将继续继承，然后是他们的孩子。如果没有兄弟姐妹，则由最年长的姨妈、姑妈、叔伯和他们的孩子继承，以此类推。

　　这个规则可以用算法来说明：所有家庭成员都在树数据结构中表示，这种结构反映了成员之间的祖先/后代关系。然后，一个遍历树的算法构建了一个家族成员列表，其中一个人的位置定义了他的继承优先级。这个优先级也将成为继承人优先级队列中使用的标准。但是，如果我们有了一个正确排序的完整继承人列表，还需要优先级队列吗？答案是不需要。只有在一开始不知道完整的家族树时，或者当它发生变化时，例如当孩子出生时，我们才需要优先级队列。在这种情况下，家族树将发生变化，因此从旧家族树计算出的列表不能反映正确的继承顺序。

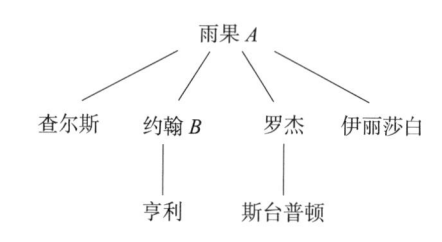

　　《巴斯克维尔的猎犬》中提供的信息表明，老雨果·巴斯克维尔有四个孩子，查尔斯是长子，继承了父亲的遗产。第二个哥哥约翰有一个儿子叫亨利，最小的弟弟罗杰有一个儿子叫斯台普顿。故事中提到雨果·巴斯克维尔有一个女儿——伊丽莎白，我想她是最小的孩子。树上的姓名称为结点，就像在家族树中一样，当结点 B（比如约翰）与其上方的结点 A（如雨果）相连时，称 B 为 A 的孩子结点，A 为 B 的父结点。树中最顶端的结点没有父结点，称为根结点，没有任何子结点的结点称为叶子结点。

　　继承规则应用于巴斯克维尔家族树的结果是，查尔斯、约翰、罗杰和伊丽莎白应该按照这个顺序继承雨果的财产。规则还规定子女应该优先于兄弟姐妹继承，这意味着亨利的继承权尚处于罗杰之前，而斯台普顿排在伊丽莎白之前。换句话说，继承人的顺序如下：

　　雨果→查尔斯→约翰→亨利→罗杰→斯台普顿→伊丽莎白

　　这个继承列表可以通过按特定顺序遍历树计算出来：先访问每个结点再遍历其子结点。遍历还将在访问年轻孩子结点（以及他们的孙子结点）之前先访问较大孩子结点的孙子结点。计算树中一个结点的继承人列表的算法可以描述如下：

　　要计算结点 N 的继承人列表，先计算它的所有孩子结点的继承人列表（从大到小）并将这些列表顺序串接，最后将结点 N 置于列表的开头。

　　这个描述意味着，没有孩子结点的结点的继承人列表只包含该结点，因此该树的继承人列表是通过计算其根结点的继承人列表而获得的。这个算法的描述引用了本身，这样的描述称为递归（参见第 12 章和第 13 章）。

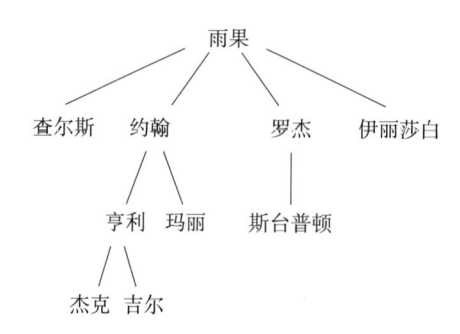

　　下面通过一个例子树说明该算法是如何执行的，这棵树上多加了几个成员。假设亨利有两个孩子——杰克和吉尔，还有一个妹妹玛丽：

　　如果在这个树上执行算法，从雨果开始，我们必须计算雨果的每个孩子的继承人列表。从最年长的孩子开始，查尔斯的继承人列表只有他自己，因为他没有孩子。约翰的情况更有趣。为了计算他的继承人列表，我们需要计算亨利和玛丽的继承人列表，并将它们串接起来。亨利的继承人列表包括他的孩子们加上他自己。玛丽因为没有孩子，她的继承人列表只有她。到目前为止，我们已经计算了以下继承人列表：

结点	继承人列表
查尔斯	查尔斯
约翰	约翰→亨利→杰克→吉尔→玛丽
亨利	亨利→杰克→吉尔
玛丽	玛丽
杰克	杰克
吉尔	吉尔

  一个结点的继承人列表总是从该结点本身开始,并且如果一个结点没有子结点,那么它的继承人列表只包含它自己。此外,亨利和约翰的继承人列表展示了在计算有孩子的结点的继承人列表时,如何将孩子的继承人列表串接在一起,从而获得他们的列表。罗杰和伊丽莎白的继承人列表是以类似的方式计算的,如果我们把雨果的四个孩子的继承人列表串接起来,在前面加上他,我们便得到下面按序排列的继承人列表:

  雨果→查尔斯→约翰→亨利→杰克→吉尔→玛丽→罗杰→斯台普顿→伊丽莎白

  继承算法是树遍历的一个例子,它是一种系统地访问树中所有结点的算法。由于它是自顶向(从根结点到叶子结点)下进行的,并且访问一个结点先于访问其孩子结点,这种遍历称为先序遍历。设想松鼠在树上搜寻坚果。为了不漏掉任何坚果,松鼠必须走遍树上的每一根树枝,它可以使用不同的策略。一种可能的方法是沿着树的高度逐层攀登,并访问每一层的所有分支。在访问上一层的任何分支之前,先检查同一层的所有分支。一种不同的方法是沿着每个分支直到最末端,不论有多高,再切换到另一个分支。这两种策略都保证了每个分支都被访问到,每个坚果都不会漏掉,区别在于访问分支的顺序。对松鼠来说,这不重要,因为它无论如何都会收集所有的坚果,但是访问家族树中结点的顺序对于继承来说至关重要,因为第一个被访问的人将继承全部财产。继承算法的先序遍历属于树的第二种遍历,也就是说,沿着一个分支直到末端,再切换分支。

  数据类型及其通过数据结构实现的主要用途是,在计算的某处收集数据并供后续使用。因为在数据集中查找单个数据项是非常重要和频繁使用的操作,所以计算机科学家花费了相当大的精力来研究有效支持这种操作的数据结构。第 5 章将深入探讨这个话题。

进一步探索

《巴斯克维尔的猎犬》中的例子说明了符号作为表示所起的作用，以及数据类型和数据结构用于组织数据集的作用。夏洛克·福尔摩斯的许多故事都充斥着符号及其解释，包括对指纹、脚印和笔迹的分析。即使在《巴斯克维尔的猎犬》中，也还有一些没有被讨论的符号。例如，莫蒂默医生的棍子上有划痕，表明它曾被用作拐杖，上面还有牙痕，表明莫蒂默医生养过宠物狗。再者，细看寄给亨利爵士的匿名信，夏洛克·福尔摩斯得出结论：从字体来看，所用的字母一定是从《泰晤士报》上剪下来的。他还从剪痕的大小推断出，这一定是一把小剪刀。对于侦探来说，当符号有多种解释或者某些迹象被忽略时，所得出的结论可能不同。皮埃尔·贝亚德的《夏洛克·福尔摩斯错了》就说明了这一点，他认为夏洛克·福尔摩斯在《巴斯克维尔的猎犬》中认错了凶手。当然，许多其他的侦探小说、电影和流行的电视连续剧，如《神探哥伦布》或《犯罪现场调查》，都提供了符号和表示的例子，并展示了如何用它们推断疑案的结论。

翁贝托·艾柯的《玫瑰之名》讲述了 14 世纪发生在修道院的神秘谋杀案。它把符号学嵌入侦探小说中。负责此案调查的主人公巴斯克维尔的威廉（姓氏实际上是福尔摩斯故事的能指）对符号的解读持开放态度，因此鼓励读者在分析故事中的事件时发挥积极的作用。最近，丹·布朗在畅销小说《达芬奇密码》和《失落的符号》中使用了许多符号。在乔纳森·斯威夫特的《格列佛游记》中，我们得知拉加多大学院有一个项目，旨在避免使用文字，因此也避免使用符号，因为它们只代表事物。当他们需要谈论某事物的时候，他们不用词语，而是随身携带他们自己制作的物品。斯威夫特的讽刺作品说明了符号对语言意义的重要性。同样，刘易斯·卡罗尔的《爱丽丝梦游仙境》和《爱丽丝镜中奇遇记》中也有一些巧妙的文字游戏，有些对文字作为符号的传统作用构成了挑战。

数据类型栈可用于反转列表中的元素：首先将它们放在栈上，然后以相反的顺序（后进先出）取出它们。其中一个应用是找到返回去的路，当然，这就是汉赛尔和格莱特所做的，也是希腊神话忒修斯和牛头怪中忒修斯走出迷宫，以及《玫瑰之名》中阿索在图书馆迷宫中找到出路的方法。另一个应用是理解电影《记忆碎片》，该片大部分是按时间倒序讲述的。把电影中的场景放在脑海的栈中，然后按照它们呈现的相反顺序取出来，人们就能按照正确的顺序看到故事中的事件。

像《巴斯克维尔的猎犬》中那样用树来表示家庭关系似乎没有必要，但在有些故事中，家庭大到如果没有相应的表示，就很难追踪家庭关系。例如，乔治·R. R. 马丁的系列小说《冰与火之歌》（也通过电视剧《权力的游戏》而闻名）包含三个大家谱——史塔克家族、兰尼斯特家族和坦格利安家族。希腊和挪威神话中的神是更大家族树的例子。

问题求解与其局限

———◆———

印第安纳·琼斯

失物招领

你几个月前写的那张纸条在哪？你记得写在一张纸上，这张纸与刚刚想到的计划有关。你找遍了所有可能放纸条的地方——至少你认为自己找遍了。然而，你就是找不到它。你发现自己在一些地方反复寻找——也许你第一次看得不够仔细。你还发现了上次拼命寻找却没有找到的笔记。真该死。

这种场景听起来是不是很熟悉？我当然经历过，而且不止一次。毫无疑问，找东西可能会很困难，找不到会让人很沮丧。即使在拥有看似全能的谷歌搜索引擎的时代，如果你不知道正确的关键字，或者关键字太笼统以致匹配太多的来源，在互联网上找到正确的信息也可能会很困难。

幸运的是，我们并非注定要成为数据泛滥的无助受害者。通过组织搜索的空间，可以有效地找到一些东西。总之，当你妈妈让你整理自己的房间时，她是正确的 ⊖。搜索空间的有效组织包括以下一种或两种原则：（1）将空间划分为不相交的区域，并将可搜索项放置在这些区域中；（2）将可搜索项按一定顺序排列（在其区域内）。

例如，划分原则的结果可能是将所有的书放在架子上，所有的文件放在文件抽屉里，所有的笔记放在活页夹里。如果你需要找笔记，你只需要在活页夹中查找，而不需要在文件抽屉或书架上找。划分很重要，因为它允许你有效地将搜索空间限制在更易于管理的范围。这一原则也可以应用于多个层次，使搜索更加集中。例如，书籍可以根据主题进一步分组，文件可以按年份分组。

当然，划分只在两个重要的条件下起作用。首先，用于划分搜索空间的分类必须对你正在查找的项目具有可辨别性。例如，假设你正在寻找弗朗茨·卡夫卡的《变形记》。你把它划分为"小说"还是"哲学"？你也可能把它放在其他昆虫学书籍中，或者放在关于变形超级英雄（比如绿巨人或 X 战警）的漫画中。其次，只有在始终正确维护划分标准的情况下，该策略才能起作用。例如，如果你从活页夹中取出一页笔记，用完后没有立即放回去，而是把它放在桌子上或塞在书架上，下次你可能就找不到它了。

维护顺序是支持搜索的第二个原则，它在许多不同的场景下（从使用印刷字典到玩扑克牌）都有应用。可搜索项之间的顺序使得查找项更容易、更快。高效搜索有序集合的方法称为二分搜索。在集合的中间选择一个项，根据要查找的项比中间项更小还是更大，然后继续分别向左或向右搜索。也可以将划分原则和排序原则结合起来，得到灵活的搜索方法。例如，可以把书架上的书按作者的名字排序，也可以把文件按日期排序，或者把笔记按主题排序。

仔细查看这两个原则可以发现它们是相互关联的。具体来说，保持事物有序的思想体现了严格地递归地应用划分搜索空间的思想。每个元素将集合空间划分为两个区域，一个包含所有较小的元素，一个包含较大的元素，每个区域又都以相同的方式组织。维护有序的组织需要付出努力。从计算的角度来看，一个有趣的问题是，更快的搜索所带来的回报是否抵得过维护有序所付出的努力。答案取决于集合的大小和搜索

⊖ 如果你忘记了方法，网上有大量的指南。不过，找到一款适合自己的方法仍然需要查找。

的频率。

　　搜索的需求不仅出现在办公室。在其他场景，如厨房、车库或收藏室，也面临同样的挑战、沮丧和相应的解决方案。在通常不被认为是搜索的情况下，也需要搜索。印第安纳·琼斯在《夺宝奇兵》中寻找圣杯的过程有几个明显和几个不怎么明显的搜索例子，参见第 5 章。

第 5 章

Once Upon an Algorithm: How Stories Explain Computing

寻找完美的数据结构

第 4 章讨论的数据类型刻画了数据集的特定访问模式。由于数据集可能变得非常大，一个重要的实际考虑是如何有效地管理它们。我们已经看到，不同的数据结构可以高效支持特定的操作，并且它们具有不同的空间需求。虽然构建和转换数据集是重要的任务，但在集合中查找数据可能是最常用的操作。

我们总是在寻找东西。寻找通常是在无意识中发生的，但有时我们会痛苦地意识到这一点，比如当一个平常的活动（像拿车钥匙）变成了一个痛苦的搜索时。我们要找的地方越多，要查看的东西越多，寻找起来越难。随着时间的推移，我们往往会积累大量的人工制品——毕竟，我们是猎人和采集者的后代。除了像邮票、硬币或运动卡这样的收藏品外，我们还会长期囤积大量的书籍、图片或衣服。有时，这是一些爱好或激情的副作用——我认识几个家装爱好者，他们收集了很多令人印象深刻的工具。

如果你的书架是按字母顺序或按主题摆放的，或者你的图片收藏是电子的（有位置和时间标签），那么找到一本特定的书或图片可能很容易，但如果东西数量很大，缺乏任何形式的组织，这样的搜索就会变得很困难。

当涉及电子存储的数据时，情况会变得更糟。由于我们基本上可以使用无限的存储空间，存储的数据量迅速增长。例如，根据某视频网站的数据，每分钟有 300 小时的视频上传到该网站。

搜索是现实生活中普遍存在的问题，也是计算机科学中的一个重要课题。算法和数据结构可以大大加快搜索过程。处理数据的方法有时可以帮助存储和检索物理物品。确实有一个非常简单的方法可以让你再也不用找车钥匙了，前提是你一丝不苟地按照这个方法去做。

快速搜索的关键

在故事《夺宝奇兵》中，印第安纳·琼斯着手两次主要的搜索。首先，他设法找到他的父亲老亨利·琼斯，然后他俩一起设法找到圣杯。作为一名考古学教授，印第安纳·琼斯对搜索略知一二。在他的一次讲座中，他向他的学生解释道，

考古学就是寻找事实。

如何寻找一件考古文物或一个人呢？如果寻找的对象的位置已知，当然不需要搜索，只要去那里找就行了。否则，搜索过程取决于两件事：搜索空间和可以缩小搜索空间的潜在线索或关键字。

在《夺宝奇兵》中，印第安纳·琼斯收到了从威尼斯寄来的他父亲的笔记本，里面有关于圣杯的信息，这促使他从那里开始寻找。笔记本的来源是印第安纳·琼斯的一个线索，它大大缩小了最初的搜索空间——从整个地球到一个城市。在这个例子中，搜索空间实际上是二维几何空间，但通常搜索空间这个术语意味着更抽象的东西。例如，表示一组数据的任何

数据结构都可以看作一个搜索空间，可以在其中搜索特定的数据。夏洛克·福尔摩斯的嫌疑人名单就是这样一个搜索空间，人们可以在其中寻找一个特定的名字。

列表在多大程度上适合搜索呢？正如我在第4章中讨论的，在最坏的情况下，我们必须查看所有的元素才能找到所需元素或得知元素不包含在列表中。这意味着使用列表进行搜索不能有效地利用线索来缩小搜索空间。

要理解为什么列表不是一种很好的搜索数据结构，仔细研究线索的实际工作原理是有指导意义的。在二维空间中，一条线索提供了一条边界，它将空间分为已知不包含元素的"外部"与可能包含元素的"内部"⊖。类似地，为了让数据结构利用线索，它必须提供一个边界的概念，并将数据结构划分为不同的部分，从而将搜索限制在其中一部分。此外，线索或关键字是与所寻找的对象有关的信息。关键字必须能够识别与当前搜索相关的元素和与当前搜索无关的元素之间的边界。

在一个列表中，每个元素都是分隔其前后元素的边界。但是，由于我们从来不直接访问列表中间的元素，而总是从一端遍历到另一端，因此无法有效地将列表元素划分为外部元素与内部元素。考虑列表中的第一个元素。除自身之外，它不会从搜索中排除任何其他元素，因为如果它不是我们要查找的元素，我们必须继续搜索列表中所有剩余的元素。但是，当我们检查第二个列表元素时，我们面临同样的情况。如果第二个元素不是我们要查找的，我们必须再次继续搜索所有剩余的元素。当然，对于第二个元素来说，第一个元素被定义为外部元素，我们不需要检查它，但是由于我们已经查看了它，这并不意味着可以节省搜索工作。对于每个列表元素皆是如此，我们必须检查它定义的外部元素才能到达该元素。

到达威尼斯后，印第安纳·琼斯继续在图书馆寻找。在图书馆里寻找一本书，这是理解边界和关键字概念的一个很好的例子。当把书名按作者的姓氏分组放在书架上时，每个书架上通常都标有书架上第一本书和最后一本书的作者的名字。这两个名字标明了书架上可以找到的作者的书的范围。这两个名字实际上定义了一个边界，将这些作者的书与所有其他作者的书分开。假设我们正在图书馆里找阿瑟·柯南·道尔的《巴斯克维尔的猎犬》。我们可以使用作者的姓氏作为关键字，首先找到姓氏范围包含该作者姓氏的书架。一旦找到这个书架，我们就继续在这个书架上查找。这种搜索分两个阶段进行，一个是寻找书架，另一个是在书架上找书。这种策略效果很好，因为它使用作者姓名作为边界，将搜索空间划分为许多狭小且不重叠的区域（书架）。

搜索书架可以用不同的方法进行。一种简单的方法是一个接一个地检查架子，直到找到范围包含道尔的架子。这种方法实际上将书架视为列表，因此具有同样的缺点。以道尔（Doyle）为例，搜索可能不会花太长时间，但找叶芝（Yeats）的书会花更长的时间。很少有人会从A书架开始寻找叶芝，而是从靠近Y书架的地方开始，这样能更快地找到正确的书架。这种方法基于这样一个假设：所有的书架都是按照作者的姓名排序的，如果有26个书架（假设每个字母一个书架），人们会在第25个书架上寻找叶芝，在第4个书架上寻找道尔。换句话说，可以将架子视为按字母索引的数组，其单元是书架。当然，图书馆不可能恰好有26个书架，但这种方法适用于任意数量的书架，人们可以从书架的最后十三分之一开始寻找叶芝。这种方法的一个问题是，以相同字母开头的作者数量差异很大（名字以S开头

⊖ 内部并不保证包含该元素，因为搜索空间中可能不存在该元素。

的作者比以 X 开头的作者多）。换句话说，所有书架上的图书分布并不均匀，因此这种策略并不精确，人们通常需要来回走动以确定目标书架。利用作者姓名分布的知识，可以大大提高这种方法的精度，而且即使是简单的策略在实践中也很有效，并且可以有效地将大量根本不需要考虑的书架排除为"外部"。

在书架上找书的方法同样有多种。人们可以逐个扫描这些书，或者采用与定位书架类似的策略，根据线索在特定书架上作者范围内的位置来估计书的位置。总的来说，两阶段方法效果很好，比逐一查看所有书籍的朴素方法要快得多。在科瓦利斯公共图书馆查找《巴斯克维尔的猎犬》时，我做了一个实验。我用了 5 步就找到了正确的书架，又用 7 步在书架上找到了这本书。这比朴素方法有很大的改进，因为在图书馆的成人小说区有 36 个书架，44,679 本书。

印第安纳·琼斯前往威尼斯寻找他父亲的决定也是基于类似的策略。在这个例子中，世界被视为一个数组，其单元对应于按城市名称索引的地理区域。邮寄老亨利·琼斯的笔记本的回信地址可以作为一个线索，让他挑出以"威尼斯"为索引的单元，然后继续寻找。在威尼斯，印第安纳·琼斯来到一个图书馆，他到那里不是找书，而是寻找理查德爵士的坟墓，理查德爵士是第一次十字军东征的骑士之一。他砸碎一块标有 X 的地砖后找到了坟墓，这是具有讽刺意味的，因为他之前对他的学生们说，

永远不要用 X 做标记。

快速搜索的关键是要有一个结构，能够使搜索空间有效地迅速缩小。由关键字标识的"内部"越小越好，因为它可以使搜索收敛得更快。在图书搜索的情况下，两个搜索阶段是由一个主要的缩小空间步骤分开的。

生存游戏

搜索往往具有隐蔽性，而且是在最意想不到的情况下出现。在《夺宝奇兵》的结尾，印第安纳·琼斯来到了太阳神庙，在那里他必须克服三个挑战才能最终进入存放圣杯的房间。第二个挑战要求他穿过深渊上方的石板地。问题是，只有某些石板是安全的，其他的石板会坍塌，踩上去会导致死亡。地板由 50 块左右的石板组成，它们排列成不规则的网格，每块标有字母表中的一个字母。考古学家的人生是很奇妙的：有一天你必须砸碎一块地砖才能取得进展，但在一般情况下，你必须不惜一切代价避免这样的事情。

找到那些可以安全踩上去的石板不是一件容易的事，因为如果没有任何限制，可能的数量是巨大的：超过 1000 万亿（1 后面跟着 15 个 0）。安全跨过地板到达另一边需要找到一个可行的石板序列，线索是石板字母应该拼写成上帝的名字耶和华（Iehova）。虽然这些信息基本上解决了谜题，但识别正确的石板顺序仍然需要一些工作。令人惊讶的是，它涉及一种系统地缩小可能性空间的搜索。

这个任务类似于玩拼字游戏 Boggle，其目标是在一个网格上找到一串相连的字母，形成单词。印第安纳·琼斯的任务似乎容易得多，因为他已经知道这个词了。在 Boggle 中，连续的字母必须出现在相邻的格子上，但这并不是石板地挑战的约束条件，从而为印第安纳·琼斯留下了更多的可能性，并进一步增加了难度。

为了说明要解决的搜索问题，简单起见，让我们假设石板地由 6 行组成，每一行包含 8 个不同的字母，从而形成一个由 48 块石板组成的网格。如果正确的

路径由每行一块石板组成，则由 6 行石板构成的所有可能组合有 8×8×8×8×8×8=262,144 条可能的路径。其中只有一条是可行的。

印第安纳·琼斯现在是如何找到道路的？在线索单词的引导下，他找到了第一行包含字母 I 的石板，并踏上去。这种识别本身就是一个包含多个步骤的搜索过程。如果石板上的字母没有按字母顺序出现，印第安纳·琼斯必须一个一个地看，直到他找到含字母 I 的石板。然后他踩在这块石板上，继续在第二行石板中寻找标有字母 e 的石板，以此类推。

如果逐个搜索让你想起了在列表中搜索元素，那么你想对了。这就是这里正在发生的事情。不同之处在于，列表搜索被重复应用于每一行，即用于线索单词的每个字符。这就是这种方法的力量所在。考虑一下搜索空间发生了什么变化，这里搜索空间是穿过石板网格的所有 262,144 条可能路径的集合。第一行中的每块石板都代表一个不同的起始点，然后继续从剩下的五行字母中选择不同的字母组合，共有 8×8×8×8×8=32,768 种不同的方式。当印第安纳·琼斯看到第一个被标记为 K 的石板时，他当然不会踩上去，因为它与所需的 I 不匹配。这个决定一举从搜索空间中删除了总共 32,768 条路径，也就是所有从 K 开始的路径。对于第一行中的每块被拒绝的石板，都有同样多的路径被免于考虑。

一旦印第安纳·琼斯踏上正确的石板，搜索空间的缩减就会更加显著，因为这代表第一行的决策过程已经完成，搜索空间立即缩减到由剩下的五行组成的 32,768 条路径。总而言之，通过最多 7 次决策（当 I 排在第一行末尾时需要），印第安纳·琼斯将搜索空间减少到八分之一。接下来他继续搜索第二行石板和字母 e，最多通过 7 个决策，他又一次将搜索空间减少到八分之一，即有 4096 条路径。当印第安纳·琼斯面对最后一行时，只剩下 8 条可能的路径，他同样可以在不超过 7 个选择的情况下完成这条路径。在最坏的情况下，这个搜索需要 6×7=42 个"步骤"（只有 6 个字面步骤）——在 262,144 个路径中查找一条路径，这是非常有效的方法。

印第安纳·琼斯所面对的挑战与汉赛尔和格莱特的挑战有一些相似之处，这可能看起来不太明显。在这两种情况下，主人公都必须找到一条通往安全的道路，而且这两种情况的道路都由一系列标记的地点组成——在汉赛尔和格莱特的情况下，道路是用石子标记的，在印第安纳·琼斯的情况下，道路是用字母标记的。然而，在路径上寻找下一个位置是不同的，汉赛尔和格莱特找到任何石子都行（尽管他们必须确保不重复经过石子），而印第安纳·琼斯必须找到一个特定的字母。这两个例子都再次强调了表示在计算中的作用。印第安纳·琼斯的挑战特别说明了单个石板的能指（字母）序列本身就是路径的另一个能指（单词 Iehova）。此外，单词 Iehova 代表一条路径的事实说明了仅仅是搜索单词的计算如何在世界上变得如此重要和有意义。

印第安纳·琼斯在网格上找线索单词的方法，正是人们在字典中有效搜索单词的方法：首先将范围缩小到以线索单词首字母开头的单词的页面组，然后进一步缩小到与线索单词第一个和第二个字母匹配的页面组，以此类推，直至找到单词。

为了更好地理解隐藏在石板网格后面，以及使印第安纳·琼斯的搜索如此高效的数据结构，我们来看看另一种表示单词和字典的方法，它使用树来组织搜索空间。

用字典计数

第 4 章描述了树数据结构。我使用了一个家族树来演示如何按照继承优先级的顺序计算继承人列表。计算必须访问树中的每个结点，遍历整个树。树也是支持数据集内搜索的优秀数据结构。在这种情况下，搜索使用树中的结点来引导搜索沿着一条路径查找所需的元素。

让我们重新考虑印第安纳·琼斯的石板地挑战。在电影中，他的第一步是一个戏剧性的场景——他踩到不安全的石板差点丧命。他拼出了"Jehova"这个词，然后踩上了一块标着 J 的石板，结果石板在他脚下坍塌。这表明这个挑战实际上比一开始看起来要棘手得多，因为印第安纳·琼斯并不确定线索单词的正确拼写。这个词除了以 I 和 J 开头的拼写，还有一个以 Y 开头的拼写。此外，其他可能的名字在原则上也可以起作用，例如，Yahweh 和 God。我们假设这些是所有的可能性，并且印第安纳·琼斯和他的父亲确信其中一个词确实指明了穿过石板地的安全路径。

现在有什么好策略来决定踩在哪块石板上呢？如果所有单词都是等可能的，他可以通过选择一个出现在多个名字中的字母来提高成功的概率。例如，假设他选择了 J（就像他实际选择的那样）。由于 J 只在五个名字中的一个中出现，因此只有五分之一（即 20%）的机会保留该石板。另外，踩到一个 v 石板有 60% 的安全性，因为 v 出现在三个名字中。这三个单词中只要有一个是正确的，v 石板就将是安全的，并且由于所有单词都被认为是等可能正确的，因此 v 石板的生存机会增加到五分之三 ⊖。

因此，一个好的策略是首先计算五个单词中字母出现的频率，然后尝试踩在出现频率最高的石板上。这种字母到频率的映射称为直方图。为了计算字母直方图，印第安纳·琼斯需要为每个字母维护一个频率计数器。通过扫描所有的单词，他可以为每个遇到的字母计数器加 1。维护不同字母的计数器是可以用数据类型字典（参见第 4 章）解决的任务。对于这个应用来说，关键字是单个字母，每个关键字关联的信息是字母的频率。

我们可以使用一个以字母为索引的数组作为数据结构来实现这个字典，但这会浪费超过 50% 的数组空间，因为我们总共只有 11 个不同的字母需要计数。我们也可以使用列表。但这种结构不是很有效。为了说明这一点，假设我们按字母顺序扫描单词。因此，我们从单词 God 开始，并将它的每个字母与初始计数 1 一起添加到列表中。我们得到以下列表：

  G:1 → o:1 → d:1

注意，G 的插入只需要一步；o 的插入需要两步，因为我们必须把它加在 G 后面；d 的插入则需要三步，因为我们必须把它加在 G 和 o 后面。但是我们不能把新的字母插入列表的前面吗？不幸的是，这是行不通的，因为我们必须在添加一个字母之前确保它不在列表中，所以我们必须在添加一个新字母之前查看列表中所有现有的字母。如果一个字母已经包含在列表中，则给它的计数器加 1。因此，我们已经在第一个单词上花费了 1+2+3=6 步。

对于下一个单词 Iehova，我们分别需要 4、5 和 6 步来插入 I、e 和 h，这样我们总共需要 21 步。下一个字母 o 已经存在了，我们只需要 2 步就可以找到它并将其计数更新为 2。字母 v 和 a 是新的，需要额外的 7+8 = 15 步才能插入列表的末尾。到目前为止，我们已经用 38 步构建了如下所示的列表：

  G:1 → o:2 → d:1 → I:1 → e:1 → h:1 → v:1 → a:1

然后用单词 Jehova 的字母计数更新字典需要 9 步来添加 J，分别用 5、6、2、7 和 8 步来修改列表中已经存在的剩余字母的计数，这使总步数达到 75 步。在分别用 40 步和 38 步处理完最后两个单词 Yahweh 和 Yehova 后，最终得到了下面这个列表（总共用了 153 步来构建它）：

⊖ 假定不一定按照特定的顺序踏上石板，而且不一定访问所有的安全石板。

G:1 → o:4 → d:1 → I:1 → e:4 → h:4 → v:3 → a:4 → J:1 → Y:2 → w:1

注意，我们在处理 Yahweh 时一定不能给第二个 h 计数，因为一个单词计数两次会错误地增加这个字母出现的几率（在这种情况下从 80% 增加到 100%）[⊖]。最后对列表的扫描显示，开始选择字母 o、e、h 和 a 是最安全的，它们都有 80% 的概率包含在正确的单词中。

倾斜并不总是更好

用数据结构列表实现字典的主要缺点是重复访问位于列表末尾的元素的成本很高。

数据结构二叉搜索树可以通过更均匀地划分搜索空间以支持更快的搜索，从而避免以上问题。二叉树是一种每个结点最多有两个子结点的树。如前所述，没有子结点的结点称为叶子结点。有子结点的结点称为内部结点。另外，没有父结点的结点称为树的根结点。

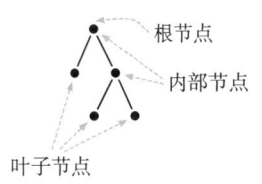

图 5.1 给出一些二叉树示例。左边是一个单结点的树——这是我们能想到的最简单的树。它的根结点，也是叶子结点，由字母 G 组成。这棵树看起来不太像树，就像只有一个元素的列表看起来不像列表一样。图中间的树在根结点上又增加了一个结点，即子结点 o。在右边的树中，子结点 d 本身有两个子结点 a 和 e。这个例子显示，如果我们切断一个结点到它的父结点的连接，这个结点就成为另一棵树的根结点，这棵树被称为父结点的子树。在这个例子中，具有根结点 d 和两个子结点 a、e 的树是结点 G 的子树，同样，具有根结点 o 的单结点树也是结点 G 的子树。这表明树本质上是一种递归的数据结构，可以用以下方式定义。树可以是单个结点，也可以是一个根结点加上一个子树或两个子树（子树的根结点是该根结点的子结点）。第 4 章介绍了这种递归树结构，并给出了一种递归遍历家族树的算法。

图 5.1 三个二叉树示例。左：只有一个结点的树。中：根结点有含单个结点的右子树的树。右：根结点有两个子树的树。这三棵树都具有二叉搜索的性质，也就是说左子树的结点小于根结点，右子树的结点大于根结点

二叉搜索树的思想是使用内部结点作为边界，将所有的后代结点分成两类：值小于边界结点的结点包含在左子树中，值大于边界结点的结点包含在右子树中。

这种组织可以用于搜索。具体地，假设我们在树中寻找一个特定的值，首先将它与树的根结点进行比较。如果它们匹配，那么我们就找到了值，搜索结束。否则，如果该值小于根结点，我们可以进一步将搜索限制在左子树，而不需要查看右子树中的任何结点，因为已知所有这些结点都比根结点大，因此也就比搜索值大。在每种情况下，内部结点都定义了一个边界，将"内部"（由左子树给出）与"外部"（由右子树给出）分开，就像圣杯日记的返回地址定义了印第安纳·琼斯下一步寻找他父亲的"内部"一样。

⊖ 因此，为了确保一个单词的每个字母只被计数一次，我们在处理该单词时必须维护一个集合数据类型。在更新一个字母的计数时，我们先检查该集合是否不包含该字母，如果不包含则修改该字母的计数再将该字母添加到集合中，以防以后在同一单词中出现对字母的重复计数。

图 5.1 所示的三棵树都是二叉搜索树。它们将字母存储为值，并根据它们在字母表中的位置进行比较。要在这样的树中查找一个值，只须反复将所寻找的值与树结点中的值进行比较，并相应地下降到右子树或左子树中。

假设我们想知道 e 是否包含在右边的树中。我们从树的根结点开始，比较 e 和 G。由于 e 在字母表中位于 G 之前，因此 e 比 G "小"，然后继续在左子树中搜索，其中包含存储在这棵树中的所有小于 G 的值。将 e 与左子树的根结点 d 比较，结果发现 e 更大，因此继续在只有一个结点的右子树中搜索。将 e 与该结点比较，匹配成功，完成搜索。如果我们搜索的是 f，搜索将会指向相同结点 e，但由于 e 没有右子树，搜索将会在那里结束，并得出 f 不包含在树中的结论。

任何搜索都沿着树中的一条路径进行，因此在树中找到一个元素或得出该元素在树中不存在的结论所花费的时间永远不会超过树中从根结点到叶子结点的最长路径。我们可以看到，图 5.1 中右边的树存储了 5 个元素，其中从根结点到叶子结点的路径长度只有 2 或 3。这意味着我们最多用三步就能找到任何元素。将此 5 个元素的列表进行比较，其中搜索列表的最后一个元素总是需要 5 个步骤。

现在我们可以使用二叉搜索树来表示字典，并计算字母直方图。我们仍然从 God 这个词开始，把它的每个字母及初始计数 1 加到树上。我们得到了下面的树，它反映了字母在树中出现的顺序：

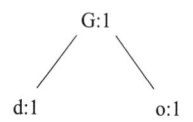

```
      G:1
     /   \
   d:1   o:1
```

在这种情况下，G 的插入需要一步，这同在列表中插入一样，但 o 和 d 的插入都只需要两步，因为它们都是 G 的子结点。因此，我们为第一个单词节省了一步（树的情况下是 1+2+2=5 步，而列表的情况下是 1+2+3=6 步）。

插入下一个单词 Iehova，除 o 和 h 外，每个字母都需要三步，而插入 o 和 h 分别需要两步和四步。与列表一样，插入 o 并不创建新元素，而是将现有元素的计数加 1。因此，处理这个单词需要 18 步，使总数达到 23 步，而列表数据结构需要 38 步。Jehova 这个词只稍微改变了树的结构，为"J"增加了一个结点，这需要四步。再经过 3+4+2+3+3=15 步，现有字母的计数完成了更新，总共用了 42 步，列表则需要 75 步。

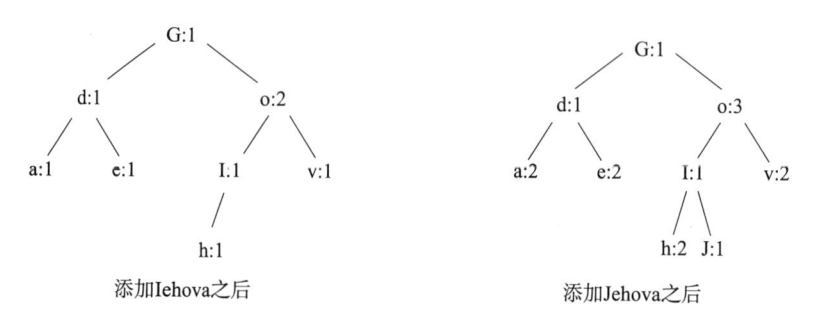

添加Iehova之后   添加Jehova之后

最后，将 Yahwe（h）和 Yehova 添加到树上，这两个单词都需要 19 步，我们得到了下面的树，这总共需要 80 步。这约是列表数据结构所需的 153 步的一半。

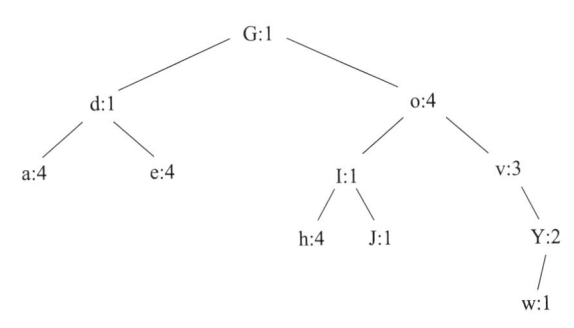

```
                    G:1
                   /    \
                d:1      o:4
               /   \    /   \
            a:4   e:4 I:1   v:3
                     /  \   /  \
                   h:4  J:1   Y:2
                              |
                             w:1
```

这个二叉搜索树表示的字典与列表表示的字典相同，但其形式支持更快的搜索和更新——至少在一般情况下如此。列表和树的空间形状解释了它们在效率上的一些差异。列表长而窄的结构常常迫使搜索走很远的距离，并且需要查看不相关的元素。相比之下，树宽而浅的形态有效地指导了搜索，并限制了要考虑的元素和遍历的距离。不过，在列表和二叉搜索树之间进行公平的比较需要我们考虑一些额外的因素。

效率在于平衡

在计算机科学中，我们通常不会通过计算特定列表或树的确切步骤数来比较不同的数据结构，因为这可能会给人一种错误的印象，特别是对于小型数据结构。此外，即使在这个简单的分析中，我们比较的操作的复杂度也不完全相同，且执行时间也不同。例如，要在列表中执行比较，我们只需要测试两个元素是否相等，而在二叉搜索树中，我们还需要确定哪个元素更大，以便将搜索引导到相应的子树上。这意味着 153 个列表操作中的许多操作比 76 个树操作中的某些操作更简单、更快，我们不应该过多地看待这两个数字的直接比较。

我们考虑的是，随着数据结构变得更大更复杂，操作运行时间的增加。第 2 章给出了例子。对于列表，我们知道插入新元素和搜索现有元素的运行时间是线性的，也就是说，在最坏的情况下，插入或搜索元素的时间与列表的长度成正比。这还不算太糟，如果重复执行这样的操作，累积的运行时间就会变成二次方的，这可能会让人望而却步。回想一下那个让汉赛尔每次都要一路跑回家取新石子的策略。

相比之下，在树中插入一个元素和在树中搜索一个元素的运行时间是多少？最终的搜索树包含 11 个元素，搜索和插入需要 3~5 个步骤。实际上，搜索或插入元素的时间受到树的高度的限制，而树的高度通常比树的元素个数小得多。在平衡树［即从根结点到叶子结点的所有路径都具有相同长度（±1）的树］中，树的高度是元素个数的对数，这意味着只有当树中的结点数加倍时，高度才增长 1。例如，一个有 15 个结点的平衡树的高度为 4，一个有 1000 个结点的平衡树的高度为 10，而一个有 100 万个结点的平衡树的高度为 20。对数运行时间比线性运行时间要好得多，当字典的规模变得非常大时，数据结构树比列表变得越来越好。

这种分析是基于平衡二叉搜索树做出的。我们真的能保证构造的树是平衡的吗？如果不能，在不平衡的搜索树的情况下，运行时间是多少？本例中的最后一棵树不是平衡的，因为根结点到叶子结点 e 的路径长度为 3，而根结点到叶子结点 w 的路径长度为 5。字母插入树的顺序很重要，不同的顺序可以导致不同形状的树。例如，如果按照单词 doG 给出的顺序插入字母，我们将得到以下二叉搜索树，它是完全不平衡的：

```
        d:1
           \
            o:1
           /
        G:1
```

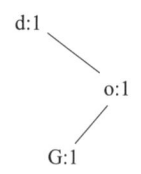

这个树是极度不平衡的——它与列表并没有什么不同。这并不是什么古怪的例外。在这三个字母的六种可能序列中，有两种导致平衡树（God 和 Gdo），另外四种则导致列表。幸运的是，有一些技术可以让插入后变形的搜索树平衡，尽管这些技术增加了插入操作的成本，但是成本仍然可以保持在对数阶。

最后，二叉搜索树只适用于那些总能排序的元素（也就是说，任意两个元素可以比较哪个大哪个小）。在树中查找或存储元素时，需要进行这样的比较，以决定向哪个方向移动。然而，对于某些类型的数据，这种比较是不可行的。例如，假设你在记录绗缝图案。对于每种图案，你要记录下你需要什么面料和工具、制作的难度，以及需要多长时间。在二叉搜索树中存储关于这些图案的信息时，如何确定一个图案比另一个图案更小还是更大呢？由于图案包含的片块数量不同，片块的形状和颜色也不同，因此如何定义这些图案之间的顺序并不是那么明显。这并不是一个不可能完成的任务——我们可以将一个图案分解成它的组成部分，并通过它的特征（例如，片块的数量或它们的颜色和形状）列表来描述它，然后通过比较它们的特征列表来比较图案，但这需要精力，而且可能不太实际。因此，二叉搜索树可能不太适合存储绗缝图案字典。但是，你仍然可以使用列表，因为对于列表，你所需要做的就是确定两个模式是否相同，这比排序更容易。

总而言之，二叉搜索树是一种人们自然而轻松地将搜索问题分解成更小问题的策略。事实上，二叉搜索树已经将这个思想系统化并使之更加完善。因此，在表示字典时，二叉搜索树比列表要高效得多。然而，它们需要更多的精力来保证平衡，并且它们并不适用于所有类型的数据。这应该与你在办公桌、办公室、厨房或车库的搜索经验相匹配。如果你经常投入精力让东西保持有序，例如把文件或工具用完后放回原处，你就会更容易找到东西，而不是在一堆杂乱无章的东西中搜索。

使用字典树

对于计算单词中字母频率的直方图，二叉搜索树是列表的有效替代。但这只是帮助印第安纳·琼斯解决石板地挑战的计算之一。另一个计算是识别这些石板的一个序列，使之能拼写出一个特定单词，然后安全地引导主人公穿过石板地。

我们已经确定了 6 行 8 列字母组成的网格共包含 262,144 个由不同的 6 块石板组成的路径。由于每个路径对应一个单词，我们可以用字典表示单词与路径的关联。列表将是一种低效的表示，因为线索词 Iehova 可能位于列表的末尾附近，可能需要花费相当长的时间来定位。平衡二叉搜索树将是更好的表示，因为它的高度是 18，可以确保相对较快地找到线索单词。但是我们没有这样一个平衡的搜索树，并且构造这棵树是一项耗时的工作。就像由字母构成的搜索树一样，我们必须分别插入每个元素，为此我们必须重复遍历树中从根结点到叶子结点的路径。在没有详细分析此过程的情况下，很明显构建树所花费的时间超过了线性时间 ⊖。

⊖ 事实上，它需要的时间与元素的数量乘以这个数字的对数成正比。这种时间复杂度也被称为线性对数的。

尽管如此，我们仍然可以在不需要任何额外数据结构的情况下非常有效地（不超过 42 个步骤）识别石板序列。这可能吗？答案是可能，刻有字母的石板地本身就是一个数据结构，它特别适合印第安纳·琼斯必须执行的那种搜索。这种结构被称为字典树（trie）[⊖]，这是一种与二叉搜索树有些相似，但在某个关键方面也有所不同的数据结构。

回想一下，印第安纳·琼斯每次踏上一块石板都将搜索空间减少到八分之一。这类似于在平衡二叉搜索树中，每一次下降都将搜索空间分成两半：取其中的一个子树，树中的一半结点被排除在搜索之外。类似地，如果不选一块石板，搜索空间将减少八分之一；如果选择一块石板，搜索空间将减少到原来大小的八分之一，因为选择一块石板意味着不选择其他七块石板，从而将搜索空间减少了八分之七。

但这里也发生了一些不同于二叉搜索树的事情。在二叉搜索树中，每个元素都存储在单独的结点中。相比之下，字典树在每个结点中只存储单个字母，并将单词表示为连接不同字母的路径。为了理解二叉搜索树和字典树之间的区别，请考虑以下示例。假设我们要表示单词 bat、bag、beg、bet、mag、mat、meg 和 met 的集合。包含这些词的平衡二叉搜索树如下所示：

```
              bet
             /   \
          bat     mat
         /  \    /   \
       bag  beg mag  meg
                        \
                        met
```

要在这棵树中找到单词 bag，首先将其与根结点 bet 进行比较，得到我们应继续在左子树中搜索。这个比较需要两步来比较两个单词的前两个字母。接下来，我们将 bag 与左子树的根结点 bat 进行比较，结果再次告诉我们继续在左子树中搜索。这个比较需要三步，因为我们必须比较两个单词的所有三个字母。最后，我们将 bat 与树中最左边的结点进行比较，结果匹配成功，完成了搜索。最后的比较也需要三步，整个搜索总共需要 8 个比较。

我们可以用一个 3×2 的石板地来表示相同的单词集合，其中每一行包含可能出现在任何单词对应位置的字母。例如，由于每个单词都以 b 或 m 开头，因此第一行需要两块石板来表示这两个字母。同样，第二行需要两块来表示 a 和 e，第三行需要两块来表示 g 和 t。

b	m
a	e
g	t

在石板地上查找单词是通过系统地逐行遍历石板来实现的。对于单词的每个字母，在对应石板行从左到右遍历，直到找到该字母。例如，要在这个石板地上找到单词 bag，我们从第一行的第一个字母开始搜索 b。我们一步就找到了 b。接下来，我们在第二行中搜索第二个字母 a，也只用一步。最后，我们在第三行也用了一步找到了 g，由此成功地完成了搜索。这个搜索总共需要 3 次比较。

在石板地上的搜索比在二叉搜索树中的搜索需要的步骤更少，因为我们只需要比较每个字母一次，而在二叉树中搜索需要重复比较单词的前缀部分。单词 bag 代表石板地上搜索的最佳情况，因为每个字母都可以在第一块石板上找到。相比之下，单词 met 需要 6 个步骤，因为它的每个字母都在一行的最后一块石板上。但情况不会比这更糟，因为我们最多检查每

⊖ 这个词原发音为"tree"，现在许多人读"try"以区别于搜索树。

块石板一次。(相比之下,在二叉搜索树中查找 met 需要 2+3+3+3=11 步)。二叉搜索树的最佳情况是查找单词 bet,这只需要 3 步。然而,随着离根结点的距离越来越远,二叉查找会导致越来越多的比较。由于大多数单词靠近树的叶子结点,离根结点的距离更远[⊖],我们通常必须重复比较单词的前缀部分,这表明在大多数情况下,在字典树中搜索比在二叉搜索树中搜索快。

石板地的类比表明,一个字典树可以表示为一个表格,但情况并非总是如此。这个例子比较特殊,因为所有单词都有相同的长度,并且单词中的每个位置包含相同的字母。然而,假设我们还想表示单词 bit 和 big。在本例中,第二行需要为字母 i 添加额外的石板,这会破坏矩形形状。添加这两个单词揭示了一个事实:这个例子的规则性通常是不存在的。示例中的单词具有这样的特点:相同长度的不同前缀具有相同的可能后缀,从而允许共享信息。例如,ba 和 be 都可以通过添加 g 或 t 来完成,这意味着这两个前缀的可能延续可以通过包含字母 g 和 t 的单个石板行来描述。然而,当我们添加单词 bit 和 big 时,情况就不一样了。b 可以被 3 个可能的字母 a、e 和 i 延续,而 m 后面只能被 a 和 e 延续,这意味着我们需要两个不同的延续。

因此,字典树通常表示为一种特殊类型的二叉树,其中结点标记单个字母,左子树表示单词延续,右子树表示替代字母(加上它们的延续)。例如,单词 bat、bag、beg 和 bet 的组合如下:

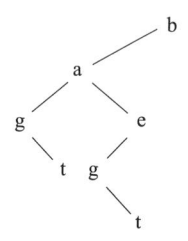

```
          b
         /
        a
       / \
      g   e
     /   / 
    t   g
        
        t
```

因为根结点没有引出右边,因此所有单词都用 b 开头。结点 b 引出的左边到以 a 为根的子树生成了可能的延续,它的开始字母为 a 或 a 的右边指向的替代字母 e。ba 和 be 均可以由 g 或 t 延续,这是由 a 和 e 的左边指向以 g 为根并有右子结点 t 的子树表示的。a 和 e 的左子树是相同的,这一事实意味着它们可以被共享,这在石板地中是通过单个石板行来实现的。由于这种共享,字典树通常比二叉搜索树需要更少的存储空间。

在二叉搜索树中,每个关键字完全包含在单独的结点中,而字典树中的关键字分布在字典树的结点上。从字典树的根结点开始,任何结点序列都是该树中某个关键字的前缀,对于石板地的例子,所选石板是最终路径的前缀。这就是为什么字典树也被称为前缀树。图 5.2 表示印第安纳·琼斯面对的石板地的字典树。

像二叉搜索树和列表一样,字典树有其优点也有其问题。例如,它们仅适用于可以分解为数据项序列的关键字。就像印第安纳·琼斯最终没能抓住圣杯一样,数据结构也没有圣杯。数据结构的最佳选择总是取决于应用程序的细节。

当我们观看电影场景时,我们认为真正的挑战是找到线索单词或准确地跳到目标石板上,而不是根据线索单词的字母来识别石板。这似乎是显而易见的,我们根本没有考虑它,这再次证明了高效算法的执行对我们来说是多么自然。就像汉赛尔与格莱特和夏洛克·福尔

⊖ 二叉树中一半的结点包含在它的叶子结点中。

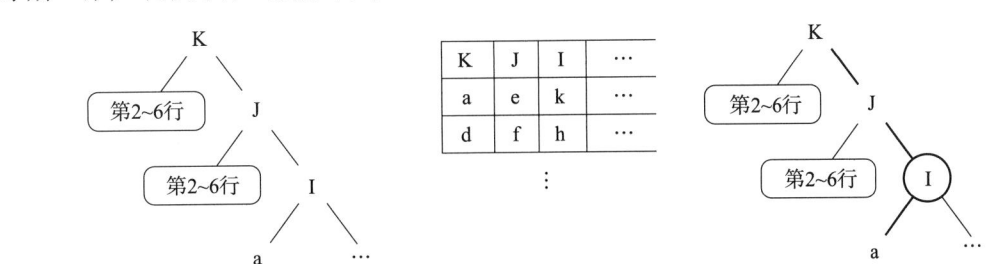

摩斯一样，印第安纳·琼斯的冒险和他的生存都基于核心的计算原理。

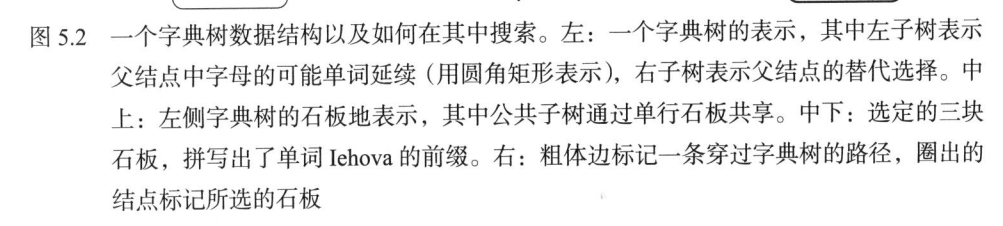

图 5.2　一个字典树数据结构以及如何在其中搜索。左：一个字典树的表示，其中左子树表示父结点中字母的可能单词延续（用圆角矩形表示），右子树表示父结点的替代选择。中上：左侧字典树的石板地表示，其中公共子树通过单行石板共享。中下：选定的三块石板，拼写出了单词 Iehova 的前缀。右：粗体边标记一条穿过字典树的路径，圈出的结点标记所选的石板

最后，如果你还在想怎样才能永远不把车钥匙弄丢，这很简单：回家后，把车钥匙放在一个特定的地方。这个位置是车钥匙的关键字。你可能已经学会了。

把事情安排得井井有条

如果你是一名教师，你的一大部分工作就是批改学生的作业或考卷。这项任务不仅仅包括阅读和评分。例如，在确定最终成绩之前，你可能想了解一下成绩分布，并绘制成绩曲线。此外，一旦成绩确定，你必须把它们录入班级花名册。最后，你必须把试卷给回学生。在某些情况下，采用某种形式的排序可以更有效地执行这些任务。

第一个任务是将成绩输入花名册。即使对于这个简单的工作，也可以识别出具有不同运行时间性能的三种不同算法。第一种，你可以将一叠试卷一个接一个记录到花名册中。每次都可以在常数时间内从一叠试卷中取出一张试卷，但是在花名册中找到该学生的名字需要对数时间，这里假设花名册是按姓名排序的，并且使用二分搜索查找姓名。将所有成绩输入花名册，需要将这些时间加起来，结果是线性对数运行时间 ⊖，这比二次运行时间要好得多，但不及线性运行时间。

第二种，你可以按照花名册顺序逐个填写，并在一堆试卷中找到每个学生的试卷。同样，在花名册中找到下一个名字需要常数时间，但是在试卷中找到一个特定学生的试卷，平均来说需要遍历一半的试卷，导致运行时间为二次的 ⊖。因此，不应该使用这种算法。

第三种，你可以按姓名对试卷进行排序，然后并行浏览花名册和已排序的试卷。由于排序的试卷和花名册是对齐的，填写每个成绩只需要常数时间。总的运行时间是两者加起来，即线性时间加上试卷列表排序所需的时间，后者可以在线性对数时间内完成。这种方法的总运行时间主要由排序所需的线性对数时间决定。因此，最后一种算法的总运行时间也是线性对数的。但这并不比第一种方法好，所以为什么要在一开始就自找麻烦对试卷进行排序呢？由于在某些情况下，我们实际上可以用比线性对数时间更短的时间完成排序，因此在这些情况下，第三种方法可以提高性能，并且是最有效的方法。

第二个任务是绘制考试成绩曲线，需要创建一个分数分布，即一个分数和获得该分数的学生人数之间的映射。这个任务类似于印第安纳·琼斯计算字母直方图的任务。成绩分布也是一个直方图。使用列表计算直方图需要二次运行时间，而使用二叉搜索树需要线性对数运行时间，因此建议使用后者。你还可以这样计算直方图：首先按成绩对考卷进行排序，然后依次检查排序后的考卷，计算每个分数重复出现的频率。这是可行的，因为在排序后的考卷中，所有具有相同分数的考卷将挨个排在一起。就像将成绩输入花名册的情况，排序不会增加运行时间，反而可能会缩短运行时间。但是，如果成绩范围很小，情况就不同了。在这种情况下，更新分数数组可能是最快的方法。

第三个任务——在教室里分发试卷可能会缓慢而令人尴尬。想象一下，站在一个学生面前，试图在一大堆试卷中找到她或他的试卷的情景。即使利用二分搜索，也要

⊖ 如果算法的运行时间正比于输入（这里是学生或试卷数量）规模及其规模对数的乘积，则称其运行时间是线性对数的。

⊖ 即使考虑试卷列表都在一步步变短。

花很长时间。重复搜索大量学生的试卷使得这个过程变得非常缓慢（尽管随着试卷数量的减少，每一次搜索会变得更快）。另一种方法是按照学生在教室的位置对试卷进行排序。如果座位是有编号的，并且你有座位表（或者恰好知道学生的座位），你可以按座位号对试卷进行排序。然后，把试卷给回学生就变成了一个线性算法，和把成绩输入班级花名册一样，你可以并行地遍历座位和试卷堆，发一份试卷只需要常数时间。在这种情况下，即使排序花费线性对数时间，也值得这样做，因为它节省了宝贵的课堂时间。这是一个预计算的例子，即在执行算法之前，先计算好算法所需的一些数据。这是邮递员在投递邮件之前所做的事情，或者你根据超市物品的摆放顺序安排你的购物清单时所做的事情。

  排序是一种比人们想象的更普遍的活动。除了对一些东西进行排序之外，我们还必须定期对任务进行排序，这要根据它们的依赖关系进行。想想穿衣服的算法：你必须明白先穿袜子再穿鞋子，先穿内裤再穿裤子。组装家具、修理或维护机器、填写文件——这些活动中的大多数都需要我们按照正确的顺序完成一些动作。即使是学龄前儿童也需要将图片整理成一个连贯的故事。

第 6 章

Once Upon an Algorithm: How Stories Explain Computing

解决排序

排序是一种重要的计算。除了有许多应用之外，排序还有助于解释计算机科学的一些基本概念。首先，不同的排序算法具有不同的运行时间和空间需求，算法的效率将影响对如何用计算解决一个问题的决定。其次，排序是已知的存在最小复杂度的问题。换句话说，我们知道任何排序算法所需要的步骤数的下界。因此，排序表明，计算机科学作为一个学科已经确定了计算速度面临的主要局限。关于极限的知识是很有意义的，因为它能指导开展更有效的研究工作。再次，区分问题的复杂性和解决方案的复杂性有助于我们理解最优解的概念。最后，一些排序算法是分治算法的例子。这种算法将输入分成更小的部分，递归地处理这些部分输入，并将其解重新组合成原始问题的解。分治法的优雅之处在于它的递归性质，以及与它的近亲——数学归纳法的关系。这是解决问题的一种非常有效的方法，它展现了问题分解的力量。

正如在第 5 章中提到的，排序的一个应用是支持并加速搜索。例如，在未排序的数组或列表中查找元素需要线性时间，而在排序的数组中，二分搜索可以在对数时间内实现。因此，一次计算（这里的排序）的花费可以保存（用有序数组的形式）起来，以便后续用于加快其他计算（例如搜索）。更一般地，计算是一种可以通过数据结构保存和重用的资源。数据结构和算法之间的这种相互作用显示了两者之间的密切关系。

要事第一

印第安纳·琼斯是一名大学教授，在日常工作中，他面临着考试评分的有关问题。因此，排序对他来说是相关的。此外，作为一名考古学家，他必须收集实体文物，并整理在考察过程中所做的笔记和观察。就像办公室里的文件一样，将这些事物排序是十分有益的，因为排序可以使对特定对象的搜索更有效。印第安纳·琼斯的冒险经历说明了排序的另一个应用，每当他制定如何完成一项复杂任务的计划时，就会出现排序。计划就是按照正确的顺序安排一系列行动。

印第安纳·琼斯在《夺宝奇兵》中的任务是找到包含十诫的法柜。据传，法柜被埋在塔尼斯古城的一个密室里。为了找到法柜，印第安纳·琼斯必须找到这个叫作灵魂之井的密室。密室的位置可以在坦尼斯的模型中找到，它本身位于地图室中。在地图室的特定位置放置一个特殊的金色圆盘时，阳光将聚焦在坦尼斯模型中灵魂之井的位置，从而揭示灵魂之井的位置。这张金色圆盘原本属于印第安纳·琼斯的老师兼导师雷文伍德教授，后来被送给了他的女儿玛丽安·雷文伍德。因此，为了找到法柜，印第安纳·琼斯必须执行几个任务，包括：

- 定位灵魂之井（井）。
- 找到地图室（地图）。

- ❏ 拿到金色圆盘（圆盘）。
- ❏ 使用圆盘聚焦阳光（阳光）。
- ❏ 找到金色圆盘的持有者（玛丽安）。

除了执行这些任务，印第安纳·琼斯还必须在不同的地方之间旅行：去尼泊尔寻找玛丽安·雷文伍德，去埃及的塔尼斯城，法柜就藏在那里的灵魂之井里。

找到执行这组特定任务的正确顺序并不困难。从计算的角度来看，有趣的问题是，解决这个问题存在哪些不同的算法，以及这些算法的运行时间是多少。在解决排序问题时，大多数人可能会采用两种方法。这两种方法都从一个未排序的列表开始，反复移动元素，直到列表有序。通过描述如何将未排序列表的元素移动到已排序列表，可以很好地说明这两种方法之间的区别。

如图 6.1 所示，第一种方法是反复查找未排序列表中的最小元素，并将其追加到已排序列表尾部。比较两个任务时，如果一个任务可以出现在前面，则认为它比另一个任务小。因此，最小的任务是不需要在它之前执行任何其他任务的任务。开始时，所有元素都需要处理，已排序列表为空。由于第一个任务是前往尼泊尔，这意味着尼泊尔是最小的元素，因此它是第一个被选择并追加到已排序列表中的元素。下一步就是找到圆盘的拥有者，也就是找到玛丽安。接下来，印第安纳·琼斯必须拿到圆盘，前往塔尼斯，并找到地图室，这些任务的顺序反映在图 6.1 的倒数第二行。最后，印第安纳·琼斯必须用圆盘聚焦阳光，揭示灵魂之井的位置，在那里他就可以找到法柜。由此得到的已排序列表代表了印第安纳·琼斯的冒险计划。

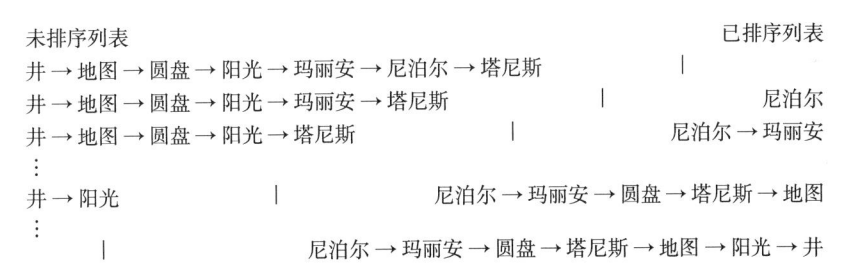

未排序列表		已排序列表
井 → 地图 → 圆盘 → 阳光 → 玛丽安 → 尼泊尔 → 塔尼斯	|	
井 → 地图 → 圆盘 → 阳光 → 玛丽安 → 塔尼斯	|	尼泊尔
井 → 地图 → 圆盘 → 阳光 → 塔尼斯	|	尼泊尔 → 玛丽安
⋮		
井 → 阳光	|	尼泊尔 → 玛丽安 → 圆盘 → 塔尼斯 → 地图
⋮		
	|	尼泊尔 → 玛丽安 → 圆盘 → 塔尼斯 → 地图 → 阳光 → 井

图 6.1 选择排序反复查找未排序列表（竖直线左侧）中的最小元素，并将其追加到已排序列表（右侧）尾部。这些元素不是按名称排序的，而是根据它们所代表的任务的依赖性排序的

如图所示，当未排序元素列表变为空时，算法就结束了，因为在这种情况下，所有元素都已移动到已排序列表中。这种排序算法被称为选择排序，因为它基于的是从未排序列表中反复选择元素。注意，该方法反过来也同样有效，即反复查找最大元素并将其添加到已排序列表的开头。

这似乎是显而易见的，但我们如何才能找到列表中的最小元素呢？一种简单的方法是记住第一个元素的值，并将其与第二个、第三个元素进行比较，以此类推，直至找到一个更小的元素。在这种情况下，我们记下该元素的值，继续比较并记住当前最小的元素，直至到达列表的末尾。在最坏的情况下，该方法需要列表长度的线性时间，因为最小的元素可能位于列表的末尾。

选择排序的大部分工作都花在查找未排序列表中的最小元素上。即使未排序的列表在每一步中减少一个元素，排序算法的总运行时间也仍然是二次的，因为我们平均必须遍历列表中一半的元素。我们在第 2 章分析汉赛尔从家里取出下一颗石子的算法时看到了相同的模式：前 n 个数字的总和与 n 的平方成正比 ⊖。

另一种常用的排序方法是从未排序列表中取任意元素（通常是第一个），并将其放置在已排序列表中的正确位置。被插入元素被放置在已排序列表中小于该元素的最大元素之后。换句话说，插入步骤遍历已排序列表以查找必须位于被插入元素之前的最后一个元素。

该方法的工作主要集中在元素的插入上，而不是元素的选择上，因此该方法被称为插入排序（见图 6.2）。插入排序是许多人打扑克牌时首选的排序方法。他们轮流从一堆要发的牌中揭起一张，然后插入手中已经有序的牌中。

未排序列表		已排序列表
井 → 地图 → 圆盘 → 阳光 → 玛丽安 → 尼泊尔 → 塔尼斯	|	
地图 → 圆盘 → 阳光 → 玛丽安 → 尼泊尔 → 塔尼斯	|	井
⋮		
阳光 → 玛丽安 → 尼泊尔 → 塔尼斯	|	圆盘 → 地图 → 井
玛丽安 → 尼泊尔 → 塔尼斯	|	圆盘 → 地图 → 阳光 → 井
⋮		
	|	尼泊尔 → 玛丽安 → 圆盘 → 塔尼斯 → 地图 → 阳光 → 井

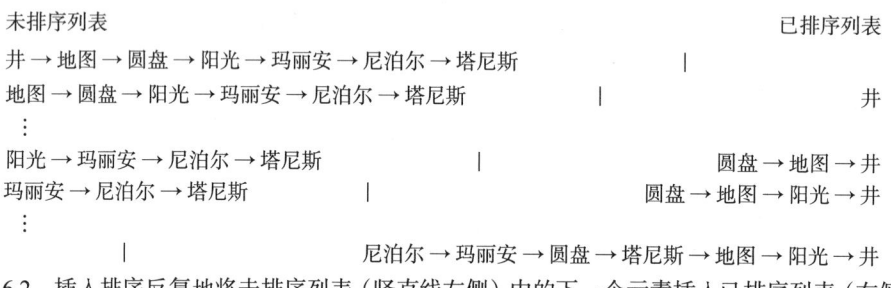

图 6.2　插入排序反复地将未排序列表（竖直线左侧）中的下一个元素插入已排序列表（右侧）

当把元素阳光从未排序列表移动到已排序列表时，可以很好地看出插入排序和选择排序之间的区别。如图 6.2 所示，只须从未排序列表中删除该元素，而不需要进行任何搜索，然后遍历已排序列表直至找到地图和井之间的正确位置，将元素插入其中。

这个例子还展示了两种算法在运行时间上的细微差别。对于每个选定的元素，选择排序必须完全遍历其中一个列表，而插入排序只有在被插入元素大于已排序列表中所有元素时才必须这样做。在最坏的情况下，当要排序的列表已经有序时，每个元素都将被插入已排序列表的末尾。在这种情况下，插入排序与选择排序具有相同的运行时间。相反，当被排序列表逆向有序，即从最大元素到最小元素排列时，每个元素都将被插入已排序列表的前面，这种情况下插入排序的运行时间是线性的。可以证明，平均来说，插入排序仍然具有二次运行时间。在某些情况下，插入排序可能比选择排序快得多，而且永远不会比选择排序差。

为什么插入排序在某些情况下比选择排序有更好的运行时间，尽管它们的操作相似？关键的区别在于插入排序使用了它自己的计算结果。由于将新元素插入了已排序列表中，因此插入不必总是遍历整个列表。相反，选择排序总是将元素追加到已排序列表尾部，并且由于选择过程不能利用已有的比较，它总是必须扫描整个未排序列表。这个对比说明了重用（reuse）是计算机科学的一个重要设计原则。

除了效率之外，这两种排序方法适用于安排任务计划的问题的程度是否有所不同？这两种方法都不是理想的，因为在这个问题示例中，一个特别的困难不是排序的过程，而是决定哪些任务先于其他任务。如果元素的确切顺序存在不确定性，选择排序似乎最不合适，因为在第一步中就必须决定如何比较一个暂定的最小元素与所有其他元素。插入排序则更好，因为在第一步中选择任意元素，而不需要执行任何比较，就可以获得一个已排序的单元素列表。然而，在接下来的步骤中，每个选定的元素必须与不断增长的已排序列表中越来越多的元素进行比较，以找到它的正确插入位置。虽然在一开始，插入排序的困难比较数量可能比

⊖　确切地说，$1+2+3+\cdots+n=\frac{1}{2}n^2+\frac{1}{2}n$。

选择排序要少，但算法随后可能会强制做出一些目前还无法做出的决定。有没有一种方法可以让排序更好地控制比较的元素？

随意划分

排序方法最好能让人们可以推迟困难的决定，从容易的决定开始。以《夺宝奇兵》中寻找丢失的法柜的计划为例，很明显灵魂之井和地图室都在塔尼斯，所以所有与这两个地点相关的任务都必须在到达塔尼斯之后执行，其他任务都必须在此之前执行。

通过将列表元素划分为位于分隔元素（称为枢轴或者支点）之前和之后的元素，我们将一个未排序列表划分为两个未排序列表。我们从中获得了什么？尽管一切才刚刚开始，但我们已经完成了两个重要的目标。首先，我们将一个长列表排序的问题分解为了两个短列表排序的问题。问题简化通常是解决问题的关键一步。其次，一旦这两个子问题得到解决，也就是说，这两个未排序的列表经过排序，我们就可以简单地将它们连接起来，得到一个已排序的列表。换句话说，分解为子问题有助于根据两个子问题的解构造整个问题的解。

这个解是两个未排序列表构造方式形成的结果。我们用 S 标记比塔尼斯小的元素列表，用 L 标记比塔尼斯大的元素列表。我们知道，S 中的所有元素都小于 L 中的所有元素（但是 S 和 L 还没有排序）。一旦对列表 S 和 L 进行了排序，则串接 S、塔尼斯和 L 所形成的列表将是有序的。因此，最后一个任务是对列表 S 和 L 分别进行排序。一旦这个任务完成，我们可以简单地将排序结果串接起来。那么如何对这些小列表进行排序呢？我们可以选择任何我们喜欢的方法。我们可以递归地应用划分和串接的方法，或者如果列表足够小，我们可以使用简单的方法，例如选择排序或插入排序。

英国计算机科学家托尼·霍尔（全名为查尔斯·安东尼·理查德·霍尔爵士）于1960年发明了这种排序方法，称为快速排序。图 6.3 说明了在生成印第安纳·琼斯寻找丢失的法柜的计划时快速排序的工作过程。在第一步中，未排序的列表被分成两个列表，它们由枢轴元素塔尼斯分隔。在下一步中，必须对两个未排序的列表进行排序。由于它们每个只包含三个元素，因此可以使用任何算法轻松地完成这个操作。

井 → 地图 → 圆盘 → 阳光 → 玛丽安 → 尼泊尔 → 塔尼斯

圆盘 → 玛丽安 → 尼泊尔　　|　　塔尼斯　　|　　井 → 地图 → 阳光

尼泊尔 → 玛丽安 → 圆盘　　|　　塔尼斯　　|　　地图 → 阳光 → 井

尼泊尔 → 玛丽安 → 圆盘 → 塔尼斯 → 地图 → 阳光 → 井

图 6.3　快速排序将一个列表分成两个子列表，它们分别比选定的枢轴元素更小和更大。然后对这两个列表进行排序，并将结果与枢轴元素连在一起，形成排序后的结果列表

为了演示快速排序，我们使用快速排序对小于塔尼斯的元素的子列表进行排序。如果选择尼泊尔作为分隔元素，在收集比尼泊尔大的元素时，我们得到了未排序列表圆盘→玛丽安。相应地，小于塔尼斯的元素列表为空，它已经是有序的。要对这个两个元素列表排序，只需要比较它们并反转它们的位置，由此得到排序后的列表玛丽安→圆盘。然后我们将空列表、尼泊尔和玛丽安→圆盘串接起来，获得排序后的子列表尼泊尔→玛丽安→圆盘。如果我们选择任何其他元素作为枢轴，排序的原理类似。如果选择圆盘作为枢轴，结果再次获得一个空列表和一个需要排序的两元素列表。如果选择玛丽安作为枢轴，我们将获得两个单元素列表，它们均为有序的。对比塔尼斯大的元素的子列表进行排序也是类似的。

一旦完成子列表的排序，我们就可以在两个有序子列表中间添加塔尼斯并获得最终结果。如图 6.3 所示，快速排序的收敛速度惊人。但情况总是如此吗？快速排序的一般运行时间是多少？似乎我们在第一步中选择塔尼斯作为枢轴是幸运的，因为塔尼斯将列表分成两个大小相等的列表。如果我们总能选择一个具有这种性质的枢轴，子列表将总是被分成两半，这意味着划分层的数量将是原始列表长度的对数。在这种划分情况下以及一般情况下，快速排序的总运行时间是什么？

在第一次迭代中，将一个列表分成两个子列表需要线性时间，因为我们必须检查列表中的所有元素。在下一次迭代中，我们必须划分两个子列表，这同样需要线性时间，因为无论我们在哪里划分，无论两个子列表有多长，两个列表中的元素总数比原始列表少 1[⊖]。这种模式将继续：每一层的元素都不比前一层多，因此拆分需要线性时间。将每一层的线性时间累加起来便是总的运行时间，这意味着快速排序的运行时间取决于划分子列表所需的层数。一旦原始列表被完全分解为单元素子列表，拆分过程将确保所有这些单元素子列表的顺序正确，并且它们可以简单地串接成一个已排序的结果列表。这同样需要线性时间的工作，所以快速排序的总运行时间由所有层的线性时间之和给出。

在最好的情况下，可以将每个子列表大致平分为两半，我们可以获得一个对数级的层数。例如，一个有 100 个元素的列表有 7 层，一个有 1000 个元素的列表有 10 层，一个有 1,000,000 个元素的列表可以用 20 层完全分割[⊖]。对于总运行时间来说，这意味着在 1,000,000 个元素的情况下，我们只须花费线性时间扫描有 1,000,000 个元素的列表 20 次。这导致运行时间为数千万个步骤的级别，这比二次运行时间要好得多，后者意味着数千亿到数万亿个步骤的级别。这种运行时间行为，即运行时间与输入规模及其对数之积成比例地增长，称为线性对数。它不如线性运行时间那么好，但比二次运行时间要好得多（见图 6.4）。

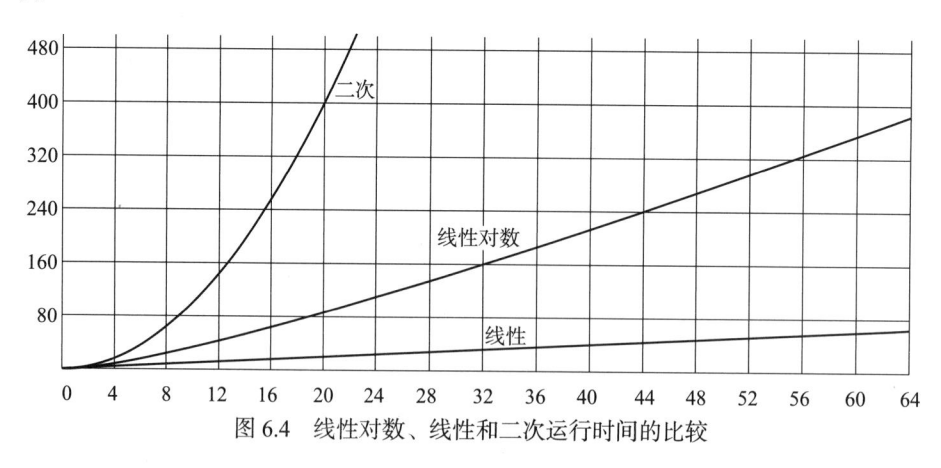

图 6.4 线性对数、线性和二次运行时间的比较

在最好的情况下，快速排序具有线性对数运行时间。然而，如果枢轴选择得不好，情况就大不相同了。例如，如果我们选择尼泊尔而不是塔尼斯作为第一个枢轴，则包含较小元素的子列表将为空，包含较大元素的子列表将包含除尼泊尔之外的所有元素。如果我们接下来选择玛丽安作为子列表的枢轴，我们会遇到同样的情况，一个列表是空的，而另一个列表只

⊖ 因为去掉了枢轴元素。

⊖ 参考以 2 为底的对数。因为 $2^7=128$，所以 $\log_2 100 < 7$，等等。

比被划分的子列表少一个元素。可以看出，在这种情况下，快速排序实际上就像选择排序一样，它也会反复地从未排序列表中移除最小的元素。和选择排序一样，快速排序在这种情况下运行时间也是二次的。快速排序的效率取决于枢轴的选择：如果我们总能找到一个中间元素，那么拆分过程将返回平均划分的列表。但是怎样才能找到一个好的枢轴呢？虽然保证好的枢轴并不容易，但事实证明，平均来说，选择一个随机元素，或者选择第一个、中间和最后一个元素三者的中间元素是可行的。

枢轴的重要性和影响与第 5 章中用来解释有效搜索本质的边界概念密切相关。在搜索的情况下，边界的目的是将搜索空间划分为外部和内部，使内部尽可能小，使剩余的搜索更容易。在排序的情况下，边界应将排序空间划分为相等的部分，以便通过分解使各部分的排序得到充分简化。因此，如果枢轴选择得不好，快速排序的运行时间就会退化。但是，虽然快速排序在最坏情况下的运行时间是二次的，但它的平均运行时间是线性对数的，并且在实践中表现良好。

最好的还在未来

是否存在比快速排序更快的排序方法，例如，在最坏情况下具有线性对数或更好运行时间的算法？是的。其中一种算法是归并排序，它是由匈牙利裔美国数学家约翰·冯·诺伊曼于 1945 年发明的[⊖]。归并排序将未排序的列表划分成两部分，从而将问题分解成更小的部分，这点类似于快速排序。但是，归并排序在这一步不会比较元素，它只是把列表分成两个相等的部分。一旦这两个子列表被排好序，就可以通过并行遍历它们并逐个比较它们的元素，将它们归并为一个已排序列表。这是通过反复比较两个子列表的第一个元素并取较小的元素来实现的。由于这两个子列表都已有序，因此这确保了归并列表也是有序的。但是，如何对划分步骤产生的两个子列表进行排序呢？答案是递归地对两个列表应用归并排序。归并排序如图 6.5 所示。

虽然快速排序和归并排序是编写电子计算机程序的最好算法，但对于人类的独立记忆来说，它们并不那么容易使用，因为它们需要相当多的簿记。特别是，对于较长的列表，两种算法都必须维护可能很大的子列表集合。在快速排序的情况下，这些子列表还必须保持正确的顺序。因此，印第安纳·琼斯和我们其他人一样，可能会坚持使用某种形式的插入排序，也许会辅以某种智能选择元素的方法，除非要排序的列表长到需要更有效的算法。例如，每当我教一个大的本科班级时，我都会使用桶排序的一种变体来按名称对试卷进行排序。我根据学生姓氏的首字母将试卷放入不同的堆（称为桶），并使用插入排序对每个桶进行排序。在把所有的试卷都放入它们的分类桶后，分类桶将按照字母顺序连接，产生一个有序的列表。桶排序类似于计数排序（稍后讨论）。

从表面上看，归并排序比快速排序更复杂，但这可能是由于在快速排序的描述中跳过了一些步骤。似乎重复归并越来越长的列表是低效的。然而，这种直觉具有欺骗性。由于分解是系统性的，并且在每一步中将列表长度减半，因此总体运行时间性能相当好：在最坏的情况下，归并排序的运行时间是线性对数的。我们可以这样来看，首先，因为我们总是把列表分成两半，所以列表需要被划分的次数是对数的。其次，每一层上的归并只需要线性时间，

⊖ 约翰·冯·诺伊曼在计算机科学领域最为人所知的可能是他描述了一种计算机体系结构，当今大多数计算机都是基于这种体系结构。

因为每个元素只需要处理一次（见图 6.5）。最后，由于每层只进行一次归并，因此总的结果是线性对数运行时间。

[1]　　　　　　　　井 → 地图 → 圆盘 → 阳光 → 玛丽安 → 尼泊尔 → 塔尼斯
[2]　　井 → 地图 → 圆盘 → 阳光　　　　　｜　　　　玛丽安 → 尼泊尔 → 塔尼斯
[3]　（井 → 地图　｜　圆盘 → 阳光）　｜　（玛丽安 → 尼泊尔　｜　塔尼斯）
[4]　（（井 ｜ 地图）｜（圆盘 ｜ 阳光））　｜　（（玛丽安 ｜ 尼泊尔）｜ 塔尼斯）
[5]　（地图 → 井　｜　圆盘 → 阳光）　｜　（尼泊尔 → 玛丽安　｜　塔尼斯）
[6]　　圆盘 → 地图 → 阳光 → 井　　　　｜　　　　尼泊尔 → 玛丽安 → 塔尼斯
[7]　　　　　　尼泊尔 → 玛丽安 → 圆盘 → 塔尼斯 → 地图 → 阳光 → 井

图 6.5　归并排序将一个列表划分为两个大小相等的子列表，对它们进行排序，然后将排序后的结果归并为一个有序的列表。括号表示列表必须归并的顺序。在第 4 行中，当划分后的子列表只有一个元素时，划分就完成了。在第 5 行中，三对单元素列表已经被归并为三个有序的双元素列表。在第 6 行中，这些列表再次归并为一个四元素列表和一个三元素列表，它们在最后一步被归并，生成最终结果

归并排序与快速排序有些相似之处。特别是，这两种算法都有一个划分列表，然后对每个较小列表进行递归排序，最后将已排序的子列表组合成较长的有序列表的阶段。事实上，快速排序和归并排序都是分治算法的例子，它们都是以下通用模式的实例：

如果问题是平凡的，直接解决它。

否则

（1）将问题分解为子问题。

（2）求解子问题。

（3）将子问题的解组合成原问题的解。

解决一个非平凡问题的情况说明了分治法的工作原理。第一步是划分步骤，它降低了问题的复杂性。第二步将该方法递归应用于子问题。如果得到的子问题足够小，则可以直接求解。否则，它们将被进一步分解，直到它们小到可以直接求解为止。第三步是归并步骤：它把子问题的解组装成原问题的解。

快速排序的大部分工作是在划分步骤中完成的，所有的元素比较都是在划分步骤中进行的：通过确保两个列表中的元素被枢轴分隔，使得归并步骤成为一个简单的列表串接。相比之下，归并排序的划分步骤非常简单，不包含任何元素比较。归并排序的大部分工作发生在归并步骤中，在这个步骤中，类似于拉链一样，有序列表被归并在一起。

终极结论：没有更好的排序算法

归并排序是目前讨论过的最有效的排序方法，那么是否存在更快的排序呢？答案是肯定的，又是否定的。虽然在一般情况下我们不能更快地排序，但在要排序的元素满足某些假设的情况下，我们可以做得更好。例如，如果已知要排序的列表只包含 1～100 之间的数字，我们可以创建一个包含 100 个单元的数组，每个单元记录列表中对应的可能的数字。这种方法类似于桶排序，其中每个字母对应一个堆。在这里，每个数组单元对应一个包含特定数字的堆。数组单元的索引是 1～100。我们使用索引为 i 的单元格来记录 i 在列表中出现的频率。首先，在每个数组单元中存储 0，因为我们不知道列表中会出现哪些数字。然后遍历

列表，对遍历遇到的每个元素 i，将存储在数组单元 i 中的元素计数器加 1。最后，按照索引递增的顺序遍历数组，并将每个索引列入结果列表若干次，其次数等于该单元记录的值。例如，如果要排序的列表是 4→2→5→4→2→6，在遍历该列表之后，我们得到了下面的数组：

0	2	0	2	1	1	0	…	计数器
1	2	3	4	5	6	7	…	索引

遍历数组时发现列表中没有出现 1，因为它的计数器仍然是 0。因此，1 不是排序结果列表的成员。2 出现两次，因此将两个 2 放入列表，以此类推。结果列表将是 2→2→4→4→5→6。这种方法称为计数排序，因为数组维护一个计数器，记录要排序的列表中元素出现的频率。计数排序的运行时间是遍历列表和数组的总成本。由于这两个步骤的运行时间都是各自数据结构（列表和数组）大小的线性函数，因此计数排序以列表或数组大小的线性时间运行，可取其中较大的一个。

计数排序的缺点是它会浪费大量的空间。在本例中，索引为 7～100 的所有单元都不会被使用。此外，只有当元素可用于索引数组，并且列表元素的范围已知且不太大时，它才有效。例如，我们不能使用计数排序对姓名列表进行排序，因为姓名是字符序列，不能用于索引数组⊖。对于字符串列表还有其他专门的排序算法。例如，字典树数据结构（见第 5 章）可用于对字符串列表进行排序，但这些方法要求排序的元素满足一些条件。

尽善尽美

如果不利用数据的特殊属性，排序就不可能比归并排序更快。虽然这个事实初看起来可能令人失望，但它也是一个好消息，因为它告诉我们，我们已经找到了最快的排序算法。换句话说，归并排序是排序问题的最佳解决方案。因此，它是一个最优算法。计算机科学家可以认为这个问题已经得到解决，并将时间和精力花在解决其他问题上。

归并排序的最优性取决于两个相关但不同的事实——归并排序具有线性对数运行时间，以及一般情况下任何排序算法必定至少具有线性对数运行时间。正是第二个事实证明了归并排序的最优性，同时也说明了在最坏情况下具有线性对数运行时间的任何其他排序算法的最优性。设计算法和数据结构的最终目的是为问题找到最优算法，最优算法在最坏情况下的运行时间复杂度与它解决的问题的内在复杂度相匹配。任何这样的算法都可以被认为是解决这个问题的圣杯。就像《夺宝奇兵》中的印第安纳·琼斯一样，约翰·冯·诺伊曼找到了排序的圣杯——归并排序⊖。

区分算法的运行时间和问题的复杂度是很重要的。后者表示，一个正确的解决方案必须至少采取那么多步骤。相比之下，一个算法的运行时间表明该特定算法最多需要那么多步骤。关于问题的最小复杂度的表述称为问题的下界。下界提供了一个问题最少需要多少工作的估计，从而刻画了问题的固有复杂度。它类似于两点之间的几何距离，是连接两点的任何路径长度的下界。任何这样的路径都可以因为有障碍物而长于距离，但不能短于距离。人们

⊖ 这是因为在任意两个可能用作相邻数组下标的名称之间，存在无限多个其他名称。假设你决定索引 "aaa" 后面应该跟着 "aab"，那么诸如 "aaaa" "aaab" "aaaaa" 等索引以及无数其他索引将不会作为索引出现在数组中，并且无法计数。出于同样的原因，数组不能按实数索引，因此计数排序也不能用于实数列表排序。

⊖ 或者至少是圣杯之一，因为可以有多种最优算法。

可能会对排序的下界和排序算法的相关限制感到失望,但这种知识提供的关于排序问题的深刻结论可以抵消这种失望。可以将这一结果与其他学科的类似结果做比较。例如,物理学告诉我们,运动速度不会超过光速,而且我们不能无中生有地创造能量。

但我们怎么能如此确定排序的下界呢?也许有一种没人想到的算法比线性对数时间更快。证明不存在这样的算法并不容易,因为它要求我们证明任何算法(无论是现有的还是尚未发明的)都必须执行某个最小步数。排序下界的证明计算特定长度的可能列表的数量⊖,并证明识别有序列表所需的比较次数是线性对数阶的⊖。每个算法都需要执行这个最小数量的比较,由此可见,任何算法都至少需要一个线性对数的步数,这便证明了下界。

关于算法运行时间和下界的推理对执行算法的计算机能力做了一定的假设。例如,一个典型的假设是算法的步骤是按顺序执行的,并且执行一个计算步骤需要一个时间单位。这些假设也是本章讨论的排序算法分析的基础。然而,如果我们假设可以并行地执行比较操作,那么分析就会发生变化,并且会得到不同的运行时间和下界。

计算保存

印第安纳·琼斯的冒险看似很有条理:他总是把帽子和鞭子装进旅行袋里。但是,除了给冒险的所有步骤制定一个全面的计划之外,他还可以选择在必要时再决定下一步做什么。两种方法——提前计划和活在当下,有各自的优点和缺点。去北极探险和去亚马孙丛林探险需要不同的衣服和设备,此时提前计划似乎是个好主意。另一方面,不断变化的环境可能使先前的计划过时,使计划工作变得无用。特别是,在冒险过程中可能会发生意想不到的事情,这通常需要采取与预期不同的行动。

如果印第安纳·琼斯寻找法柜的策略是在必要时决定下一个行动,那么他本质上就是在执行一种选择排序,即总是在剩下的行动中寻找最小的元素,因为最小在这里意味着"必须先于所有其他行动"。如前所述,这种方法不是很有效,因为选择排序是一个二次算法。如果印第安纳采用归并排序等线性对数排序算法提前制定计划,他可以做得更好。这种提前计算信息的策略被称为预计算。在寻找丢失的法柜的计划中,预先计算的信息不是单个步骤的集合,而是对这些步骤按正确顺序的排列。

排序信息保存在一个有序列表中。预计算的关键点是计算只做一次,计算结果可以在后续使用。预计算的结果保存在一个数据结构中——在本例中是一个有序列表中。这个有序列表就像一个计算电池,可以通过排序来充电。算法构建有序列表所花费的运行时间相当于给数据结构电池充电所用的能量。这种能量可以用于驱动计算,比如寻找下一个最小的元素。在这里,驱动意味着加速:如果没有有序列表电池,那么找到下一个最小元素需要线性时间;有了电池,找到下一个最小元素只需要常数时间。

在为数据结构电池充电时,某些方法比其他方法更有效,这反映在不同排序算法的不同运行时间上。例如,插入排序的效率低于归并排序,而且归并排序是一种最优排序算法,这

⊖ 长度为 n 的所有可能的列表(包含不同元素)可以按如下过程构造。n 个元素中的任何一个都可以在第一个位置。剩下的 $n-1$ 个元素中的任何一个都可以在第二个位置,以此类推。总共有 $n \times (n-1) \times \cdots \times 2 \times 1 = n!$ 种可能,这意味着长度为 n 的不同列表有 $n!$ 个。

⊖ 使用不超过 k 个比较操作的算法可以区分 2^k 种不同的情况。因此,为了处理长度为 n 的所有可能列表,必须满足 $2^k \geq n!$,或 $k \geq \log_2 n!$。我们可以证明 $k \geq n\log_2 n$,由此得到线性对数下界。

意味着存在一种给有序列表充电的最有效方法。与电能只能消耗一次的电池不同，数据结构电池有一个很好的特性，即一旦充电，就可以反复放电，而不必再充电。这个特性是支持预计算的重要一点。在可能反复使用数据结构的情况下，人们会迫切渴望进行预计算，因为计算成本可以在多次使用中平摊。另外，数据结构电池必须充满电才能正常工作。几乎有序的列表是不够的，因为它不能保证最小的元素将在列表前面，因此可能产生不正确的结果。从本质上讲，这意味着数据结构电池有两种状态：要么完全充满电并且可用，要么不可用。

预计算似乎是一个很棒的想法——就像松鼠收集坚果准备过冬一样。然而，在许多情况下，人们不清楚预计算后是否会得到回报。我们知道在很多情况下，早行动是有益的，但并不能保证这一点，实际上这可能会成为一种劣势。如果你提前买了机票，或者以不可退订的价格预订了酒店房间，你可能会得到优惠的交易，但如果你生病不能去旅行，你可能会有金钱的损失，因此不如等待到时再购买。

在这样的情况下，由于未来的不确定性，及早行动或预先计算的价值受到了质疑。由于预计算的收益取决于未来事件的具体结果，因此它反映了一种相当乐观的计算态度，对未来充满信心。但假如你对未来持怀疑态度呢？你可能会认为那些提前报税的人是受虐狂，而你总是把自己的报税推迟到 4 月 14 日，因为 IRS 随时可能解散，或者你可能会在此之前去世。然而，如果你像本·富兰克林一样确信税收和死亡是逃不掉的，那么预计算似乎是一件明智的事情。

对未来持怀疑态度的人需要一种完全不同的计算调度策略，这种策略会尽可能延迟代价高昂的操作，直到它们无法避免。希望或期望是，可能会发生一些事情，使代价高昂的操作被放弃，从而节省其运行时间（以及潜在的其他资源）。在现实生活中，这种行为被称为拖延症；在计算机科学中，它被称为惰性求值。当不再需要通过节省的计算获得的信息时，惰性求值可以节省计算工作量。在《夺宝奇兵》的例子中，经常会出现不可预见的事件或复杂情况，从而不得不改变或放弃最初的计划。在这种情况下，制定计划的所有努力都是白费力气，如果一开始不制定计划，这些努力本可以节省下来。

预计算倡导者的座右铭是"及时行事，事半功倍"或"早起的鸟儿有虫吃"，而惰性求值的拥护者可能会回答"是的，但是早起的虫儿被鸟吃"。虽然惰性求值看起来很有吸引力，因为它承诺不浪费精力，但是当一个不可避免的操作花费的时间比在预计算下花费的时间长，或者更糟糕的是，比可用的时间长时，它就有问题了。特别是，当几个延迟操作同时到期时，这可能会带来严重的资源问题。因此，总体上更明智的策略是在一段时间内均匀地分配工作。虽然这可能会在预计算上浪费一些精力，但它避免了惰性求值策略可能带来的危机。

午餐会

星期三是你和同事一起出去吃午饭的日子。你决定去那家新开的意大利餐馆试一试，但是当你到达餐馆时，你发现他们的信用卡读卡器坏了，他们今天只接受现金。在你点餐之前，你确定了你有多少现金可以支付午餐派对。点餐的时候，你面临的问题是选择的食物（开胃菜、主菜、配菜和饮料）既要让所有午餐聚会成员吃饱，又要尽可能满足他们的口味，同时不能超出可用的现金。当然，如果你有足够的钱，那点菜不成问题，但在当前的生活中这并不一定是一个安全的假设，因为很少人带现金，大家都期望能够用借记卡、信用卡或智能手机支付。

如何根据菜单点菜呢？你可以先根据每个人的喜好点菜。如果在预算之内，那么问题就解决了。但是，如果总金额超过了可用的现金怎么办？在这种情况下，人们可以提议点更便宜的替代品，或者不点开胃菜或饮料，直至总金额控制在可用金额之内。这种方法取决于你根据所有参与者的偏好来确定每份午餐的总体价值的能力。这里的价值是指午餐聚会成员对特定午餐选择的综合满意度。

这可能不是一项容易的任务，但是假设我们可以确定午餐订单的价值。现在的目标是找到一个最大满意值的午餐订单，其总金额不超过现金限额。或许一个好的策略是逐步用价值换取成本。然而，这个策略并不像看起来那么简单。即使给爱丽丝点开胃菜好过给鲍勃点饮料，也依然不清楚这种选择是否会产生更好的整体价值。这是因为爱丽丝的开胃菜可能比鲍勃的饮料更贵，爱丽丝不点开胃菜省下的钱可能足够卡罗尔点她第二喜欢的主菜而不是点第三喜欢的。现在鲍勃和卡罗尔的喜好加起来可能比爱丽丝的喜好更有价值。当涉及细节时，我们不太清楚应该改变哪些选择，以及以何种顺序改变。

我们在许多情况下也会遇到在有限的预算内选择项目的问题，包括计划假期（有的活动花费较高，有的活动花费较低）、选择不同的旅行方式，或者在产品的升级换代中选择一辆新车或电器的情况。问题看起来可能容易，但通常是非常困难的。所有解决这些问题的已知算法的运行时间都是要选择的项目数量的指数阶。例如，考虑把所有可能的午餐选择写在 10cm × 10cm 的小餐巾纸上，每张餐巾纸可以容纳 10 种选择。假设每个人可以在 10 个选项中选择 1~4 个（每个人有 5860 个选择），那么写下 5 个人午餐聚会的所有可能选择所需的餐巾纸将足以覆盖地球表面 13 次以上。

午餐选择问题有两个特征：（1）需要考虑的可能性的数量增长得非常快，（2）已知的算法需要检查所有或大部分可能性。这样的问题被称为难解问题，因为除非常简单的情况之外，算法需要太长时间，无法实际应用。

但这并不妨碍我们点午餐、计划假期，以及做其他我们通常很满意的选择。我们使用近似算法，这是一种有效的算法，它不一定能计算出问题的精确解，但已经足够好。例如，午餐问题的一个非常简单的近似解是将总预算分配给午餐聚会的所有成员，并让每个人找到一个合适的选择。

寻找最佳选择的难度也可以被利用起来。保险公司可以提供大量的选择，这使得客户很难找到最优的选择，从而为公司赚更多的钱。

第 7 章

Once Upon an Algorithm: How Stories Explain Computing

难解的任务

前面章节中讨论的算法具有一系列不同的运行时间。例如，在未排序的列表中找最小元素需要线性时间，而在已排序列表中只需要常数时间。类似地，在未排序的列表中查找特定元素需要线性时间，而在有序数组或平衡二叉搜索树中，查找可以在对数时间完成。在这两种情况下，预计算的有序数据结构起了很大作用。但是，不同的算法对相同的输入也可以有不同的运行时间。例如，选择排序是一个二次算法，而归并排序具有线性对数运行时间。

运行时间为二次的算法可能因太慢而无法用在实际应用中。设想对美国所有 3 亿居民的姓名进行排序的任务。在一台每秒可以执行 10 亿次操作的计算机上执行，选择排序将花费大约 9000 万秒，或者大约 2 年又 10 个月，这是相当不切实际的。相比之下，线性对数归并排序用不到 10 秒的时间即可完成相同的任务。但如果我们处理的是中等规模的输入，也许我们不必太担心运行时间复杂度，特别是因为计算机每年都在变得更快。

作为一个类比，考虑不同出行问题中交通解决方案适应的距离。例如，去上班，你可以骑自行车、坐公共汽车，或者开车。要穿越大西洋，这些解决方案都不行，你必须乘坐游轮或飞机。原则上，你也可以乘皮划艇横渡大西洋，但实际上这样做所花费的时间（及其他资源）使它在现实中几乎不可能。

类似地，有些计算问题在原则上有解，但在实际计算中花费的时间太长。本章讨论这类例子。我列举了一些（到目前为止）只能通过有指数运行时间的算法来解决的问题，这些算法的运行时间随着输入的规模呈指数增长。除了非常小的输入外，具有指数运行时间的算法在实践中是不可用的，这使得弄清下界问题以及是否存在更快的算法变得尤为重要。这个问题是 P=NP 问题的核心，而 P=NP 问题是计算机科学中一个仍未解决的突出问题。

就像排序的例子一样，一个关于计算机科学极限的结果，乍一看让人失望，但事实并非如此。即使无法为特定问题开发出有效的算法，也并不意味着我们必须完全放弃这类问题。特别是，我们可以设计近似算法来计算这些问题的不精确但足够好的解。此外，一个特定问题在实践中无法解决的事实有时可以用来解决其他问题。

大输入能反映二次算法和线性对数算法之间的区别，二次算法对于小输入可能工作得很好。例如，在一台每秒进行 10 亿次操作的计算机上，使用选择排序对一个包含 10,000 个元素的列表进行排序大约需要十分之一秒。虽然在这种情况下，运行时间几乎不会引起注意，但是当列表的大小增加 10 倍时，算法的运行时间将增加 100 倍。因此，对包含 100,000 个元素的列表进行排序的运行时间将增加到大约 10 秒。这可能不再是可接受的，特别是在用户与系统交互并期望即时响应的情况下。然而，下一代计算机可能会补救这种情况，算法可能再次可用。技术进步可能足以突破二次算法的极限。不幸的是，我们不能依靠这种效应来使一个有指数运行时间的算法可用。

倾斜的天平

在《夺宝奇兵》的开始，印第安纳·琼斯探索了一个洞穴，寻找他探险的目标——一个珍贵的黄金神像。神像放置在一个天平上，如果神像被移走，这个天平会触发一系列致命的陷阱。为了避免触发保护机关，印第安纳·琼斯用一袋沙子代替了神像，他希望沙子能接近神像的重量。可是袋子太重，触发了陷阱，由此上演了惊险的洞穴大逃亡。

如果印第安纳·琼斯知道神像的确切重量，他就可以用精确度量的沙子填满袋子，他离开洞穴时就不会那么戏剧化了。但由于他没有随身携带磅秤，他需要用其他方法来测量重量。幸运的是，做一个平衡秤并不太难。基本上你只需要一根棍子，将沙袋系在一端，确切的重量系在另一端上，然后给沙袋装沙子，直到木棍平衡。假设印第安纳·琼斯没有一个与神像重量完全相同的物体，他必须用一组物体来近似这个重量。这似乎不是一个很难的问题。如果神像的估计重量是 42 盎司（约 2.6 磅或 1.2 千克），而印第安纳·琼斯有 6 个物体，分别重 5、8、9、11、13 和 15 盎司，那么在尝试了几种组合之后，他发现 5、9、13 和 15 盎司的物体加起来正好是 42 盎司。

但是，究竟如何尝试多种组合的方法，这需要多长时间？在这个例子中，最重的物体的重量不到神像的一半，这意味着我们至少需要三个物体才能达到神像的重量。然而，我们并不清楚该选择哪三个对象，以及我们是否还需要第四个或第五个对象。此外，算法必须适用于任何可能的情况，从而能够处理不同数量的不同重量以及任意目标重量的对象。

解决称重问题的一种直接方法是系统地构造对象的所有组合，并检查每种组合的总重量是否等于目标重量。这个策略也被称为生成与测试，因为它包括以下两个步骤的重复执行：（1）生成一个潜在的解，（2）测试这个潜在的解是否确实是一个解决方案。在这种情况下，生成步骤生成对象的组合，测试步骤将对象的重量相加，并将总和与目标重量进行比较。重要的是，生成步骤要系统地重复生成所有组合，否则算法可能会漏掉解决方案。

生成与测试方法的运行时间取决于所生成对象组合的数量。为了理解组合的数量，我们考虑如何从所有可用的对象中生成任何一种特定的组合。为此，取任意组合，如 5、9 和 11。对于每个可用的对象，我们可以查看该对象是否包含在这个特定的组合中。例如，它包含 5，但不包含 8；9 和 11 是这个组合的元素，但 13 和 15 不是。换句话说，任何可能的组合都是由包含或排除每个元素的决定给出的，而且所有这些决定都是相互独立的。

我们可以比较生成一个组合与填写一份调查问卷的过程，其中问卷包含可用的对象，每个对象旁边都有一个勾选框。一种组合对应于一份调查问卷，其中选中对象旁的方框画了钩。组合的数量与填写问卷的不同方式的数量相同。这里每个框可以被选中或不被选中，彼此相互独立。

因此，可能组合的数量由可选项的乘积给出，即选择或不选择一个对象（或者等价地，勾选或不勾选一个框）的 2 个选择。由于印第安纳琼斯有 6 个对象可供选择，组合的数量是 2 自乘 6 次，即 $2 \times 2 \times 2 \times 2 \times 2 \times 2 = 2^6 = 64$⊖。由于生成和测试算法必须测试每个组合，其运行时间至少以相同的速率增长。实际上，它甚至更耗时，因为测试一个组合需要将所有重量

⊖ 其中包括空组合，这是当重量应该为 0 时的解决方案。这种情况在本例中并不重要，但一般来说是一种可能性。排除空集并不会改变可能组合的数量与可用对象的数量呈指数关系的事实。

相加，并将总和与目标重量进行比较。

当运行时间爆炸时

虽然 64 个组合看起来还不是太糟糕，但算法运行时间的重要特点是随着输入的增加，它的增长速度有多快。正如第 2 章所解释的那样，算法的运行时间是以增长率而不是绝对时间来衡量的，因为这种度量刻画了算法更一般的特征，这是不依赖于特定的问题示例和计算机性能的特征。

上述算法运行时间的后一种特点有时也成为使用运行时间不佳的算法的借口。论点是这样的："是的，我知道算法需要几分钟才能完成，但等到我们有了新的、更快的计算机，这个问题将得到解决。"这个论点有一定的道理。摩尔定律表示计算机的速度大约每 18 个月翻一番 ⊖。

当计算机的运行速度翻倍时，二次算法可以处理大约 1.4 倍大的输入 ⊖，现在考虑在这种情况下指数算法的运行时间会发生什么。输入增大多少可使运行时间增加不超过两倍？因为如果输入增加 1，算法的运行时间就会翻倍，这意味着算法只能处理一个额外的元素。换句话说，我们需要将计算机的速度提高一倍才能处理多一个元素的输入。

由于算法的运行时间翻倍如此之快，通过乘以固定倍数提升算力的技术改进根本不能让指数算法应对更大的输入。请注意，计算机速度提升较大倍数，例如 10 倍，不会产生太大的差异。虽然这将允许二次算法处理三倍大的输入，但指数算法只能够处理规模增加 3 个的输入，因为这样的输入将使运行时间增加了 $2 \times 2 \times 2 = 2^3 = 8$ 倍。

表 7.1 说明了非指数和指数算法在处理不同规模输入时的巨大差距：非指数算法的运行时间只有在输入规模大于 1000 时才开始引人注意，而指数算法在处理输入规模为 20 及以下的情况时相当好。但对于规模为 100 的输入，指数算法需要超过 4000 亿个世纪才能完成，这是我们宇宙年龄的 2900 倍。

表 7.1　一台每秒可执行 10 亿次操作的计算机针对不同规模输入的大概运行时间

输入规模	运行时间			
	线性	线性对数	二次	指数
20				0.001 秒
50				13 天
100				
1000				
10,000			0.1 秒	
1 百万	0.001 秒	0.002 秒	16 分钟	
10 亿	1 秒	30 秒	32 年	

注：空白单元格表示运行时间小于 1 毫秒，太小，对人类的时间感知没有意义，因此没有实际意义。灰色单元格表示因运行时间太大而无法理解。

⊖ 2015 年是摩尔定律提出的 50 周年。现在这个定律似乎在失去作用，因为芯片的集成度在趋向物理极限。

⊖ 对于规模为 n 的输入，二次算法执行大约 n^2 步。计算机的速度翻倍意味着它可以在相同的时间内执行两倍的步骤，即 $2n^2$ 步，这是输入规模为 $\sqrt{2n}$ 的算法需要的步数，因为 $(\sqrt{2n})^2 = 2n^2$。也就是说，由于 $\sqrt{2} \approx 1.4142$，算法可以处理大约 1.4 倍大的输入。

指数增长的巨大效应类似于核弹的爆炸，它由原子分裂时释放出的微量能量造成⊖。这种毁灭性破坏的原因是，许多这样的裂变发生在很短的时间内——每一次原子分裂都会在短时间内连续引起两次（或更多）裂变——裂变和由此释放的能量呈指数增长。

或者想想关于一个农夫的传说，据说是他发明了国际象棋。国王想赏赐农夫，称会答应农夫的任何愿望。农夫要求在棋盘的第一个方格上放一粒大米，在第二个方格上放两粒大米，在第三个方格上放四粒大米，以此类推，直到所有的方格都被放满。国王没有意识到指数增长的本质，他认为这个愿望很容易满足，并承诺实现它。当然，他无法兑现自己的承诺，因为覆盖棋盘所需的大米数量超过了 18 万亿亿粒，这是 2014 年全球大米产量的 500 多倍。

指数和非指数算法所能处理的输入规模之间的巨大差距证明了区分实用算法（运行时间小于指数的算法）和不实用算法（运行时间是指数或者更糟的算法）是合理的。具有指数运行时间的算法不能被认为是问题的实用解，因为除小规模输入外，它们需要太长时间来计算结果。

命运与共

解决称重问题的生成与测试算法仅适用于规模相对较小（小于 30 左右）的输入，这对于印第安纳·琼斯面临的特定问题来说是可以的。但由于其运行时间呈指数增长，该算法将永远无法处理规模为 100 或更大的输入。这个特定算法的指数运行时间并不意味着不存在其他更有效的非指数运行时间算法。然而，目前还没有这样的算法。

一个只能通过指数（或更糟）运行时间算法来解决的问题被称为难解（intractable）问题。由于我们只知道解决称重问题的指数运行时间算法，所以它看起来很难解，但我们并不确定是否有一种非指数算法还没有被发现。如果我们能证明这个问题不存在非指数算法，我们就可以说这个问题是难解的。问题的下界可以为我们提供确定性。

但我们为什么要关心这个问题呢？也许计算机科学家应该抛开这个问题，继续研究其他问题。然而，称重问题与一系列其他问题非常相似，它们都具有以下两个有趣的性质。首先，解决问题的已知算法的运行时间都是指数阶的。其次，只要找到解决其中一个问题的非指数算法，就可立即得出解决所有其他问题的非指数算法。任何这样的问题都被称为 NP 完全问题⊖。NP 完全问题的意义在于，许多实际问题确实是 NP 完全的，而且它们共有潜在难

⊖ 大约 300 亿个原子都分裂才能产生点燃一盏 1 瓦的灯 1 秒所需的能量。

⊖ P 代表多项式（polynomial），指的是可以用多项式运行时间（如 n^2 或 n^3）算法求解的一类问题。N 代表不确定性（nondeterministic）。NP 指的是可以通过在不确定性机器上执行多项式运行时间算法求解的一类问题。不确定性机器是一种假设的机器，它对于算法中需要的每一个决策都能做出正确的猜测。例如，对于称重问题，如果我们可以正确地猜测每个权重是否包含在解中，我们就可以在线性时间内生成称重问题的解。NP 完全问题类等价于其解可以用多项式运行时间算法来验证的问题类。例如，对称重问题提出的任何解决方案，均可以在线性时间内进行验证，因为算法只需要计算权重的总和并与目标权重做比较。

解的命运。

在冒险故事《水晶骷髅王国》的结尾，印第安纳·琼斯的同伴麦克在水晶骷髅神庙收集宝物。他试图携带尽可能多的物品，同时让它们的总价值最大化。这个问题、称重问题和午餐会问题都是背包问题的实例。背包问题是指在一个容量有限的背包里打包尽可能多的物品，同时使所装物品的某种价值或效用最大化的任务。在称重问题中，背包就是秤，它的极限是要测量的重量，物品的打包相当于把物体放在秤上，优化的目标是尽可能地接近目标重量。对于麦克的选择问题，极限是他能携带的物品，打包是选择物品，优化是使物品总价值最大化。在午餐会问题中，极限是可用于购买菜肴的现金总额，打包是物品的选择，优化是使菜单选择的价值最大化。

顺便说一下，麦克和印第安纳·琼斯都失败了：麦克花了太多时间选择物品，死在了摇摇欲坠的寺庙里，印第安纳·琼斯的沙袋触发了致命的陷阱，尽管他最终设法逃了出来。目前尚不清楚他们的失败是否是由于他们试图解决的问题的 NP 完全性，但它很好地说明了问题的难处。

背包问题及其应用只是众多 NP 完全问题中的一个。另一个著名的例子是旅行商问题，它要求找到一个连接多个城市的往返行程，并最小化行程的距离。一种简单的方法是生成所有可能的往返路线，并找出最短的路线。该算法的复杂度也是指数阶的，但比称重问题复杂得多。例如，称重算法可以在 1 毫秒内完成规模为 20 的问题，但计算 20 个城市的往返路线需要 77 年。寻找往返路线不仅对旅行商很有用，对从规划校车路线到安排游轮之旅的许多其他应用也是有用的。许多优化问题也是 NP 完全的。

NP 完全问题的有趣性质是它们要么难解，要么有非指数运行时间算法。证明一个问题是 NP 完全问题的一种方法是证明该问题的解可以（在非指数时间内）转化为一个已知的 NP 完全问题的解。解的这种变换称为归约。归约是解决问题的巧妙方法，它将一个问题的解转化为另一个问题的解。归约是常见的一种计算，有时是隐性的，比如印第安纳·琼斯把寻找安全地砖的问题归约为拼写"耶和华"（Icehova）这个名字的问题，还有夏洛克·福尔摩斯把保存嫌疑人信息的任务归约为字典运算的任务。

归约本身就是计算，由于它们可以与其他计算相结合，所以它们为计算技术提供了方便的补充。例如，查找列表中最小元素的问题可以归约为对列表进行排序，然后取有序列表的第一个元素。具体来说，归约将输入（这里是一个未排序的列表）转换为另一个算法（这里是取第一个元素）可以操作的特定形式（这里是一个已排序的列表）。结合这两种计算，排序后取第一个元素，由此产生的计算是原始问题在任意列表中寻找最小值的解。然而，将归约的运行时间考虑在内是很重要的。例如，由于排序步骤需要线性对数时间，因此通过这种归约获得的方法的运行时间与简单地扫描列表查找最小值不同，后者只需要线性时间。因此，这种归约不是很有意义，因为它会导致低效率的算法 $^{\ominus}$。因此，NP 完全问题之间的归约必须通过非指数算法来实现，否则一个问题的非指数解会因为归约的指数运行时间而变成指数解。

所有 NP 完全问题之间的非指数归约提供了巨大的杠杆作用。就像轮子只能由一个人发明，然后供所有人使用一样，一个 NP 完全问题的解可以解决所有其他问题。这一事实引出了一个问题，这个问题可以用著名的等式来概括：

$\ominus$ 但是，如果必须反复从列表中找到并删除最小的元素，那么基于排序的方法在某个时候会变得更有效。

P=NP?

这个问题最初是由奥地利裔美国逻辑学家库尔特·哥德尔提出的，并在 1971 年由加拿大裔美国计算机科学家斯蒂芬·库克给出精确说明。问题是可以在非指数（或多项式）时间内解决的问题的 P 类是否等于可以在多项式时间内验证的问题的 NP 类。为 NP 完全问题找到一个指数下界将为这个等式问题提供"否"的答案。另外，为任何问题找到一个非指数算法都会得到"是"的答案。大量实际问题的易解性取决于 P=NP 问题的答案，这也突显了 P=NP 问题的重要性。这个问题已经困扰计算机科学家四十多年，它可能是计算机科学中最重要的未解问题。如今，大多数计算机科学家认为，NP 完全问题确实很难，而且不存在非指数算法来解决这些问题，但没有人确切地知道。

涅槃谬误

令人望而却步的算法运行时间当然会让人沮丧。虽然问题有解，但它的成本太高，难以实现——就像希腊神话中坦塔罗斯面前摆着水果，但他永远够不着。然而，没有理由因此而绝望。除了解决算法效率低下的方法之外，这种限制也有令人惊喜的一面。

如果要花很长时间才能找到一个问题的解，我们可以放弃这种方法，或许我们可以试着充分利用这种情况找到一个近似解，这个解可能不精确，但已经足够好。例如，如果你目前在为谋生工作，你可能会把一部分收入存起来，以便退休后有足够的钱花。这听起来是个不错的计划。一个更好的计划是赢得彩票，然后现在就退休。然而，这个计划在实践中极少奏效，因此不是你现有计划的现实替代方案。

用指数算法来计算一个问题的精确解，对于规模大的输入是不现实的，就像彩票计划对于退休是不现实的一样。因此，作为一种替代方案，人们可以尝试找到一种有效的非指数算法，这种算法不一定（总是）计算出完美的解，但可以产生近似结果，足以满足实际目的——近似算法。可以认为工作和储蓄是中彩票的近似解，尽管这可能不是一个很好的近似。

一些近似算法能够保证计算结果在精确解的某个因子范围内。例如，印第安纳·琼斯可以按重量递减的顺序添加物体，在线性对数时间内找到他的称重问题的近似解。使用这种方法，可以保证近似解比最优解差不超过 50%。由于潜在的低精度，这似乎看起来不是很好，但在许多情况下，近似解实际上很接近最优解，而且得到它们成本很低——一分钱（运行时间）一分货。

解决称重问题的简单算法首先要按照重量将对象排序。然后，它找到第一个重量小于目标重量的对象，并不断添加对象，直至达到目标重量。先把 15、13 和 11 加起来，总共是 39。添加下一个重 9 的对象会超过目标重量，因此舍弃它并尝试下一个重量。但是 8 和 5 都太重了，因此得到的近似结果是 15、13 和 11，与最优解只差 3。换句话说，近似解在最优解的 7% 以内。

这种反复选择最大可能值的策略被称为贪心算法，因为它总是做最优的选择。贪心算法很简单，对很多问题都很有效，但对于某些问题，它们会失去精确的解，就像在这个例子中一样。在这个例子中，正是这种取 11 而不是等待取 9 的贪婪的行为导致最优解无法实现。这种贪心算法的运行时间是线性对数的（由初始排序步骤引起的），因此非常高效。

近似算法的一个重要问题是，在最坏的情况下，它能生成多好的近似。对于贪心称重算法，可以证明近似解总是在最优解的 50% 以内[⊖]。

近似解是问题的足够好的解。虽然它们不如最优解好，但总比没有解好。在《夺宝奇兵：毁灭神庙》中，印第安纳·琼斯和他的两个同伴面临着他们的飞机即将撞上一座山的问题。两名飞行员已经跳伞放弃了飞机，排空了剩余的燃料，而且没有在飞机上留下任何降落伞。印第安纳·琼斯使用一艘充气船将乘客安全地运到地面，近似于降落伞的效果。一个近似算法，无论多么粗糙，通常都比根本没有实用算法要好。

转换思维

近似算法可以减轻指数算法带来的低效率困扰。这是一件好事，此外还有更多好消息。一个特定问题的解不能被有效地计算，这实际上是一件好事。例如，解决称重问题的生成与测试算法类似于我们在忘记密码后试图打开数字锁时所做的事情：我们必须遍历所有的组合，假设密码是三位数的，则共有 10×10×10=1000 种情况。事实上，尝试所有 1000 种组合需要很长时间，这使得数字锁在保护箱子和储物柜方面有些效果。当然，锁可以被打破，但那更像是绕过问题，而不是解决问题。

用电子计算机检查 1000 个组合是微不足道的事情，但对于一个动作缓慢的人来说，这需要足够长的时间，表明效率是一个相对的概念，它取决于计算机的能力。但是，由于算法运行时间实际上是其运行时间相对于输入规模的增长速率，更快的计算机无法弥补由输入规模的微小增加引起的指数算法运行时间的巨大增长。密码学利用这一事实来实现消息的安全交换。每当你访问以 https:// 开头的网站时，网络浏览器地址栏中的挂锁就会锁定，表明已建立了通往该网站的安全通信通道。

发送和接收加密消息的一种方法是使用两个相关密钥（一个公钥和一个私钥）对消息进行编码和解码。每个通信参与者都有一对这样的密钥。每个参与者的公钥是公开给所有人的，但每个参与者的私钥只有参与者自己知道。这两个密钥相关联的方式是，由公钥编码的消息只能通过使用相应的私钥进行解码。这使得通过使用某人的公钥对一个消息进行编码来向该人发送安全消息成为可能。因为只有消息的接收者知道私钥，所以只有接收者可以解码消息。例如，如果你想通过互联网查看你的银行账户的当前余额，你的网络浏览器会将你的公钥传给银行的计算机，银行用它来加密金额并将加密结果发送回你的浏览器。任何看到这条信息的人都无法破译它，因为它是加密的。只有你的浏览器可以使用你的私钥解码它。

如果我们没有互联网，这种工作只能通过邮寄邮件来完成，这就像把一个没有上锁的盒子（只有你自己有钥匙）寄给银行一样。银行把金额写在一张纸上，放进盒子里，用挂锁把盒子锁上，然后把锁好的盒子寄还给你。当你收到盒子时，你可以用钥匙打开挂锁查看金额。由于没有其他人能打开盒子，因此信息在运输过程中不会被未经授权者访问。在本例

⊖ 考虑第一个添加的对象。它的重量要么超过目标重量的一半（此时情况得到证明），要么小于一半，这意味着我们可以添加下一个对象，因为它添加的重量（小于第一个对象，因此也小于目标重量的一半）不超过目标重量。

现在我们可以再次区分两种情况。如果两个对象的重量加起来超过目标重量的一半，则它们的重量与目标重量的差小于 50%。否则，如果它们的重量和小于一半，则每个对象的重量必须小于目标重量的四分之一，下一个对象同样如此，因为它的重量更轻，因此可以添加。按照这种思路推理，我们可以继续添加对象，直到达到目标重量的一半。这里假设有足够的对象可用以达到目标重量，但此假设已经包含在可以找到最优解的假设中。

中，带着公开挂锁的盒子对应于公钥，银行将写着金额的表格放入盒子的动作对应于对消息的加密。

加密的消息在现实中是安全的，不会受到未经授权的访问，因为在不知道私钥的情况下解码消息，必须计算一个大数的素数因子。虽然我们不知道计算素数因子的问题是不是 NP 完全问题，但目前还没有非指数算法可以解决它，因此在现实中需要很长时间才能解决。因此，解决问题的难度可用于保护信息的传输不受未经授权的访问。

这个方法并不是什么新想法。护城河、围栏、围墙和其他保护机制都基于这一原则。但许多这类保护措施都可能被打破。目前，由于缺乏求解素数分解的非指数算法，加密报文的发送和接收可以被认为是安全的。然而，一旦有人找到了一种非指数算法，这种安全性就会在瞬间消失。此外，如果有人可以给这个问题建立一个指数下界，我们就可以肯定加密消息是安全的。与此同时，我们对这个问题的无知使这个方法保持有效。

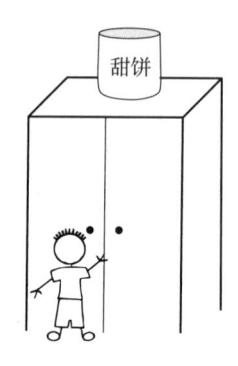

进一步探索

　　印第安纳·琼斯的冒险通常涉及寻找文物、地点和人。有时寻找任务是由沿途收集的物品或信息引导的。在这些情况下，走过的路径是动态确定的。在这样的故事中，搜索会产生一个所经过的地方的列表，这个列表是通往最终目标的搜索路径。《国家宝藏》或丹·布朗的《达芬奇密码》等电影也遵循这种模式。

　　在另外一些场合，搜索的基础是藏宝图。在这种情况下，从一开始路径就很清晰，搜索需要在现实世界中定位地图上显示的地标。罗伯特·路易斯·史蒂文森的《金银岛》使藏宝图出了名。藏宝图是一种寻找特定位置的算法，但该算法可以用不同的方式给出。在某些故事中，藏宝图并不包含找到宝藏的直接指示，而是包含需要解码或解决的线索、代码或谜语。这样的藏宝图并没有真正描述算法，而是描述了需要解决的问题。例如，电影《国家宝藏》中的藏宝图就隐藏在《独立宣言》的背面，其中包含了定位场景的暗语，然后找到进一步的线索。

　　电影《国家宝藏》中也有类似印第安纳·琼斯所面临的地砖挑战的谜语。主角之一的本·盖茨必须从输入密码的按键中推断出密码，这需要找到正确的字母顺序。由一个单词或短语的字母表示的另一个单词或短语称为变位词。解变位词并不是真正的排序，而是在所有可能的字母顺序中找到一个特定的字母排序。例如，在《哈利·波特》的故事中，"我是伏地魔"（I am Lord Voldemort）是他的全名汤姆·马沃罗·里德尔（Tom Marvolo Riddle）的变位词，而在电影《通天神偷》中，解密装置的代号"Setec Astronomy"是"太多秘密"（too many secrets）的变位词。

　　在格林兄弟的童话《灰姑娘》（德语：Aschenputtel）中，坏继母给灰姑娘一个痛苦的任务，让他从灰烬中拣出扁豆，这是一种简单的桶排序。有时，当故事中的事件以非时间顺序叙述时，它们也需要排序。一个极端的例子是电影《记忆碎片》，它讲述的大部分故事顺序都是相反的。电影《美丽心灵的永恒阳光》（又译《暖暖内含光》）中也发生了类似的事情，一对情侣在分手后经历了抹去记忆的过程。其中一人的记忆以相反的顺序呈现。电影《刺杀据点》从不同的角度呈现了刺杀美国总统的事件。每一个描述本身是不完整的，但添加了更多的细节和事实，观众必须把所有的描述汇合在一起才能理解这个故事。

　　大卫·米切尔的小说《云图》由几个相互嵌套的故事组成。为了获得完整的故事版本，读者必须重新排列书中的不同部分。胡里奥·科塔萨尔的《跳房子》给出了一个有趣的排序变种挑战，关于如何阅读书中章节的顺序，它给出了两组不同的明确指示。

第二篇

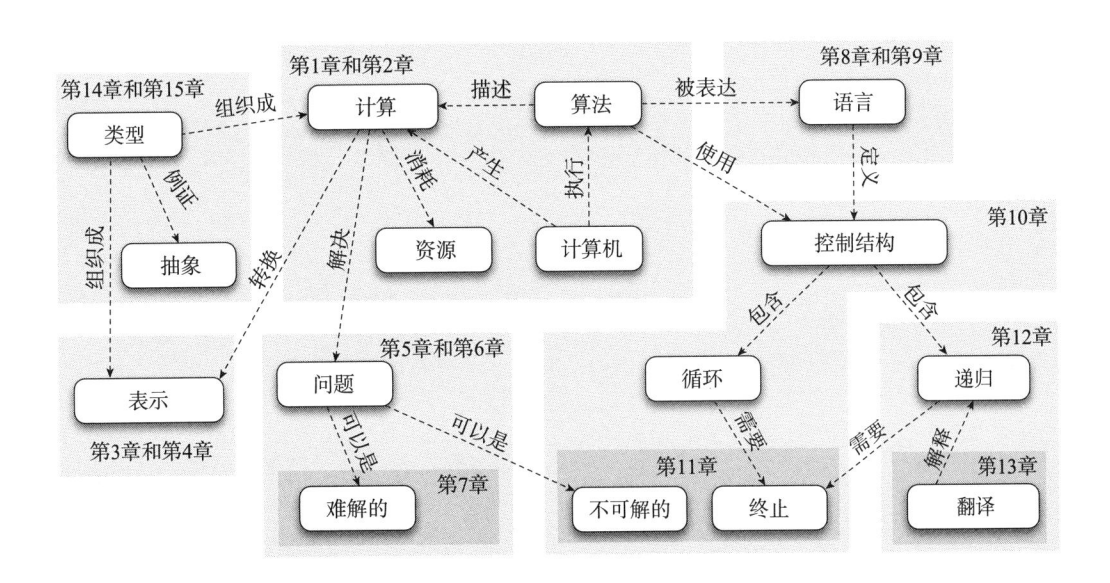

语言

语言与语义

《飞跃彩虹》

医生的指示

午饭后你要去看医生。检查之后，医生开处方并填写验血单。你拿着单子去化验室抽血，然后拿着处方去药房。当化验员对血液进行几项测试时，她正在执行一种算法，就像药剂师根据医生的指示配制处方一样，这应该不足为奇。在这样的场景中，一个值得注意的特点是，算法由一个人定义，然后由另一个人执行。

这种分工之所以成为可能，只是因为算法是用一种语言写下来的。虽然医生也可以直接打电话给药剂师，但这会使过程变得复杂，因为这需要医生和药剂师同时工作。以书面形式表示的算法允许它们在不同的时间彼此独立地工作。而且，处方一旦写好，就可以多次使用。

算法定义和执行的分离显然需要语言有精确的定义。医生和药剂师必须就处方是什么、可能含有什么以及它的含义达成一致。你作为病人的健康取决于此。例如，剂量必须说明其单位以避免歧义。如果医生和药剂师使用不同的单位解释剂量，歧义可能导致药物剂量过低而无效或过高而危险。医生和化验员之间也需要类似的一致。

药剂师和化验员是执行医生写给他们的算法的计算机。只有知道如何阅读和解释医生的指示，他们才能成功地执行，达到医生帮助病人的目的。

执行书面算法的第一步是解析它，这需要提取其基本结构。该结构确定了算法的关键组成部分（对于处方而言，组成部分包括药物名称、用量和次数）以及它们之间的关系（例如，用量是指每次摄入量还是指药物的总量）。一旦结构被确定，表达算法的语言的语义就定义了药剂师和化验员需要做什么。解析过程本身就是一种算法，用于提取任何给定句子的基本结构。

开验血单和开处方所用的语言完全不同。除了内容不同外，它们的形式也不同。处方通常由药物、剂量、服用次数等一系列单词组成，而验血单通常是带有一些复选框的表格。一种语言的特定格式通常是由历史原因造成的，但它也可能是有意识的设计决策的结果，以便更好地支持语言的某些目标。例如，带有复选框的表单反映了语言的内部结构，并简化了编写和解释（以及计费）指示的任务。它还可以避免潜在的歧义。例如，通过设计表单可以防止选择冗余测试，例如指示进行基本测试或综合测试。

语言在计算机科学中起着核心作用。没有语言，我们就无法讨论计算、算法或它们的性质。许多领域已经开发出使用自己的术语和符号的专门语言。除了使用语言，计算机科学家还研究语言本身，就像语言学家和语言哲学家所做的那样。特别是，计算机科学家解决如何精确定义语言、语言（应该）具有哪些特征以及如何设计新语言等问题。计算机科学家研究用于说明、分析和翻译语言的形式体系，并开发算法使这些任务自动化。

哲学家路德维希·维特根斯坦有句名言："我的语言的极限就是我的世界的极限。"在第 8 章中，我用音乐的语言来说明与计算机科学相关的语言概念，并展示语言在这个世界上几乎无限的应用。

第 8 章
Once Upon an Algorithm: How Stories Explain Computing

语言多棱镜

我们每天轻松自然地使用语言，却没有意识到语言发挥作用时所涉及的复杂机制。这和走路很相似。一旦学会了走路，我们就能轻松地穿过河流和沙漠、爬楼梯、跨越障碍。但当我们试图制造一个模仿这种行为的机器人时，这项任务的复杂性就变得显而易见了。语言也是如此。一旦你尝试指导机器如何有效地使用语言，你就会意识到这实际上是多么困难。你是否曾经在使用 Siri 时，或者在谷歌上找不到你想要的东西时感到沮丧？对机器智能的图灵测试完美地反映了这种状况。根据这项测试，如果用户在对话中无法将机器与人类区分开来，则认为机器是智能的。换句话说，语言能力被用作人工智能的基准。

人们已经在多个学科中对语言现象进行了研究，这些学科包括哲学、语言学和社会学，所以对于什么是语言并没有一个统一的定义。从计算机科学的角度来看，语言是一种精确而有效的表达意思的手段。第 3 章展示了符号如何构成表示的基础，并通过将符号与其所代表的概念联系起来，从而赋予计算意义。符号只能表示单个概念，语言则定义了符号如何组合成有意义的句子，并表示了这些概念之间的关系。符号和语言都是表示，特定话语使用符号足以表示感兴趣的对象，通过算法表示计算则需要一种语言。

本章解释什么是语言以及如何定义语言。我首先说明语言如何使算法以及计算的表示成为可能，由此体现语言在计算机科学中作为一门学科的重要性。然后，我将展示如何通过语法定义语言。语言是由句子组成的，一个句子通常被认为是简单的符号或单词的列表，这是一种很狭隘的观点。这就像在看一幅场景画时，只认出其中的物体，却忽略了它们之间的关系。想象一幅画，画上有一个人、一条狗和一根棍子。重要的是，是狗衔着棍子朝那人走去，还是那个人拿着棍子面对咬他的狗。同样，语言的每个句子都有一个内部结构，这个结构在表达句子意思方面起着重要作用。为了说明这一点，我展示了语法如何不仅将句子的外观定义为单词序列（具体语法），还定义了它们的内部结构（抽象语法）。

❋ ❋ ❋

本章并非直接讨论计算本身，而是探讨计算的描述方式，更准确地说，是探讨如何描述"对计算的描述"。这是什么意思呢？算法是对计算的描述，但本章不讨论具体的算法，而是讨论如何描述算法。事实证明，这样的描述相当于一种语言。

当我们必须解释什么是汽车或花时，我们不只谈论一些特定的汽车或花，而是谈论所有汽车或花的共同点，或者说，汽车或花的本质。汽车或花的个体样本可能会被作为例子提到，但要谈论所有可能的汽车或花，需要建立一个汽车或花是什么的模型。模型定义了所有汽车或花的类型（见第 14 章）。

由固定结构和一些可变部件组成的模板，可以作为汽车或花的有效模型，因为它们的大部分固有结构是固定的。虽然模板可以很好地描述某些类型的算法，例如电子表格或指示验血工作的表单，但基于模板的模型对于一般算法来说过于死板，表达力不够强。语言提供了描述任意算法所需的灵活性。

在贯穿这一章的故事中，语言本身起着突出的作用。我之所以选择音乐作为研究语言概念的领域，是因为音乐语言很简单，结构也很好，足以使要解释的概念很容易理解。音乐的领域是狭窄的，足以让它拥有专门的符号，但它又是被大众普遍理解的，因此，讨论直接聚焦于音乐语言可谓理所当然。

将音乐视为一种语言并不是一个新想法。例如，利用毕达哥拉斯的思想，天文学家约翰尼斯·开普勒用音乐概念来解释支配行星轨道运行频率的定律。弗朗西斯·戈德温在小说《月中人》（1638）中描述了月球上的居民如何使用音乐语言进行交流。在电影《第三类接触》中，人类用五音音阶与外星人交流。由于音乐是一种高度结构化但又具体和超越文化的媒介，它非常适合解释语言的概念。

记录旋律

《飞跃彩虹》是20世纪美国最流行的歌曲之一[1]，这首歌是哈罗德·阿伦为电影《绿野仙踪》创作的[2]。在电影的开头，朱迪·加兰饰演的多萝西唱起了这首歌，她想知道世界上是否有一个没有烦恼的地方。

如果这是一本有声书或视频，你现在就可以聆听这首歌。然而，在没有音频媒介的情况下，我如何将音乐传达给你？我可以给你展示一种音乐的表现形式，对它的解释可以变成旋律。今天广泛使用的一种表示法是标准乐谱，也称为五线谱。下面是用五线谱表示的这首歌的一小部分[3]：

如果你不懂乐谱也不用担心，我将在本章解释必要的概念。现在只要知道气球形状的符号代表旋律的单个音符，它们的垂直位置表示音符的音高，音符的持续时间（音长）是由附着的符杆种类以及椭圆形符头是黑色还是白色来表示的，这些就足够了。音高和音长是构成旋律的基本要素。通过跟着谱子唱歌或听曲调，人们可以很好地理解每个音符以及曲谱的含义。

这段乐谱可以看作音乐符号语言的一个句子。更重要的是，乐谱是对生成音乐的算法的描述。懂得这种语言的任何人都可以执行这个句子，音乐家就像一台计算机一样。图8.1描述了与计算的类比。由此生成的计算产生声音的表示，这些声音可以采取完全不同的形式产生。歌手将利用她的声带振动，钢琴家、吉他手或小提琴家将使用键盘和音锤、手指或弓来开始和停止弦的振动。

音乐记谱法的非凡之处在于，它有助于忠实地再现旋律，即使是那些从未听过的人也可以再现它。作曲家哈罗德·阿伦创作了这首歌的旋律，然后用乐谱把它写了下来，他可以直接把乐谱发给朱迪·加兰，这足以确保她能正确地演唱这首歌。如果没有这样的符号，

---

[1] 美国唱片工业协会和美国国家艺术基金会将这首歌列为"世纪歌曲"名单的第一名。
[2] Harold Arlen（哈罗德·阿伦）作曲，E. Y. "Yip" Harburg 作词。
[3] 歌曲译配来自简谱网（http://www.jianpu.cn/）。——译者注

分享音乐的唯一方式就是录音或现说（现弹），也就是说，在其他人面前演唱它，然后听的人必须记在心里然后复制它。如果你曾经玩过电话游戏⊖，你就会知道这样的过程是多么不可靠。

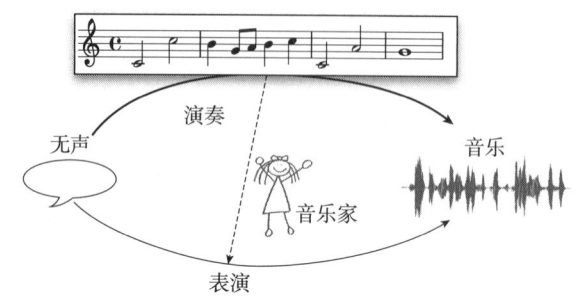

图 8.1　演奏（执行）乐谱（算法）产生表演（计算），将无声转化为音乐。演出是由音乐家（计算机）实现的，例如由一个人或一台机器，只要他（或它）可以理解编写作品的音乐符号（语言）(见图 2.1)

　　仔细琢磨五线谱的设计，你会发现它是多么随意。尽管音符是一个索引符号（见第 3 章），其高度反映了它所代表音符的音高，但五条谱线、音符的椭圆形状、符杆的长度和方向，这些选择似乎都没有特别的理由。这一切都可以换作完全不同的形式。事实上，有时会有不同的记法。

　　例如，吉他的六线谱就基于一个非常不同的表示。它显示了如何与吉他的六根弦直接互动，从而避免了音符的抽象概念。线上的数字表示在拨弦时按下琴弦的位置（在哪个音节上）。这种记谱法的一个优点在于它的直观性：它允许初学者快速演奏曲调，而不必首先学习抽象的音乐记谱法。缺点是这种记谱法不能精确地反映音长。而且，它仅限于一种乐器。

　　六线谱反映了吉他的物理结构，因此不那么随意。例如，由于吉他通常有六根弦，记谱法的设计要求它有六条水平线，数字只出现在这些线上。然而，乐谱中的线数是任意选择的，可以在需要时扩展。事实上，五线谱例子中的第一个音符就是这样做的，并使用了辅助线。

　　六线谱和五线谱是表示音乐领域的两种不同语言。每种语言都是由一组规则定义的，这些规则规定了可以使用哪种符号以及如何将它们组合起来。规则定义了语言的语法，它们被用来区分语言的合适元素（即句子）和乱语。一个结构合理的乐谱或吉他谱就是一个句子。任何违反规则的记号都不能作为算法正确执行。例如，在六线谱中使用负数是没有意义的。一个吉他手不知道如何解释它们，也不知道该怎么弹。同样地，如果五线谱中有一个音符分布在多条谱线上，朱迪·加兰就不知道该唱哪个音。

　　音乐演奏者只有在乐谱清晰无歧义的情况下才能再现音乐⊖。也就是说，就像任何其他算法表示法一样，音乐记法必须表示有效的可执行的步骤，而且这些步骤的解释是无歧义的。

⊖　电话游戏的目标是通过耳语将一个句子或短语从一个人传递给另一个人。当一大群人玩时，经过多次传递，这个短语经常以有趣的方式被扭曲。

⊖　不幸的是，六线谱在音长上是模糊的，因此只有在演奏者已经熟悉曲子的时候才能有效地使用它。

因此，为了确保任何音乐（和其他算法）语言的有效性，我们首先需要对该语言的句子进行精确定义。

语法规则

一个语言的句子结构可以用语法来定义，语法可以理解为构建语言句子的一组规则。使用像西班牙语或英语这样的自然语言来描述语法并不是一个好的选择，因为这些描述往往冗长而且不准确。这就是为什么数学方程或物理定律通常不是用白话表达，而是用一些专门的符号表达的原因。事实上，许多科学和技术领域已经开发了自己的术语和符号，以便在各自的领域内有效地交流思想。语言研究也是如此，无论是语言学还是计算机科学，定义语言的一种特殊记号是语法。

描述语言的一个问题是如何用有限的方式表示潜在无限多的句子。科学也面临着类似的挑战，即必须通过一小组定律来描述无限多的事实。科学对这个问题的解决方法有助于解释一些语法概念。例如，考虑著名的物理方程 $E=mc^2$，它将一个物体所含的能量（E）与其质量（m）联系起来。这个方程的确切含义在这里并不重要，重要的是这个方程包含一个常量 c 以及两个变量 m 和 E。特别是，这个方程中的两个变量允许计算任何物体的能量，不论对象大或小、简单或复杂。变量的使用使单个方程能够表示无限数量的物理事实。方程中变量的作用与算法中参数的作用相同。

与方程类似，语法也包含常量和变量。常量称为终结符号，或简称为终结符。变量称为非终结符号，或简称为非终结符。你很快就会清楚这些命名的原因。语言的句子是由一系列终结符构成的，不包含任何非终结符，非终结符只在构造句子时起辅助作用。在五线谱的情况下，终结符是出现在五线谱上的单个音符以及将音符划分为小节的小节线。当然，记谱法也包含其他的终结符，但音符和小节线足以说明定义简单旋律所需的语法概念。

例如，构成《飞跃彩虹》的第一小节的终结符是两个音符 ♩ 和 ♩，后面跟着一条竖线 ｜。与方程中的常数类似，终结符代表句子中固定的、不可改变的部分，一个句子对应于将方程中的变量替换为常量所得到的一个特定的科学事实。

非终结符就像方程中的一个变量，可以取不同的值。非终结符可以用其他（终结符和非终结符）符号序列代替。但是，替换不是随意的，有一组规则定义了所有可能的替换。非终结符类似于占位符，通常用于表示语言的特定成分。替换规则定义了如何用终结符序列替换这些成分。例如，在五线谱符号的简化语法定义中，我们发现了一个代表任何音符终结符的非终结符 note 。

一个语法由多条规则组成。每一条规则都由一个要替换的非终结符、一个指示替换的箭头和一个用来替换非终结符的符号序列给出。这个替换序列也称为规则的右部（RHS）。一个简单的例子是规则 note → ♩ 。这里，右部仅由一个终结符号组成。表 8.1 总结了语法、方程和算法组成部分之间的对应关系。语法由规则组成，就像算法由单个指令组成一样。方程则没有对应的部分。

㊀ 为了清楚地区分非终结符和终结符，非终结符总是用一个名字加上一个虚线框表示。

表 8.1 语法、方程和算法组成部分之间的对应关系

语法	方程	算法
非终结符	变量	参数
终结符	常量，运算	值，指令
句子	事实	代入实参的算法
规则		指令

由于音符的音高和音长各不相同，而且我们只有一个有关音符的非终结符，因此我们需要大量关于 *note* 的规则，如图 8.2 所示⊖。非终结符 *note* 代表单个音符的类别，这个类别是通过所有 *note* 的规则来定义的。

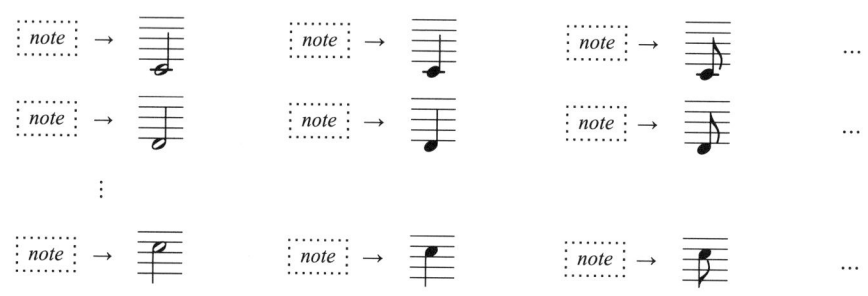

图 8.2 定义音符非终结符的可能替换的语法规则。由于任意音符由一个非终结符表示，因此需要为每个音高和音长的组合单独定义一个规则。每一栏都显示了特定音长的音符规则：左边是半音符（持续全音符的一半时长），中间是四分音符，右边是八分音符

一般来说，规则的右部可以包含多个符号，这些符号可以是终结符，也可以是非终结符。一个仅由终结符组成的序列不能被改变，因为规则只能替换非终结符。这也解释了终结符和非终结符这两个名称。一个完成的终结符序列是语法规则所描述的语言的一个句子。另外，仍然包含非终结符的序列还没有完成，也不是该语言的一个句子。这样的序列也被称为句型，因为它通常描述了一整类句子，这些句子可以通过进一步替换非终结符得到。句型类似于一个方程，其中一些而不是所有的变量被替换了，或者类似于一个算法，其中一些而不是所有的参数被输入值替换了。

在定义旋律的规则中可以看到句型。非终结符 *melody* 代表所有可以由语法形成的旋律。在第一种方法中，我们可以通过以下三条规则来定义旋律（每个规则都有一个名称，供以后引用）：

melody → *note* *melody*   （NewNote）

melody → *note* ♩ *melody*   （NewMeasure）

melody → *note*   （LastNote）

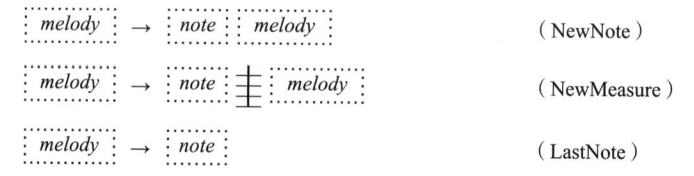

第一个规则 NewNote（意为新音符）表示，一个旋律以一个音符开始，后面跟着另一个旋律。这条规则初看上去似乎很奇怪，但如果我们把旋律看作一个音符序列，那么这个规

⊖ 为了表示 n 个不同的音高和 m 个不同的音长，我们需要 $n \times m$ 个规则。通过将一个音符分解为表示音高和音长的两个非终结符，再加上这两个方面相互独立的规则，这个数字可以急剧减少到大约 $n + m$。

则的意思是，一个音符序列从一个音符开始，后面跟着另一个音符序列。该规则的形式看似很奇怪，因为用来替换一个符号的右部恰好包含了该符号。这样的规则被称为递归规则。似乎递归规则并没有真正实现它应该完成的替换。如果我们只有针对 $melody$ 的递归规则，语法确实会有问题，因为我们永远无法摆脱非终结符。然而，在这个例子中，第三个规则 LastNote（意为最后音符）不是递归的，并且总是可以用来把一个旋律非终结符 $melody$ 替换成一个音符非终结符 $note$，然后用一个音符终结符替换它。除了 LastNote 规则，我们还可以使用下面的第三条规则，它的右部是空的：

$$melody \rightarrow \qquad\qquad\qquad (\text{EndMelody})$$

这个规则的意思是，用一个空的符号序列（也就是说，什么都没有）来代替 $melody$。这样的规则可以有效地从句型中消除旋律非终结符。

递归规则通常用于通过重复应用规则生成一定数量的符号。

第二个规则 NewMeasure（意为新小节）与第一个规则类似，也允许重复生成音符非终结符。此外，它还生成一个条形终结符𝄀，这表示一个小节的结束和一个新小节的开始。

从非终结符（如 $melody$）开始，我们可以应用语法规则反复替换非终结符来生成符号序列。例如，《飞跃彩虹》的第一小节可以如下生成：

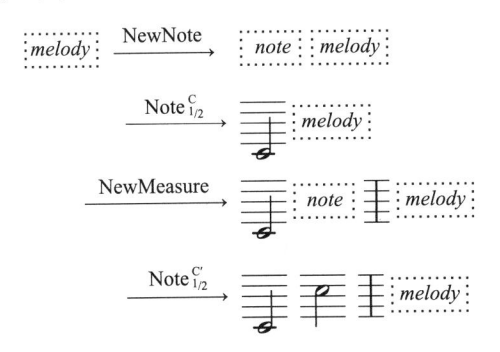

$$melody \xrightarrow{\text{NewNote}} note\ melody$$
$$\xrightarrow{\text{Note}_{1/2}^{C}} \text{♩}\ melody$$
$$\xrightarrow{\text{NewMeasure}} \text{♩}\ note\ 𝄀\ melody$$
$$\xrightarrow{\text{Note}_{1/2}^{C'}} \text{♩♪}𝄀\ melody$$

每行箭头上标记了所应用的规则。例如，首先应用规则 NewNote 生成第一个音符非终结符。然后，这个非终结符立即被表示歌曲的第一个音符的终结符替换。这里所使用的图 8.2 中的特定规则 $\text{Note}_{1/2}^{C}$ 由音高和音长标识（C 表示音高，1/2 表示音符持续整个小节的一半）。然后，该过程继续使用 NewMeasure 规则生成另一个音符非终结符，后接一个条形终结符结束本小节。在下一步，新的音符非终结符也被一个音符终结符替换。

规则的选择决定了所产生的旋律。注意，在某种程度上应用规则的顺序是灵活的。例如，可以交换规则 $\text{Note}_{1/2}^{C}$ 和 NewMeasure 的应用次序，仍然得到相同的句型：

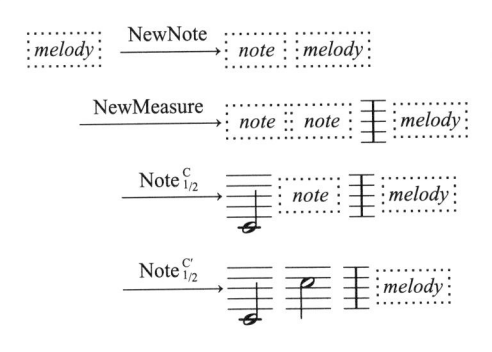

$$melody \xrightarrow{\text{NewNote}} note\ melody$$
$$\xrightarrow{\text{NewMeasure}} note\ note\ 𝄀\ melody$$
$$\xrightarrow{\text{Note}_{1/2}^{C}} \text{♩}\ note\ 𝄀\ melody$$
$$\xrightarrow{\text{Note}_{1/2}^{C'}} \text{♩♪}𝄀\ melody$$

也可以交换两个音符非终结符被替换的顺序，得到相同的结果。

可以通过应用第三条规则（LastNote 或 EndMelody）来终止这一系列规则应用，这将消除剩余的旋律非终结符。（如果使用 LastNote，我们还必须再应用一个 Note 规则来消除其产生的音符非终结符。）最后产生的终结符序列是语言的一个句子，而从最初的旋律非终结符到最后一个句子的句型和规则应用的序列称为一个推导。一个终结符序列只有在这种推导存在的情况下才是该语言的一个句子，而判定一个句子是否隶属于一个语言归结为是否能找到一个相应的推导。一个推导是其产生的终结符序列为该语言的一个元素的证明。

一个语法的某个非终结符被指定为开始符号，它表示由语法所定义的句子的主要类别。这个非终结符也为语法提供了名称。例如，由于该语法的目的是定义旋律，因此该语法的起始符号应该是 *melody*，我们可以将该语法称为旋律语法。旋律语法所定义的语言是可以从起始符号 *melody* 推导出的所有句子的集合。

生长的树结构

对于一个特定的领域，拥有一种以上的语言（比如音乐的五线谱和六线谱）可能看起来很奇怪，人们可能想知道这样做是否有很好的理由。也许只有一种语言可以作为标准记法会更好？我们喜欢食物、服装、度假目的地等的多样性，但不得不使用不同的语言往往是一件令人心烦且代价高昂的事。我们可能需要翻译和澄清，而且可能导致误解和错误。在巴比伦塔的故事中，多种语言的存在被认为是一种惩罚。努力创造世界语等通用语言是为了消除语言过多所造成的问题。语言标准化委员会发现，他们一直在努力控制技术语言的多样化。

为什么我们有这么多不同的语言，尽管要付出如此高昂的代价？通常一种新语言被采用是因为它有特定的用途。例如，像 HTML 或 JavaScript 这样的语言适用于表示互联网上的信息，这对许多企业和组织来说是非常有用的。在音乐领域，六线谱适用于许多吉他手，特别是那些不懂五线谱的人。随着可编程音乐机器（如音序器和鼓机）的出现，MIDI（乐器数字接口）语言出现了，它可以编码控制信息，指挥合成器产生声音。这是 MIDI 版本的《飞跃彩虹》的开始片段：

4d54 6864 0000 0006 0001 0002 0180 4d54 …

然而，尽管这种表示在控制合成器方面很有效，但它对用户并不友好。用户并不清楚这些数字和字母的含义，以及它们与所代表的音乐有什么关系。如果我们想把音乐输入合成器，则保留五线谱和六线谱供人们使用，然后把乐谱转换成 MIDI 是很方便的。我们可能还需要在五线谱和六线谱之间进行转换。当然，我们希望语言之间的转换是使用一种算法自动完成的，我们也希望它能保留所表现的东西的意义，也就是音乐。

不同表示之间的转换最好通过称为抽象语法的中间表示来完成。具体语法定义句子的文本或视觉外观，抽象语法则以层次形式揭示句子的结构。五线谱中乐曲的具体语法是由音符、小节线和其他符号的序列给出的，这种序列不便于表达乐曲的层次结构。为此，我们可以使用树，这种结构在第 4 章和第 5 章中用于表示家庭层次结构和字典。抽象语法用抽象语法树表示。

从具体语法到抽象语法树的转换可以分两步实现。首

先，将具体语法中的符号序列转换为捕获符号之间的层次关系的语法分析树。其次，将语法分析树简化为抽象语法树。语法分析树可以与句子的推导一起构造。注意，在推导的每一步中，每个非终结符都被替换为该非终结符规则的右部。现在，我们不需要用右部替换非终结符，而是为右部的每个符号添加一个结点，并用一条边将其连接到该非终结符。因此，每个推导步骤都给树边缘的非终结符添加新结点，由此扩展了抽象语法树。对于前一个推导，我们首先得到下面一系列树，这说明了规则的应用如何向下扩展树：

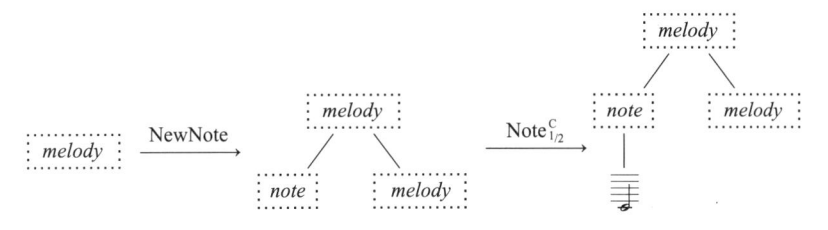

这两个步骤简单明了。接下来的两个步骤产生了一个意想不到的结果，因为语法分析树没有显示歌曲的结构。语法分析树没有显示旋律如何由小节组成，以及小节如何由音符组成：

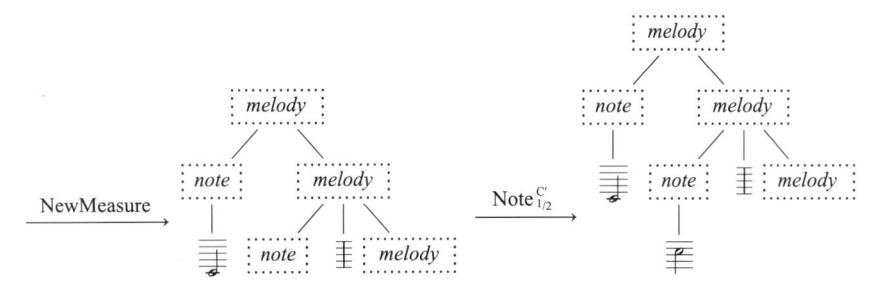

前面的语法定义缺乏结构：它的规则将旋律简单地扩展成一系列音符。因此，语法分析树没有提到小节并不奇怪。通过更改语法定义来解释小节，我们可以纠正这种情况。图 8.3 显示了部分语法分析树和抽象语法树。在计算机科学中，树是倒长的，根在上面，叶在下面。非终结符在树的分支位置，终结符在树叶上。

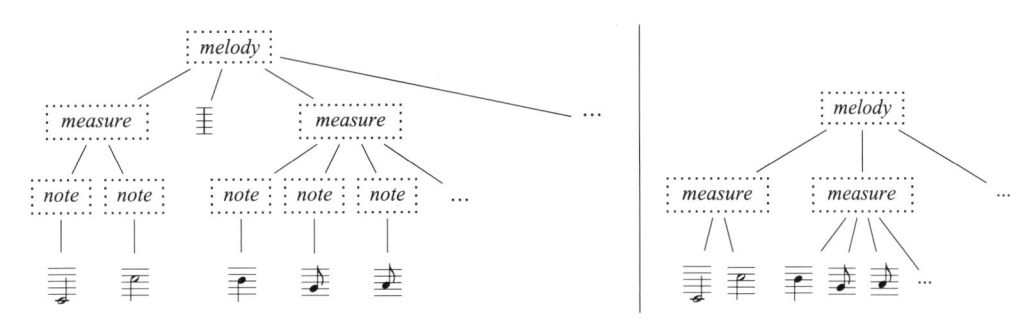

图 8.3 用语法分析树表示的一段旋律的结构。语法分析树显示了推导的结构性结果，但忽略了细节，例如以何种顺序应用了哪些规则。左：一个语法分析树，它捕获了推导的所有细节。右：抽象语法树，它省略了不必要的细节，只保留了结构相关的信息

图中的语法分析树是将推导转换为树的直接结果：它保留了推导的所有细节，甚至包括将树转换为不同表示法所不需要的部分。相反，抽象语法树忽略了对句子结构不重要的终结符和非终结符。例如，小节终结符是冗余的，因为将音符分组成小节已经由小节非终结符表

达了。

音符非终结符也不需要,因为它们总是被扩展成唯一的一个音符终结符。将音符终结符直接作为小节非终结符的子结点可以捕获相同的结构信息,从而证明删除音符非终结符是合理的。语法分析树和抽象语法树有一个共同的结构:两个根都是由旋律非终结符给出的,所有的叶子都是终结符。抽象语法树更直接地反映句子的结构,是分析和翻译的基础,它还有助于定义句子的语义。

为给定的句子构造语法分析树或抽象语法树的过程称为解析(parsing)。句子、语法树和解析之间的关系如图 8.4 所示。解析是一种计算,而且存在多种不同的解析算法。虽然语法提供了哪些句子属于一种语言的清晰定义,但解析还需要一种将给定句子转换为语法树的策略。语法分析的难点在于在分析一个句子时决定选择哪些语法规则。解析句子有不同的策略。我们已经见过一种策略,称为自顶向下的解析,它从语法的起始符号开始,通过反复应用规则,扩展非终结符,逐步构建语法树。这个过程不断重复,直到句子在树的叶子上以终结符序列的形式出现。相反,自底向上解析尝试匹配句子中规则的右部,并反向应用规则。目标是通过将匹配规则左侧的非终结符作为父结点添加到树中来构建语法树。重复这个过程,直至得到一个只有一个根结点的树。

将语法树转化为具体语法的相反过程被称为美观打印(pretty printing)。这通常是一个非常简单的计算,因为句子的结构已经给出,并为创建具体表示提供了指导。

有了解析和美观打印,我们就有了在语言之间进行转换的必要工具。具有相同抽象语法的两种语言之间的转换过程是,将第一种语言的句子解析成抽象语法,然后对第二种语言应用美观打印。例如,在图 8.4 中,我们可以看到如何从五线谱表示法转换为六线谱表示法,方法是首先解析五线谱表示法中的一个句子,然后将六线谱的美观打印应用于所生成的抽象语法树。要在抽象语法不同的语言之间进行转换,需要在抽象语法树之间进行额外的转换。

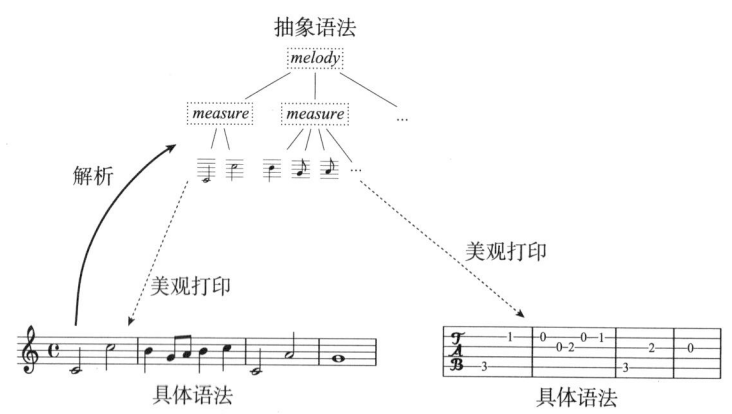

图 8.4 解析是识别句子结构并将其表示为语法树的过程。美观打印将抽象语法树变成一个句子。由于抽象语法树可能会省略某些终结符号(例如,小节线),因此美观打印不能仅收集抽象语法树叶子中的终结符,而通常必须使用语法规则来插入额外的终结符。六线谱没有解析箭头,因为它是一种有歧义的表示法,不能构造唯一的抽象语法树

解析也是确定句子语义必须的第一步,因为它取决于句子的结构,而句子的结构由其抽象语法树表示。这是一个值得重复强调的重要观察。要理解一个句子,首先必须以抽象语法

树的形式建立这个句子的结构㊀。听音乐也是如此。要理解《飞跃彩虹》这首歌，人们必须解析声音，并识别构成旋律的这些音符。此外，将音符分组为小节的同时，注意音符的重点，并理解旋律中的歌词。最后，歌曲的高层结构分为副歌和主歌，为识别重复和主题提供了一个框架。

　　语法树是了解句子语义的门户，那么问题来了——解析是否总是成功，如果㊁，对句子的理解会发生什么。前一个（非）句子缺乏语法树，因此没有明确的语义。但是，如果我们可以为一个句子构建几个不同的语法树，会发生什么呢？第 9 章讨论了这个问题。

㊀ 习语是这条规则的例外（见第 9 章）。
㊁ 哦。我在这里漏掉了"不成功"，这使你无法成功解析该句子。在这种情况下，你可能会通过添加缺失的部分来修复句子，但如果不能这样做，句子就会失去语义——这对读者或听者来说是一种非常令人沮丧的体验。

药房回电

你在药房取药，但有一个问题。处方上没有说明剂型，是胶囊还是液体？由于该处方是模糊的，缺乏精确的含义，因此不能表示算法。处方没有为药剂师描述配药的有效步骤。

出现歧义可能有几个原因。在这种情况下，信息的缺乏在抽象语法树中体现为一个剂型非终结符没有展开。由于药剂师不能执行医生提供的处方，她必须打电话问明医生。一旦歧义解决了，她就可以执行一个算法，成功给你拿药。

医生和药剂师之间的工作成功分离，是因为两者使用了共同的处方语言。但仅此还不够。他们对语言句子的理解必须是一致的。这不是一个微不足道的要求，事实上，药物名称和剂量的缩写曾导致配药错误。定义一种语言的意义或语义的一个朴素的想法是为每个可能的句子明确地指定一个意义。这种方法不适用于包含无数句子的语言，但即使对于有限的语言，这种方法也是非常不切实际的。

语义的定义必须分两步完成。首先，要为单个单词指派语义，然后定义如何由句子各部分的语义推导出句子的语义的规则。例如，在指示检查血液的表单中，单个复选框的语义是指示一个特定的血液检查。将一组复选框的语义定义为一组检查，即执行每个勾选框的语义所指的检查。这种复合方法要求：语言的语法定义要使得句子的结构可用于语义的定义，这是以抽象语法树的形式实现的。

验血语言和处方语言表明，语言的语义可以有不同的形式。例如，处方定义了用于填写处方的算法，血液检查表单提供了抽血和进行实验室测试的说明。执行这些不同语言描述的算法的计算机需要理解不同的语义，因此需要不同的技能才能胜任工作。验血工作的表格语言也表明，即使是一种语言也可以有不同的语义，即抽取特定量的血液和进行不同测试的指令。因此，同一种语言的同一个句子可以被不同的计算机（例如，一个抽血护士和一个实验员）以不同的方式执行，并产生完全无关的结果。这可以是有益的，并支持工作的分工。

一种语言具有不同语义的一个重要应用是分析算法，以检测和消除潜在的错误，这有助于防止计算不正确的结果。这就像一个文档可供不同人的阅读，他们的目的可能是查找错别字或语法错误，也可能是判断内容，还可能是检查是否符合排版约定。所有这些任务都有不同的目标，可以在发布文档之前执行。同样，药剂师在配药前应该仔细检查处方，以防止给病人带来意想不到的副作用。

语言无处不在。除了处方、实验室工作、音乐和无数其他特定领域之外，计算机科学本身也有很多语言，这还不包括上千种的编程语言。我们已经学习了描述语法的语言。还有一些语言可以定义语言的语义，定义解析器和美观打印等。语言是表示数据和计算的基本计算机科学工具。语言的有效使用取决于精确的语义，就像病人的健康和安全取决于处方的清晰语义一样。基于歌曲《飞跃彩虹》，我将在第9章中说明如何定义语言的语义以及建立这种定义所涉及的一些挑战。

| 第 9 章

Once Upon an Algorithm: How Stories Explain Computing

寻找正确的语气：声音的意义

在第 8 章中，我们看到歌曲《飞跃彩虹》的乐谱是一种算法，音乐家执行该算法可以制作音乐。该算法是由作曲家哈罗德·阿伦用五线谱语言编写（即发明和编码）的。这种语言的使用方法可以通过语法来定义，语法把句子的外观定义为乐谱，把内部结构定义为抽象语法树。

我们还看到，一种语言可以用不同的语法来定义，乍一看似乎很奇怪。然而，不同的语法导致不同的抽象语法，同时代表了对音乐结构的不同看法。这些差异很重要，因为当朱迪·加兰想要演唱《飞跃彩虹》时，她首先必须解析音乐符号，理解歌曲的结构。换句话说，语言的意义建立在它的抽象语法之上。

这就是为什么任何语言都面临一个歧义问题。如果一个句子可以有多个抽象语法树，那么在应用语义定义时将不清楚应该选择哪个结构。因此，一个有歧义的句子可能有不止一个潜在的意思，这也是歧义这个词的含义。

这一章更深入地探讨了歧义问题，并解决了句子如何获得意义的问题。一个关键的洞见是，语言意义的系统定义取决于复合性的概念，即句子的语义是由构成句子的成分的语义以系统的方式复合而成的。这表明语言的结构在定义其意义方面起着举足轻重的作用。

听起来不太对劲

音乐符号语言可以用一个很简单的语法来定义。但是，即使对于这样一种简单的语言，应该使用哪个语法规则也是不清楚的。困扰语言的一个问题是歧义，即一个句子可以有多个意思。句子存在歧义通常有两种原因。首先，一种语言的基本词汇或符号可以有歧义，这种现象称为词汇歧义（见第 3 章）。其次，句子中特定的单词组合可能有歧义，即使单个单词本身没有歧义，这种现象被称为语法歧义。例如，考虑句子"鲍勃认识的女孩比爱丽丝多。"这可能意味着鲍勃认识的女孩不止一个，也可能意味着他认识的女孩比爱丽丝认识的多。

当使用一个语法可以为一个给定的句子生成多个语法树时，就会出现语法歧义。继续看音乐的例子，考虑《飞跃彩虹》的以下部分。奇怪的是，乐谱中没有任何小节线，这个句子由此变得有歧义，因为演奏时不清楚应该强调哪个音符，是第一个音符还是第二个音符。

如果你熟悉这首歌并试着唱谱，你会注意到重音应该在第二个音符上。把重音放在第一个音符来唱这首歌恐怕不容易。不过，重音通常在每小节的第一个音符上。这意味着，如果把上面的乐谱而不是原来的乐谱交给朱迪·加兰，她可能会错误地认为重音在第一个音符

上。这两种不同的解释反映在两种不同的抽象语法树中,如图 9.1 所示。第一种解释将前八个音符划分为第一小节,最后一个音符归到第二小节。第二种解释将第一个音符划入第一小节,其余八个音符归为第二小节。

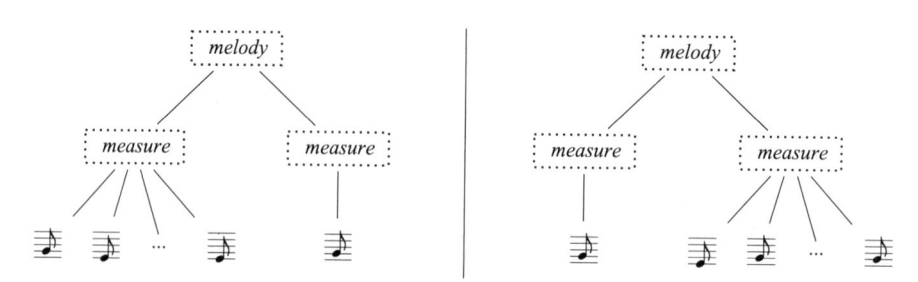

图 9.1　语法中的歧义会导致句子具有不同的抽象语法树。这些树表示同一句子的不同层次结构。一般来说,要确定这样一个句子的意义是不可能的,因为它的结构会影响它的意义

如果修改语法使其不包含小节线符号,那么这两种语法树都可以派生出来。这两种抽象语法树的差异源于展开第一个小节非终结符时使用规则的不同。当我们将小节非终结符扩展为八个音符非终结符时,结果是图中左边的树,而将其扩展为一个音符非终结符时,结果是图中右边的树。两棵树表示相同的音符序列,但它们的内部结构不同。左边的树强调"我",而右边的树强调"梦"。这个音符序列实际上不能被正确地解析,因为 9 个音符的总时长是 $1\frac{1}{8}$,这超过了一个小节的长度。

为了正确地表达句子,必须在某个地方放一个小节线,把音符分成两个小节。小节线的正确位置是在第一个音符之后。这表示重音放在第二个音符上。

《绿野仙踪》中还有另一个模棱两可的例子,当多萝西和她的朋友们在翡翠城时,坏女巫用扫帚在空中写下"投降多萝西"[⊖]。这句话既可以是让翡翠城的居民交出多萝西,也可以是让多萝西自己投降。在后一种情况下,"投降"和"多萝西"之间应该有一个逗号。就像乐谱中的小节有助于明确旋律的正确结构和重音一样,逗号和句号在书面自然语言中有同样的作用。在编程语言中,标点符号和关键字也起到同样的作用。

有的时候,语言也提供让算法解释器选择执行哪些步骤的结构。例如,这里的即兴符号让音乐家选择第二个、第三个和第四个音符的音高。采用这种结构的算法称为不确定性算法。在音乐记谱法中,即兴符号有时被用来为即兴表演提供空间,也就是说,让音乐家解释和演奏音乐作品时有更多的自由发挥。但不确定性绝不能与歧义性混为一谈。从算法的角度来看,乐谱为音乐家提供了生成一系列声音的指令,每个声音都有特定的音高和音长。相反,一个有歧义的符号会让音乐家不知所措。因此,不确定性是语言的一个特性,但歧义性是语言语法定义中的一个缺陷。这可能会让人感到惊讶,但算法保留一些选择是相当普遍的。例如,在汉赛尔与格莱特的简单寻路算法中,下一个要选择的石子并没有唯一指定。

⊖　原文为英语"Surrender Dorothy"。——译者注

歧义是语言中普遍存在的现象。它提醒我们，语言不仅仅是结构良好的句子的集合，还以抽象语法树的形式将这些句子映射到它们的结构上。歧义也可能很有趣，它们有时可在音乐中创造出奇妙的效果，例如，开始一个听众以某种方式理解的旋律，然后添加不同的节奏并创造惊喜，可迫使听众改变解释。

可以按如下方式模拟这个例子。（最好是两个人一起做。如果你有键盘乐器，也可以由一个人完成，但效果没有那么强。）一个人开始哼唱或弹奏（但不唱——这可能太难了）交替的 G 和 E 八分音符，（错误地）把重音放到 G。过一会儿，第二个人开始哼唱四分音符（例如，C），每次都与第一个人哼唱的 E 一起开始。重复几次之后，你会感觉到节奏的迁移，这首歌突然听起来像《飞跃彩虹》中人们最熟悉的那一段。

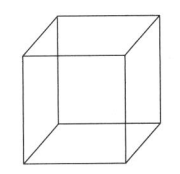

歧义也会在其他符号中出现。你可能见过内克尔立方体。如果你盯着看的时间足够长，你的感知会在从右边向下看立方体和从左边向上看立方体之间转换。同样，一种视觉表示有两种不同的结构解释。这种歧义性很重要。假设你想触摸立方体的右上角，那么你摸到的位置取决于你对这个图形的解释。

与此相关的是彭罗斯三角形（灵感来自 M. C. 埃舍尔的绘画）。然而，这些图形的问题不在于不同的可能解释之间的歧义，而在于没有一种解释与人们所经历的物理现实相一致（见第 12 章）。

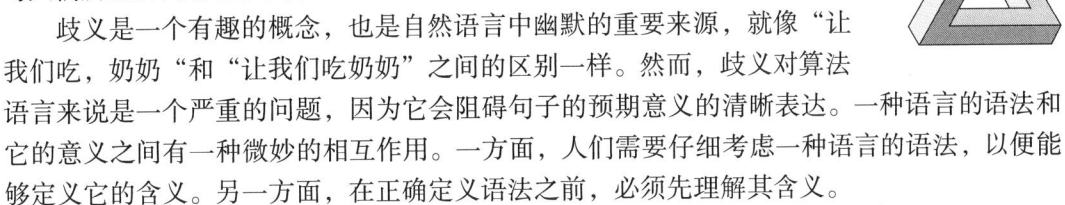

歧义是一个有趣的概念，也是自然语言中幽默的重要来源，就像"让我们吃，奶奶"和"让我们吃奶奶"之间的区别一样。然而，歧义对算法语言来说是一个严重的问题，因为它会阻碍句子的预期意义的清晰表达。一种语言的语法和它的意义之间有一种微妙的相互作用。一方面，人们需要仔细考虑一种语言的语法，以便能够定义它的含义。另一方面，在正确定义语法之前，必须先理解其含义。

赋予意义

歧义的例子表明，如果不知道一个句子的结构，就不可能理解它的正确意义。但是一个句子的真正意义是什么呢？

因为自然语言是用来谈论一切事物的，所以除了说"一切可以谈论的事物"之外，很难缩小它们的意思范围。对于音乐语言来说，这就容易多了。一个句子或者一首曲子的意义，就是演奏这首曲子时你能听到的声音。在深入探讨语言的意义以及如何定义意义之前，我想指出单词意义（meaning）的两种不同含义。一方面，我们有单个的句子的意义。另一方面，我们有语言的意义。为了区分这两者，我在谈论语言时主要使用语义（semantics）这个词，而在谈论单个句子时主要使用意义（meaning）这个词。

图 9.2 概述了句子、语言和意义之间的关系。简而言之，语言的语义是由它的所有句子的意义决定的，而单个句子的意义是通过将其与该语言所讨论的领域的值联系起来决定的。

在音乐语言中，一个特定句子的意义就是在别人演奏时你听到的音乐。然而，由于不同的音乐家会以不同的方式诠释歌——有的人用歌唱的方式，有的人用乐器演奏的方式，有的人会改变和声或速度——这首歌的意义似乎不能定义成一种唯一的声音。这个问题可以这样

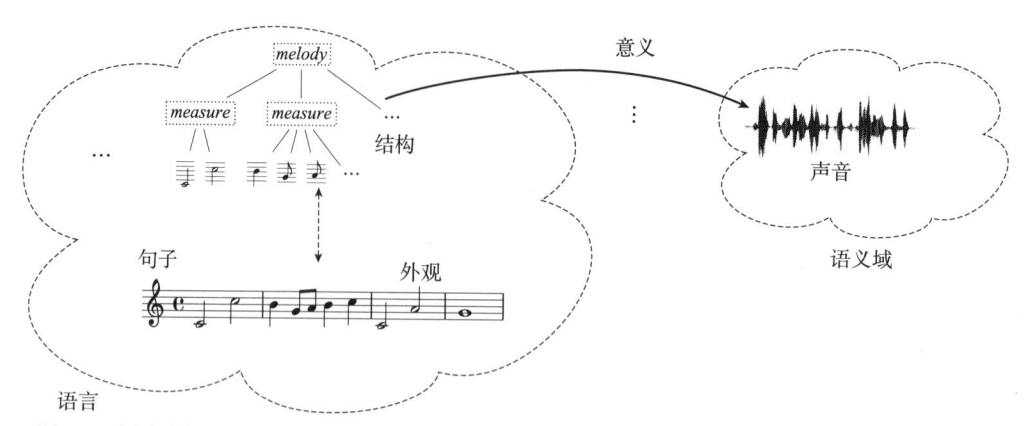

图 9.2 语言的语义是通过一个映射给出的，该映射将每个句子的结构（由其抽象语法树表示）与语义域的一个元素相关联。这种意义观被称为指称语义，因为它是建立在为语言的句子赋予指称的基础上的

解决，假定以一个特定的音乐家使用一个特定乐器的演奏为标准，或以 MIDI 合成器的演奏作为标准。或者，我们可以说，《飞跃彩虹》的意义是由这首歌的所有合适演奏生成的所有声音的集合。当然，这里提出了一个问题，即什么才算是合适的演奏。为了避开全面讨论这个棘手的哲学问题，我引用了前美国最高法院大法官波特·斯图尔特的话。当被问及他判断淫秽的标准时，他的著名回答是："当我看到时，我就知道了。"因此，如果你听过《绿野仙踪》中《飞跃彩虹》的原唱，那么，当你听到这首歌时，你就能判断出这是不是合适的演唱。毕竟，音乐是艺术，我们不应该惊讶或担心它不能完全通过正式的定义来捕捉。这里重要的一点是，《飞跃彩虹》这首歌曲的意义是一个熟悉这首歌的人会认出它的演奏声音。

我们现在记下演奏任何可以想象的乐谱所产生的所有声音，就得到了一个语义域。五线谱或六线谱等语言的语义域是该语言的任何句子可能具有的所有含义的集合。语义域当然是一个很大的集合，但是它不包含很多东西，比如汽车、动物、思想、电影、交通法规等。因此，这个集合在刻画语言时仍然是有用的。它描述该语言的使用者可以期望该语言的句子表示什么。

一种语言的所有句子及其相关意义的集合构成了该语言的语义。如果一种语言是非歧义的，那么它的每一个句子都只有一个意义 ⊖，所以从语言中任意选出的一个句子总是有意义的。在有歧义语言中，一个句子可以有多个意义，这反映为它有多个语法树，每个语法树可以有不同的意义。这种指称语义基于给句子指定意义的思想。在计算机科学中还存在其他几种定义语言语义的方法，但指称语义可能是最接近我们直觉的，而且比其他一些替代方法更容易理解。

语言的主要目的是传达意义，但发明的语言没有先天的明显语义。因此，要使一种语言有用，就需要为它指定语义。由于大多数语言都是由无数个句子组成的，我们不能简单地列出所有的句子和它们的意义。一定存在其他系统的方法可以定义语言的语义。这个问题最终归结为找到一个定义单个句子意义的算法。语言的这种算法指称语义定义由两个部分组成。第一部分是终结符到语义域基本元素的映射。对音乐语言，这意味着将单个音符映射到具

⊖ 更准确地，每个句子最多有一个意义，因为一些句法正确的句子可能没有意义，例如，"绿色的思想吃过了"的意义是什么？

特定音高和音长的声音。第二部分是由规则给出的，这些规则规定对每个非终结符，如何根据其语法树中子结点的意义构造非终结符的意义。在这个例子中，有三个非终结符。note 的规则很简单，因为每个音符非终结符都恰好有一个子结点，这表示它的音应该与其子结点音相同。measure 的意义是通过将其子结点的音按出现的顺序连接起来而获得的。最后，获得 melody 意义的方法与获得 measure 意义的方法相同，即将该旋律的小节意义的声音串联起来。

这个例子说明了一个句子的意义是如何通过抽象语法树系统地构建的：首先将叶子的意义复合成它们的父结点的意义，然后将这些结点的意义结合起来，以此类推，直到获得树的根的意义。具有这种形式的语义定义称为复合的。复合定义很有效，因为它反映了语法通过有限规则集定义无限语言的句法的方式。如果一个语言的语义可以用复合的方式定义，这种语言也称为复合语言。复合原则是由数学家和哲学家戈特洛布·弗雷格在研究语言和形式化定义语言语义的方法时发现的。要用有限的方式描述语法所给出的无限多句子的意义，原则上需要某种程度的复合性。如果一种语言缺乏复合性，那么定义它的语义通常是困难的，因为对于任意一个句子来说，它的意义不能通过其组成部分的意义来获得，而必须单独描述。这种描述属于例外情况，它们会覆盖确定意义的一般规则。

这里所描述的简化音乐语言是复合的，但许多其他语言不是，或只有部分是复合的。英语（以及大多数其他自然语言）就是这样一个例子。对于非常简单的非复合性的例子，只需要看复合词就可以了。消防员是指救火的人，但热狗并不是指高温犬，红鲱鱼也不是指某种特定颜色的鱼。其他的例子是习语表达，如"kick the bucket"⊖或"spill the beans"⊖。每个习语的意思都不是单词意义的复合。

五线谱也包含非复合元素。例如，连音线把两个连续的相同音高音符（通常是一小节的最后一个音符与下一小节的第一个音符）连在一起。在《飞跃彩虹》这首歌的最后一句"飞上蓝天?"中，"天"作为一个音符被持续演唱整整两个小节。根据寻找旋律意义的规则，必须确定单个小节的意义，然后将它们连接起来。这种解释的结果是发出两个一小节长的声音，而不是一个持续两小节的声音。因此，为了正确地理解跨两个（或更多）小节的连音音符的含义，寻找旋律意义的规则必须被一个特殊的规则取代，即将音符连在一起的小节视为一个音。

确定句子意义的规则与音乐家在解释乐谱时遵循的规则非常相似。这并非偶然，因为语言的指称语义是一种算法，其功能是用该语言计算给定句子的意义。一台能够理解具有指称语义的语言的计算机可以执行语义，从而计算句子的意义。能够执行语义的计算机或算法称为解释器。虽然把汉赛尔和格莱特看作跟着石子找路指令的解释器似乎有些奇怪，但称朱迪·加兰为哈罗德·阿伦音乐的表演者可能不会引起任何争议。正如算法可重复进行计算一

⊖ 意为去世，字面意思是踢翻桶子。——译者注
⊖ 意为泄密，字面意思是漏出豆子。——译者注

样，语言定义可以用来创建执行该语言中句子的计算机，从而使语言的执行可重复。对于乐谱的例子，任何理解乐谱语义的人都可以学会如何解释乐谱。换句话说，语义学能够帮助人们在没有音乐老师指导的情况下学习音乐，人们得以无师自通。

与解释器有关的一个问题是，录制音乐表演时发生了什么。录音是否以某种方式嵌入了音乐作品的意义？不完全是的。音乐的录制仅仅产生了音乐的不同表现形式。《飞跃彩虹》的第一批录音是在塑胶唱片上录制的，其中包含由唱机的针解读并转化为声波的凹槽。后来，声波在CD上被数字编码为一系列比特（0和1），由激光读取，然后由数模转换器解释以再现声波。今天，大多数音乐都是用软件格式来表示的，比如用MP3，它的设计是为了支持互联网上的音乐流媒体。无论表现形式是什么，它仍然是某种特定格式或语言的音乐表现形式，需要表演者或计算机执行该语言的指令来产生预期的声音效果。因此，演奏和录制音乐作品实际上是将一种语言（比如五线谱）翻译成另一种语言（比如声波的比特表示）。

进一步探索

我们用歌曲《飞跃彩虹》说明：一个语言的每个句子都有结构，这对理解它的意思很重要。任何其他音乐作品都可以用来研究歌曲的结构以及记谱法中潜在的歧义，只要使用了某种足够有表现力的音乐语言来描述它。为了理解音符、小节线和其他的结构元素的意义，检查音乐的其他符号系统和理解它们的局限性是有指导意义的。特别是，对现有符号的系统限制产生了新的语言。例如，限制音符的可用音高产生了打击乐记谱，而完全忽略音高产生了节奏语言。如果我们进一步限制可用音符的长度为只有两个（"短"和"长"），我们将得到莫尔斯电码。和弦符号忽略旋律，只显示音乐作品和声的进行，而和弦图结合和弦符号和节奏符号来显示音乐作品的和声和节奏的进行。

五线谱比典型的文本语言更具有视觉直观性，但一个句子（即音乐片段）仍然是音符符号的线性序列，可以根据需要改变这些符号的位置和外观。这一原则构成了许多非传统文本语言符号的基础。例如，在通用图形语言 Bliss 中，一个句子由一系列单词组成，这些单词可以由更简单的符号组成。这类似于埃及象形文字的一部分，在象形文字中，符号可以根据其大小和所表达的意图以不同的方式组合。Bliss 和象形文字是通用语言，意在表达任意的思想。相比之下，五线谱符号针对的是一个狭窄的领域，因此要简单得多。化学式是一个专用符号的例子，它用于描述由原子组成的分子（例如，水的分子式 H_2O 表示每个水分子由一个氧原子和两个氢原子组成）。

前面的例子仍然主要是线性符号，也就是说，这些语言中的一个句子是一些符号的序列。如果使用二维布局，视觉语言可以更具表现力。例如，化学式只表示构成分子的原子的数量，而忽略了原子的空间排列。相反，结构式描述了原子的几何排列。同样，费曼图是物理学中描述亚原子粒子行为的一种二维语言。

所有这些语言都采用静态的一维或二维表示，这意味着一个人可以拍下一个句子的照片，然后把它发给另一个人，由他来翻译。有的语言超越了这种快照限制，同时采用了时间维度。例如，手势是一种语言形式。单张图片无法很好地捕捉身体部位的运动。要定义肢体动作的语言，通常需要视频或一系列图片。在计算机、平板计算机和手机的用户界面中，诸如滑动或收缩之类的手部动作被解释为要执行的操作。除了手势，还有描述舞蹈的符号，例如拉班舞谱（Labanotation）。在这种语言中，一个句子是一个算法，由舞者执行后产生一个舞蹈计算。折纸指令是描述折叠纸张的算法的类似语言。语言甚至不局限于人类。例如，在杜立德医生的冒险系列书中，动物通过鼻子、耳朵和尾巴的运动来交流。但即使在小说之外，我们也发现了类似现象，例如，蜜蜂用摇摆舞来传达食物源的位置。

语言的意义是由规则定义的，这些规则将句子的抽象语法转换为语义域的值。只有当交流参与者同意这些规则时，交流才能成功。如果交流双方违反规则或对规则做出不同的解释，刘易斯·卡罗尔的《爱丽丝梦游仙境》和《爱丽丝镜中奇遇记》会说明将发生什么事情。

控制结构与循环

《土拨鼠之日》

习惯的力量

回到办公室，你的第一项任务是寄几封信。你不假思索地把每封信水平折叠两次，把它的高度减少到三分之一左右，然后把它装进信封里。这种方法每次都非常有效，因为你使用的纸张和信封都有固定的尺寸，而且你很久以前就知道这种折叠方法可以使信正好放进信封。

折叠过程是一个用算法描述的计算，这是折纸的一个基本例子。尽管它很简单，但折纸算法说明了语言的一些要点。

首先，该算法可以用两种稍微不同的方式来描述。如果折叠的意思是将一张纸从顶部折叠一段特定的距离（例如，折叠纸张长度的三分之一），那么我们可以说"折叠，再折叠"或"折叠两次"。这看起来似乎没有太大区别，但这是对重复动作的两种根本不同的描述。第一个方法显式列出了需要重复所需次数的操作，而第二个仅仅说明了一个操作需要重复多少次。当你需要用更多折叠步骤折叠一张更大的纸时，区别就变得更明显了。例如，对于折叠三次，这两种方法分别是"折叠，折叠，再折叠"和"折叠三次"。接下来，设想 500 次或更多次重复的情况，你可以看到哪种方法仍然是实用的。

第一个描述是单个步骤的顺序复合，而第二个描述是一个循环。两者都是控制结构的例子，包含它们的算法不做任何实际的算法工作，而是组织其他步骤。这类似于工厂里的工人和管理者。管理者并不直接制造任何东西，而是协调那些工人的行动。控制结构是描述算法的任何语言的基本组成部分，特别是在大多数非平凡算法中都使用循环（或递归）。

实际上还有第三种折叠纸的算法，简单来说就是"一直折叠到能装进信封为止"。该算法也采用了一种循环控制结构，但这种循环与之前的循环有一个重要的区别。它没有明确规定一个动作应该重复多少次，而是定义了重复结束必须满足的条件。这个算法实际上比前两个更通用，因为它适用于任意大小的纸张，因此它解决了一个更通用的问题。如果没有循环（或递归），这样的算法就不可能表达。具有固定重复次数的循环则总是可以重写为许多步骤的序列。

假设你不仅要发送一封信，还要发送一大堆文件。当文件超过 5 张纸的时候，你不会把它们全部折叠起来塞进一个小信封，而会用一个更大的信封，这样你就可以直接把这堆纸放进去，而不用折叠。做出折叠或不折叠的决定是另一种控制结构，即条件控制结构（选择结构）的一个例子，它根据条件执行两种可能的动作之一。在这种情况下，条件是页数为 5 或更少，满足条件就将纸张折叠并使用小信封，否则不用折纸并改用大信封。

何时结束一个循环的重复也需要一个条件来决定。结束"折叠三次"循环的条件表示为计数器已达到特定值，即 3。循环"折叠直到纸张能装进信封"的条件则是测试纸张的一种属性，这种属性被循环中的动作不断改变。后一种条件表达能力更强大，因为它表达了一个更通用的算法。但随着表达能力的增强，要付出的代价也相应增加。虽然基于计数器的循环可以很容易地显示终止（因为计数器不依赖于循环中的操作），但对于更一般的循环类型来说，这并不那么明显，而且我们不能确定使用这种循环的算法是否会停止（见第 11 章）。

我们所做的大部分事情都是重复的，通常可以用循环来描述。有时一整天似乎都在重复。这种观点在电影《土拨鼠之日》中发挥到了极致，这引出了第 10 章和第 11 章中将探索的循环和其他控制结构。

第 10 章
Once Upon an Algorithm: How Stories Explain Computing

揉搓，冲洗，重复

任何算法都是用某种语言给出的，这种语言的语义决定了算法所表示的计算。我们已经看到，不同的语言有不同的语义，可以针对不同的计算机。例如，用编程语言编写的算法在电子计算机上执行，通常表示数据的计算。用音乐符号语言表达的算法由音乐家执行，而且表示声音。尽管存在这些差异，但大多数重要语言有一个共同的特性，即它们由两种指令组成：（1）具有直接作用的操作，（2）用于组织操作的顺序、应用和重复的控制结构。

控制结构不仅在描述算法中起着至关重要的作用，而且决定了语言的表达能力。控制结构的定义以及选择在一个语言中包含哪些控制结构决定了这种语言可以表达哪些算法，从而可以使用它来解决哪些问题。

一种控制结构就是所谓的循环，它用于描述重复。我们已经看到了很多循环的例子，比如在汉赛尔与格莱特的寻路算法中，循环指示它们反复寻找下一个未经过的石子。在选择排序中，算法反复寻找列表中的最小元素。甚至音乐符号也包含表达循环的控制结构。虽然我已经广泛地使用了循环，但我还没有详细讨论它们。循环是本章讨论的内容。就像天气预报员菲尔·康纳斯一遍又一遍地重温土拨鼠节一样，我将解释循环和其他控制结构的工作机制。我将展示描述循环的不同方法，以及它们所能表达的计算的差异。

一世与一天

你可能听说过土拨鼠节，传说土拨鼠可以预测是冬天还要持续 6 周还是春天很快会来临。根据传说，每年 2 月 2 日，一只土拨鼠会从洞里钻出来。如果是晴天，它看到自己的影子，它就会躲进洞里，这表明冬天还要持续 6 个多星期。如果是阴天，它看不到自己的影子，这意味着春天将提前到来。

因为不在美国长大，我是通过 1993 年的电影《土拨鼠之日》了解到这个传统的。在这部电影中，匹兹堡的天气预报员，傲慢且愤世嫉俗的菲尔·康纳斯报道了旁克苏托尼小镇上土拨鼠节的庆祝活动。这部电影的有趣之处在于，菲尔·康纳斯不得不一遍又一遍地重复同一天的生活。每天早上 6 点，他都会听着收音机里播放的同一首歌醒来，并经历同样的一系列情景。在电影里，故事情节随着他对这些情况的不同反应展开。

重复在我们的生活中扮演着重要的角色。学习一项技能的意义仅在于我们预期将来会用到它。更一般地，只有在与获得经验的环境相似的情况下，使用过去的经验才有效。每天我们都要重复很多事情：起床、穿衣服、吃早餐、上下班等。一个动作（或一组动作）立即重复多次称为循环。重复的动作称为循环体，循环体的每次执行称为循环的一次迭代。在酒吧里，菲尔·康纳斯和一个人谈起了他的处境：

菲尔：如果你被困在一个地方，每天都是一样的，你所做的一切都无关紧要，你会怎么办？

拉尔夫：这就是我的处境。

这个交谈可以总结为以下用循环刻画的一个人的一生：

repeat 日常生活 until 你死去

导致菲尔·康纳斯的日常生活让他如此抓狂，和让电影观众觉得如此有趣的是，每件事都以与前一天完全相同的方式发生，也就是说，他白天的行为没有任何直接反应。否则，电影很快就会变得无聊，就像一首歌末尾单调重复的副歌一样。

我们的日子通常不像不断重复的土拨鼠节那样令人沮丧，因为我们昨天的行为会影响今天。因此，每一天的生活，无论看起来多么重复，都是在不同的背景下发生的，我们和其他人所做的事情会产生影响，这一点让我们有一种持续变化和前进的感觉。这些观察显示了两种循环——在每次迭代后产生相同结果的循环和产生不同结果的循环——之间的区别。第一类循环的一个例子是，重复打印你出生所在的城市名，比如纽约。除非对城市进行重命名，否则此循环将产生相同输出的稳定流，例如"纽约""纽约""纽约"……报告是否在下雨的循环则将生成一个包含"是"和"否"的混合流，除非居住在乞拉朋齐 $^{\ominus}$，在这里可能会生成一个恒定的"是"流。

注意，即使在产生不同结果的循环中，每次迭代的循环体也是相同的。这种变化是通过变量来实现的。变量是指向部分世界的名称。算法可以使用变量名观察和操纵世界。例如，变量 weather 指向当前的天气状况（可以是晴朗），通过访问该变量，检查当前天气的算法将获得相应的值。变量 weather 不能被算法改变，但是表示汉赛尔与格莱特经过的下一颗石子的变量 pebble，会随着经过每颗石子而变化。类似地，在选择排序中，对于查找列表最小元素的指令，除非列表包含重复元素，否则变量 smallest element 在每次迭代中都会改变。

由于术语循环有时既用于（算法）循环的描述，也用于它生成的计算，因此现在是时候回顾计算描述与其执行之间的区别了。报告每日天气的循环如下所示：

repeat 报告天气 until 永远

执行这个循环的结果是一些值的序列，这与循环描述本身是非常不同的。例如，该算法的执行可能产生以下序列：

阴雨 多云 晴天 晴天 雷雨 晴天……

这种天气预报循环描述了菲尔·康纳斯发现的自己所处的循环：每天早上，他必须准备一份他的同事——土拨鼠旁克苏托尼·菲尔所做的天气预报报告。（有趣的是，尽管他为这一天创造了所有戏剧性的变化——有一次他甚至试图杀死旁克苏托尼·菲尔——但他似乎从来没有错过关于土拨鼠预报的报告。）当然，菲尔·康纳斯希望他所处的循环不会永远重复下去。实际上，他认为循环的形式如下：

repeat 报告天气 until 出现"某种隐藏条件"

他最初尝试逃离这个循环的本质就是找到隐藏的条件，这是任何循环的关键组成部分，称为其终止条件。在故事的结尾，我们知道终止条件是他成为一个好人，一个关心和帮助别人的人。他每一天的转世都是一次完善业力的机会，这是他离开炼狱般的土拨鼠节的关键。

土拨鼠节循环是以下一般循环模式的一个实例 $^{\ominus}$：

repeat 步骤 until 条件

$\ominus$ 印度城市，保持着世界上年降雨量和月降雨量最多的记录。

$\ominus$ 回想一下，步骤 和 条件 是代表步骤和终止条件的非终结符号。这是一般的循环模式，代入具体的步骤和条件即可得到具体的程序。

终止条件出现在末尾,并在每次循环体执行后计算。如果条件为真,循环停止。否则,将再次执行循环体,之后再次检查条件以确定是继续还是结束循环。

很明显,只有当终止条件包含一个变量,而且该变量可以被循环体的步骤改变的时候,假的终止条件才有可能变为真。例如,要想启动一辆没油的汽车,需要先加满汽油才能成功。因此,如果只是重复转动点火钥匙或踢轮胎或念咒语,汽车是不会启动的。终止条件可以区分两种循环,一种是终止的循环,终止条件最终为真,因此循环最终结束;另一种是非终止的循环,终止条件始终为假,因此循环永远不会结束。

有人说,精神错乱就是一遍又一遍地做同样的事情,却期望得到不同的结果[○]。因此,我们可能会认为非终止的循环是疯狂的,但确实有一些不会终止却完全有效的循环。例如,网络服务是一个循环,它接受一个请求,处理请求,然后继续接受下一个请求,如此无限循环下去。然而,当循环是算法的一部分时,特别是当它后面跟着其他步骤时,我们希望它最终会结束,否则循环后面的步骤永远不会执行,算法也不会终止。

终止是循环最重要的特性之一。终止条件决定了一个循环是否结束,但是循环体对世界的影响对循环的终止至关重要,特别是对终止条件所依赖的世界部分的影响。报告天气对世界的影响并不大,似乎也不太可能对菲尔·康纳斯的土拨鼠节循环中未知的终止条件产生影响。菲尔·康纳斯在沮丧中尝试了越来越多的极端行为,包括用不同的方式自杀和杀死旁克苏托尼·菲尔,拼命地影响世界,希望终止条件最终成真。

一切尽在掌控之中

当土拨鼠节开始重复时,菲尔·康纳斯无法控制自己的生活。相反,他处于土拨鼠节循环的控制之下,并且痛苦地意识到了这一事实。在一个循环的控制下意味着他生活在循环体内,而这个循环控制着什么时候结束重复,以及什么时候他可以逃脱。

循环控制其循环体执行的频率,但循环的效果仅由循环体的步骤获得。换句话说,循环本身并不直接产生影响,而是通过重复其主体的步骤间接产生影响。因为通常重要的是算法步骤执行的频率,所以循环通过其主体的执行次数来发挥其影响。由于循环控制其主体的效果(通过终止条件),因此它被称为控制结构。循环是用于重复执行一组算法步骤的控制结构。另外两个主要的控制结构是顺序复合和选择结构。

顺序复合将两个或两组步骤连接成一个有序的步骤序列。我之前使用了并且(and)这个词,但是为了表明这两个步骤将按顺序执行而不是并行执行,可能最好使用如然后(andThen)或接着(followedBy)的关键字。但是,为了简单和简洁,我采用了大多数编程语言中使用的表示法,即用分号连接两个步骤。这种表示法类似于我们写下项目列表的方式。此外,这种表示很简短,便于突出算法的实际步骤。例如,起床;吃早餐表示先起床然后吃早餐。当然,步骤的顺序很重要,对于某些人来说,吃早餐;起床是星期天的日常。顺序复合的一般形式如下:

   步骤; 步骤

这里步骤是一个非终止符,可以用任何简单或复合步骤代替。特别是,步骤可以是其他步骤的另一个顺序复合。因此,如果你想在起床和吃早餐之间挤出时间淋浴,你可以扩展第一个

[○] 这句话通常被认为是阿尔伯特·爱因斯坦或本杰明·富兰克林说的,但作者不详。早期的引用可在 Rita Mae Brown 1983 年的小说《猝死》和 1980 年的《匿名戒酒会》小册子中找到。

步骤成起床；淋浴，然后把第二个 步骤 替换成吃早餐，复合的结果是起床；淋浴；吃早餐 ⊖。

对于一张纸折叠两次的例子，把"折叠，再折叠"写成"折叠；折叠"（用；连接）时，两者没有多大区别。执行循环"repeat 折叠 until 纸张适合"（或"repeat 折叠三次"）与序列 折叠；折叠；折叠 将产生相同的计算，这说明循环是描述步骤序列的有效工具。循环的重要贡献在于，它只须提及一次重复的步骤便能产生任意长的步骤序列。

选择结构（或称分支结构）根据条件选择两个（组）步骤中的一个执行。像循环结构一样，选择结构使用条件来做出决定。选择结构的一般形式如下：

if 条件 then 步骤 else 步骤

每当旁克苏托尼·菲尔被要求预测天气时，它基本上就在执行以下天气报告算法：

if 晴天 then 宣布冬季还有六周 else 宣布早春来临

选择结构是一种控制结构，它允许算法在两种可选步骤之间做出选择。上面的选择结构是旁克苏托尼·菲尔的年度循环和菲尔·康纳斯每日循环的一部分。控制结构可以按照任意方式组合。也就是说，选择结构可以是循环结构或顺序复合的一部分；循环可以出现在选择结构的可选步骤中，也可以作为顺序复合步骤的一部分，等等。

算法的基本步骤就像游戏中的移动（例如，在足球中传球或射门，或在国际象棋中攻击棋子或易位）。控制结构则定义游戏中的策略，例如，"repeat 传球 until 到门前"（或者如果你是莱昂内尔·梅西，则是"repeat 运球 until 到门前"）就是控制结构，也就是说，控制结构将基本移动组织成更大的动作。

如第 8 章所述，描述音乐有多种不同的符号语言。同样，描述算法也有不同的语言。每种编程语言都是使用特定符号的算法的一个例子，虽然不同的语言提供的特定控制结构可能有很大的不同，但大多数语言都提供了某种形式的循环、条件和复合 ⊖。能够很好地说明控制结构之间区别的符号语言是流程图。流程图由一些箭头和框构成。基本动作显示在方框内，决策则用菱形框表示。箭头表示计算进行的方向。对于顺序复合，计算跟随单个箭头从一个框到另一个框。对于选择和循环，其条件有两个外指的箭头，计算跟随哪个箭头取决于条件。图 10.1 显示了流程图表示法的一些示例。

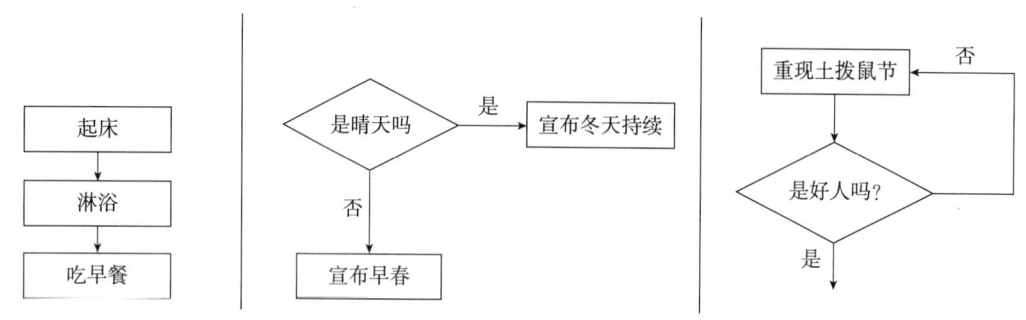

图 10.1 控制结构流程图。左：菲尔·康纳斯每天早上要做的一系列步骤。中：显示旁克苏托尼·菲尔在每个土拨鼠节所面临决定的选择结构。右：电影《土拨鼠之日》中菲尔·康纳斯的生活循环。"否"箭头和指向条件的箭头通过两个结点形成一个循环

⊖ 也可以将第一个 步骤 替换为起床，第二个 步骤 扩展为淋浴；吃早餐，结果是一样的。

⊖ 也有一些重要的例外。例如，大多数电子表格系统没有将一个公式应用到多个值或单元格的循环。这通常是通过复制电子表格中的行和列来完成的，很像把循环"repeat 折叠三次"扩展为序列折叠；折叠；折叠。

可以看出选择和循环的记号惊人地相似，两者都由具有两个可能延续方向的条件组成。唯一的关键区别是，从循环中的条件出发的"否"路径会继续返回重复的步骤，然后指向条件。这样形成的圈为循环控制结构的名称提供了一个很好的视觉解释。

流程图是一种视觉语言。与文本语言将算法呈现为单词和符号的线性序列相反，视觉语言将符号呈现在二维（或三维）空间中，并通过空间关系连接起来。流程图使用箭头来表示动作之间的"下一步执行"关系，这些动作表示为方框。流程图看起来类似于交通网络。连接点是动作发生的地方，连接引导从一个动作到另一个动作。想象在一个游乐园游玩。游乐园可以看作玩乐的算法。不同的人会以不同的顺序和时间参观不同的景点，这取决于他们的喜好和逛景点经历。或者想象超市里连接不同区域和货架的过道。超市可以看作不同购物体验的算法。

流程图在20世纪70年代非常流行，它们有时仍然用于软件文档，但现在很少用作程序设计符号。一个原因是这种符号不适用于较大的程序。即使是中等大小的流程图也很难阅读——大量的箭头被称为（意大利）面条代码。此外，选择和循环的表示法之间的相似性虽然有助于说明它们之间的关系，但在流程图中难以识别和区分。

这里介绍的是用于单个计算机算法的控制结构。现代微处理器有多个内核，可以并行执行操作。人类也可以进行并行计算，特别是当人们在一个团队中时。为了利用并行性，算法需要用为此专门设计的控制结构。例如，我们可以写步行 || 嚼口香糖来指示某人边走路边嚼口香糖。这不同于步行；嚼口香糖，意思是先步行再嚼口香糖。

当一个计算需要两个不相互依赖的结果时，并行复合是有用的。例如，夏洛克·福尔摩斯和华生经常在破案时分头进行调查工作。然而，一个人不能同时起床和洗澡。这两个动作必须严格按顺序执行（顺序很重要）。

与并行计算相关的是分布式计算，其中计算是通过相互作用的代理之间的通信进行的。例如，当菲尔·康纳斯和他的团队制作一个关于土拨鼠预测的报告时，他们需要将摄像机的操作与菲尔·康纳斯的报道同步。描述这种协调的算法需要有自己的控制结构，特别是在发送和接收消息时。

一般来说，任何特定领域的语言，也就是应用于一个特定领域的语言，都可以有自己的控制结构。例如，音乐符号包含用于重复和跳转的控制结构，食谱语言包含用于选择的结构，允许在食谱中创建多种菜式。控制结构是将原始操作连接在一起描述有意义计算的更大算法的黏合剂。

循环就是循环

菲尔·康纳斯试图逃离土拨鼠节的循环，实际上是在试图找出它的终止条件。这是处理一般算法，特别是循环的一种相当不寻常的方式。通常，我们表达一个算法并执行算法来实现期望的计算，但菲尔·康纳斯并不知道他所参与的计算的算法描述。在寻找使终止条件成真的动作时，他试图用逆向工程找出算法。

循环及其终止条件在计算中扮演着重要的角色。循环（以及递归）可以说是最重要的控制结构，因为它们使计算得以进行。没有循环，我们只能用固定的步数来描述计算，这种局限性使得我们无法表达最有趣的计算。

考虑到循环的重要性，有不同的方法来描述循环也就不足为奇了。到目前为止我们使用的循环模式——repeat 步骤 until 条件，称为 repeat（重复）循环。它的特点是循环体至少执行一次，无论终止条件是什么。还有一种是 while（当）循环，它只有在终止条件为真时才执行循环体，因此它可能根本不执行循环体。while 循环的形式如下：

  while 条件 do 步骤

尽管两种循环都由一个条件控制，但条件在每个循环中的作用是不同的。在 repeat 循环中条件控制着循环的退出，而在 while 循环中它控制着循环的（再次）进入。换句话说，如果条件为真，repeat 循环结束，while 循环继续；如果条件为假，repeat 循环继续，while 循环结束⊖。图 10.2 所示的两种循环的流程图也突显了这种差异。

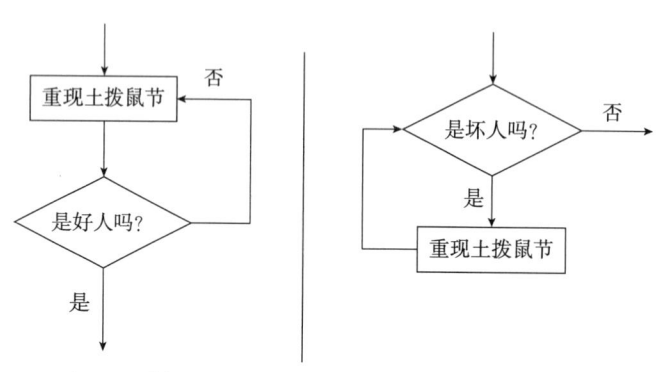

图 10.2 说明 repeat 和 while 循环不同行为的流程图。左：repeat 循环流程图。右：while 循环流程图

  尽管它们的行为明显不同，但可以使用 while 循环来表达 repeat 循环，反之亦然。为此，我们必须用条件的否定，也就是说，改变条件，使它在原始条件为假的情况下为真。例如，土拨鼠节 repeat 循环的终止条件"成为一个好人"改变为相应 while 循环的进入条件"不是一个好人"或"成为一个坏人"。此外，转换必须小心确保迭代的数量相同。例如，repeat 循环让菲尔·康纳斯至少体验一次土拨鼠节，而 while 循环只有在他是坏人时才会这样做。因为故事中的情况是菲尔·康纳斯不是一个好人，所以两个循环的行为是相同的。

  我们可以用一个简单的等式更正式地表达两种循环之间的等价性：

  repeat 步骤 until 条件 = 步骤 while not 条件 do 步骤

  同样，while 循环之前的初始 步骤 是必需的，因为它的循环体可能根本不会被执行，而 repeat 循环体至少执行一次。这两个循环之间的区别有时真的很重要。例如，考虑汉赛尔和格莱特的算法。用 repeat 循环表示为如下：

  repeat 找石子 until 到家

  这个算法的问题是，如果汉赛尔和格莱特已经在家，那执行这个算法，循环将永远不会终止，因为他们在家里找不到石子。人类此时不会严格遵守算法，而是会中止循环。

  循环的另一种描述可以使用递归实现。我将在第 12 章详细解释递归，但基本思想很容易掌握。（事实上，在第 6 章讲解分治算法时描述了关联的递归）。对于算法的递归描述，我们首先需要为它规定一个名称，然后在它自己的定义中使用该名称。因此，土拨鼠节循环可以描述为如下：

  土拨鼠节 = 重现这一天；if 是好人吗？then 什么也别做 else 土拨鼠节。

  这个定义有效地模拟了一个 repeat 循环：在过了这一天之后，检查终止条件。如果条件

⊖ repeat 循环的条件适合称为终止条件，while 循环的条件最好称为进入条件。

是假的，计算什么都不做，因此停止。否则，将重新执行算法。这个算法的递归执行类似于跳到序列的开头，将触发循环的重新执行。

到目前为止遇到的所有不同的循环描述（repeat、while 和递归）都有一个共同点，即它们的终止由一个条件控制，该条件在每次执行循环体之前或之后重新求值。循环的终止取决于循环体是否最终使终止条件为真（或者在 while 循环的情况下，使进入条件为假）。这意味着我们无法事先知道一个循环将经过多少次迭代，甚至不清楚这样的循环是否会终止。这种不确定性实际上是菲尔·康纳斯经历的土拨鼠节循环的重要组成部分。

然而，对于一些由循环描述的计算，循环的执行次数是很清楚的。例如，如果任务是计算前十个自然数的平方，很明显，这个计算可以通过一个循环来完成，这个循环正好重复平方操作十次。或者，回想一下将一张信纸折叠到信封里的算法，它由一个恰好执行两次的循环来描述。对于这样的情况，我们使用 for 循环，其一般形式如下 ⊖：

for 数字 次 do 步骤

使用这种模式，折纸循环将表示为" for 2 次 do 折叠"。for 循环的优点是，即使在执行之前，其迭代次数也是绝对清楚的。其他循环则只有在执行循环时才会发现迭代次数。这是一个非常重要的区别，因为 for 循环可以保证终止，而其他循环可能永远运行下去（见第 11 章）。

与此密切相关的是循环的运行时间问题。很明显，执行 100 次的循环至少需要 100 个步骤。换句话说，循环的运行时间与迭代次数成正比，每种循环都是如此。除了迭代次数之外，我们还必须考虑循环体的运行时间。循环的运行时间是它的迭代次数乘以循环体的运行时间。例如，选择排序是一个循环，其循环体用于查找列表中的最小值。循环次数与列表的大小成正比，并且循环体的平均运行时间与列表长度的一半成正比。因此，选择排序的运行时间是列表大小的二次方。

既然 for 循环的行为似乎比所有其他类型的循环更容易预测，为什么不全部使用 for 循环呢？原因是 for 循环的表达能力不如 while 循环和 repeat 循环（以及递归），也就是说，有些问题可以使用 while 循环或 repeat 循环解决，而 for 循环无法解决。土拨鼠节循环就是一个例子，在一开始我们并不知道它需要多少次迭代（至少菲尔·康纳斯不知道）。容易看出，通过显式地维护 for 循环计数器，任何 for 循环都可以用 while（或 repeat）循环表示，但反过来不成立，因为无法预先看到 while 循环或 repeat 循环在终止之前需要多少次迭代。

可预测性是有代价的。虽然冒险的持续时间或结果的不确定性是受欢迎的，但我们宁愿在使用和依赖它之前提前知道计算需要多长时间——特别是，当它可能永远运行下去时。

⊖ 大多数编程语言中的 for 循环实际上具有以下更通用的形式，它为循环体提供了已通过的迭代次数：

for 名称 = 数字 to 数字 do 步骤

这种形式引入了一个非终结符 名称，它是绑定到当前迭代数的计数器。它可以在循环体中使用，例如在"for n: = 1 to 10"（计算 n 的平方）中。

永不停息

在你把信件叠好放进信封之后，是时候欢迎你的新同事了，她最近刚搬到你楼上的一间办公室。你走到她的办公室是执行算法——重复走步，直至到达她的办公室——的结果。但如果你不知道她办公室的确切位置呢？在这种情况下，你必须在走廊里走来走去，试着在办公室门上找到她的名字。但如果她的入职日期被推迟了，她甚至还没有搬进来呢？在这种情况下，重复走步直至到达目标办公室的简单算法不会终止，将永远持续下去。

当然，你不会真的这么做。你将执行一个不同的算法：在搜索整个楼层（可能重复几次，以确保确实找不到）之后，你将放弃搜索并回到自己的办公室。该算法具有较为复杂的终止条件。它不仅要求找办公室，还允许在一段时间后终止。

不终止的循环似乎是一个愚蠢的想法。虽然有些计算是在没有终止条件的情况下执行循环的结果（例如，Web 服务，甚至是简单的计时器或计数器），但是如果一个计算要产生确定的结果，那么该计算只能使用终止的循环，因为非终止循环会阻碍构造一个确定的结果。

一般来说，算法应该终止，否则它们就不是解决问题的有效方法。因此，如果有一种方法能判断算法在执行时是否终止，这将是有帮助的。由于算法不终止的唯一原因是它的一个循环不终止⊖，因此判断算法的终止归结为确定它所使用的循环是否会实际终止。实际上，折叠纸张的不同算法都会终止。对于 for 循环折叠三次，这一点很明显，因为它显式地说明了循环的迭代次数。repeat 循环折叠直到纸张能放进信封也会终止，但这可能不是很快能看到。即使我们知道每个折叠步骤都会减小纸张的尺寸，我们也必须假设折叠会根据需要沿着不同的轴进行。在这种情况下，折叠后纸的尺寸最终一定比信封的尺寸小，因为每折叠一步它的尺寸都会减半。虽然不清楚循环将经过多少次迭代，因此算法将花费多长时间，但很明显算法最终会终止。

然而，通常的循环不是这样的。如果终止条件是找到一个不存在的办公室，那么寻找同事办公室的走步循环就不会终止。你不会永远搜索不存在的办公室的原因是，寻找办公室的问题只是你工作日更多目标集的一小部分，如果算法无法解决子问题，你将放弃该算法，并采用不同的方法或将目标替换为另一个目标。如果你考虑给一个机器人编程，让它只执行寻找办公室的循环，而不能把它理解为更大任务的一部分，那么这个机器人将永远运行下去（或者直到它耗尽能量或被人类阻止）。

那么如何区分终止循环和非终止循环呢？正如我们所看到的，对于 for 循环，答案很明显，它具有固定的迭代次数，因此总是终止。对于 repeat 循环（和 while 循环），我们必须理解终止条件和循环体中步骤之间的关系。第 11 章要研究的一个有趣的问题是，是否有一种算法可以用来判定循环的终止行为。答案可能会让你吃惊。

⊖ 递归也可能是不终止的一个来源。然而，由于任何递归算法都可以转换为使用循环的非递归算法，所以只考虑循环就足够了。

算法的运行时间很重要。线性算法比二次算法更可取，而指数算法对于所有输入大小都是不现实的。不过，指数算法仍然比即使对于小输入也不会终止的算法要好。算法终止的问题归结为循环终止的问题，这是最重要的事实之一。这也是菲尔·康纳斯拼命地试图确定并满足土拨鼠节循环的终止条件时困扰他的问题。

第 11 章

Once Upon an Algorithm: How Stories Explain Computing

结局不一定圆满

　　循环和递归为算法注入了力量。循环使算法能够处理任意大小和复杂的输入。没有循环，算法只能处理小而简单的输入。循环使算法起飞，它之于算法就像机翼之于飞机，没有机翼，飞机仍然可以移动，但无法发挥全部运输潜力。同样，算法可以不使用循环描述某些计算，但只有使用循环才能实现计算的全部功能。然而，这种力量也需要加以控制。《土拨鼠之日》的故事生动地说明，一个人无法掌控的控制结构不是福，而是祸。你可能也会想到歌德的诗《魔法师的学徒》(在美国，关于这首诗，更广为人知的可能是电影《幻想曲》中的米老鼠片段)。控制循环的关键是理解决定循环何时结束的条件。菲尔·康纳斯最终可以结束他所处的循环，带来一个幸福的结局。但这更大的可能是巧合，而不是计划中的。

　　由于算法通常会终止，因此在执行算法之前，人们希望知道其中的所有循环是否都会终止。试图弄清楚这个问题可能是一项相当乏味和复杂的任务，因此我们希望将这项任务同样委托给一个算法。在计算机科学中，寻找一种能够判定任意一个算法是否会终止的算法是一个著名的问题，称为停止问题 (halting problem)。本章对这个问题进行了解释和讨论，并说明它实际上是不可解的，这意味着不可能存在这样的算法。这是一个相当令人惊讶的事实，它揭示了很多关于算法和计算的局限性。

　　尽管在《土拨鼠之日》的故事中展开的事件看起来像一个循环，但故事的剧本并不包含循环，而是所有重复的动作都有详细的描述。因此，不难断定这个故事确实有结尾。毕竟，电影制作人在开始制作之前必须知道电影的长度。但我们可以想象，这个故事的另一个版本是一出戏，其中的表演不是规定的，而是即兴的。这种描述可能包括一个带有终止条件的循环，但对于《土拨鼠之日》的即兴表演，目前尚不清楚需要多长时间。如果不是因为演员（和观众）疲惫了，我们根本不会预先知道它是否会终止。

失去控制

　　在旁克苏托尼的第二天，菲尔·康纳斯开始怀疑他可能正在重复前一天的经历，因为他在收音机里听到了同样的歌，在同样的情况下遇到了同样的人。当电话那端的人把事情推迟到第二天时，他回答：

　　可是，如果没有明天呢？今天就已经没有了。【电话断开。】

　　在许多重复的土拨鼠节，大多数事件和遭遇与前一天是相同的。然而，由于菲尔·康纳斯每次的反应不同，一些细节有所不同。最初，当习惯了新环境后，他通过在不断迭代的土拨鼠节积累的信息，试图利用和操纵人们。这一点在他千方百计打听制片人兼恋人的丽塔的隐私时表现得最为突出。

　　至少在原则上，他的策略是有效的，因为他和其他人体验土拨鼠节循环的方式完全不同。最重要的是，当他感觉到一天在重复时，所有其他人都没有意识到这一点。事实上，当他试图与他人说明他的困境时，例如与丽塔或后来的精神科医生说明时，他们都认为他疯了。这一事实为他提供了一个重要的优势，就是与其他人相比，他能够记住之前循环中发生的一切。

类似的情况也存在于算法的循环中。有些东西在不同的循环迭代中保持不变，有些则会发生变化。例如，在循环中查找列表中的元素（见第 5 章），元素列表不会改变，我们正在查找的元素也不会改变，但是列表中的当前位置以及当前被检查的元素在每次迭代中都会改变，直到找到元素或到达列表的末尾。

仔细观察就会发现，循环体和终止条件可以访问世界的状态（也直接称为状态）。如第 10 章所述，这种访问是通过变量实现的。循环体的指令既可以读取变量，也可以改变它们的值。相反，终止条件只能读取变量以产生真或假值来结束或继续循环。

在查找元素算法中，状态由要搜索的列表、要查找的元素以及当前正在搜索的列表中的位置构成。为了使讨论更具体，我用下面的类比。

假设你在最近的一次徒步旅行中拍了一张花的照片，想知道它是什么花。为此，你需要在一本植物书中查找，书中每页都有一张图片和对花的描述。假设书中的图片没有按照特定的顺序排列，因此要找到描述你的花的一页，你必须翻遍书中的所有页面。为了确保你找到这种花的相关项，你必须翻看每一页，直到你找到它或翻遍所有的页面。一个简单的方法是从第一页开始，然后看第二页，依此类推。

这个搜索的状态包含三项：你拍的花的图片、书和书中的当前页面（例如，可用书签表示）。终止条件读取这个状态，并检查当前页面的书签是否已到达书的末尾，或者当前页面图片显示的花是否与你拍的花相同。对于这两种情况，循环都会结束，但只有在后一种情况下搜索是以成功结束的。如果还没有找到图片，并且有更多的页面要检查，循环体必须包含一个翻页指令。这一步将修改循环的状态，因为它改变了当前页面。这也是在循环中发生的唯一的状态修改。

很明显，状态修改对于搜索算法至关重要，因为如果不翻页，将无法找到图片（除非它恰好在第一页上）。

菲尔·康纳斯很清楚这个事实，因此他试图改变旁克苏托尼周围的事情，让土拨鼠节循环的终止条件成为现实，这样他就可以逃出这个循环。但是，不仅土拨鼠节循环的状态大得多——它包括所有的人（以及旁克苏托尼·菲尔），他们的思想和态度等——甚至这个状态由哪些因素组成也不清楚。因此，他最终能够逃离这个循环纯粹是一个巧合。

你可能会同意用土拨鼠节循环来类比计算，因为执行它的计算机和它运行的规则完全是虚构的。《土拨鼠之日》的故事当然是虚构的，但它的循环比喻很贴切。它也说明了计算可以在非常不同的情景下发生，执行计算的计算机在各种各样的规则下运行。事实上，计算经常被用来模拟假设的世界和场景。只要计算规则合乎逻辑且一致，我们的想象力就可以创造出无限的计算场景。

我们达成目标了吗？

如第 1 章所述，算法的描述和它的执行是两回事。循环和它们的终止行为将这个问题暴露出来，因为人们可能会问，有限描述的循环如何导致无限长的计算。理解这种现象的最好方法是跟踪循环的执行，称为循环展开（见图 11.1）。在从书中寻找花图片的例子中，循环体由翻页动作组成。展开循环体意味着生成一系列"翻页"指令。

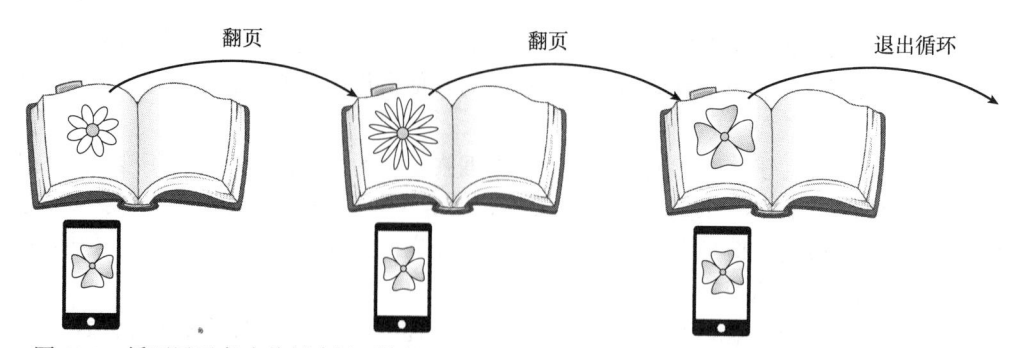

图 11.1　循环展开意味着创建循环体的一系列副本。对于循环的每次迭代，都创建一个循环体的单独副本。本图显示了状态的修改及其变化（如果有的话）。如果状态永远不会改变，从而终止条件不能满足，则序列变为无限长

在《土拨鼠之日》的例子中，这种展开不那么明显，但这个思想仍然适用。菲尔·康纳斯每天都在自己的性格指导下，按照自己的目标生活，对自己遇到的事情做出反应。因为这种行为缺乏精确的描述，所以也不能称之为算法，但土拨鼠节循环的执行仍然将每天的行动展开成一个长长的序列，最终导致终止条件得以满足。我们无法确定改变状态以满足终止条件的特定操作。这与在书中查找图片的例子不同，很明显，在书中查找时翻页是改变状态的必要动作，这样搜索算法就可以终止。

例如，假设我们交替地向前和向后翻一页。虽然这种翻页会改变状态，但它显然会阻止算法终止（除非书只有两页）。当然，很少有人会做这样的事情，但是这个例子说明了状态的变化不足以确保算法终止。确切地，算法必须做出正确的状态改变才能实现终止。

一个相关的问题是，我们不仅希望算法终止，而且希望它生成正确的结果。在查找图片的例子中，正确性意味着我们要么停在包含所寻找的花的那一页（如果它在书中），要么停在最后一页并知道书中没有这种花的图片。但现在考虑一下该算法的以下变体，它一次不是翻一页，而是翻两页或更多页。在这种情况下，我们可能会错过书中的图片。算法仍然会终止，但是当我们翻到最后一页时，我们不能确定书中是否包含这种花的图片。

土拨鼠节循环的终止条件是菲尔·康纳斯变成一个好人。由于他不知道这个条件，他最初尝试了各种行动来改变状态以达到终止，包括不同形式的自杀，甚至谋杀旁克苏托尼·菲尔——但都无济于事。当他意识到他无法控制这个循环时，他改变了自己的态度，从愤世嫉俗变成了通过帮助别人来充分利用这一天。最终，当他转变成一个好人时，他可以成功地退出道德循环。为了让这个幸福的结局更加完美，丽塔也回报了他对她的爱。

菲尔·康纳斯面临的任务尤其艰巨，因为他完全是在盲目探索。他必须满足土拨鼠节循环的终止条件，却连这个条件是什么都不知道。此外，他不知道潜在的状态是什么，也不知道如何改变状态。这真是一项艰巨的任务。当然，找出一个算法的终止条件一定要容易得多，因为我们可以看到终止条件，知道底层状态是什么，并且可以看到循环体中的动作可能如何改变状态。

看不到尽头

假设你有一个算法，并且必须决定该算法是否值得运行，也就是说，判断它是否会在有限的时间内产生结果。你会怎么做呢？你知道非终止行为的唯一来源是循环，你将首先识别算法中的所有循环。然后，对于每个循环，你将尝试理解终止条件和循环体指令之间的关系，因为循环的终止取决于终止条件以及循环体如何转换终止条件所依赖的值。这种分析将

帮助你判断一个特定的循环是否终止，以及算法是否有机会终止。为了确保算法的终止，你必须对算法中的每个循环做这种分析。

由于终止性是算法的一个重要属性——它将真正解决问题的算法与那些不能解决问题的算法区分开来——知道我们想要使用的任何算法的终止性是很有帮助的。然而，对算法进行终止分析并不是一项容易的任务，它可能需要相当多的时间来执行。因此，我们倾向于将这项任务自动化，也就是说，创建一个算法，比如称之为 Halts（停机），它可以自动进行终止分析。由于我们有许多用于分析算法的其他算法（例如，用于解析的算法，请参阅第 8 章），因此这似乎不是一个奇怪的想法。

不幸的是，构建 Halts 这样的算法是不可能的。这并不是说目前这个问题太难了，也不是说计算机科学家对这个问题思考和研究不够。完全不是，我们知道原则上不可能设计出一个 Halts 算法。现在不可能，将来也永远不可能。这一事实通常被称为停机问题的不可解性。停机问题是计算机科学中的一个重要问题。它是艾伦·图灵在 1936 年，作为一个不可判定问题的例子提出的。

但是为什么我们不能创造出 Halts 算法呢？由于 Halts 算法分析的任何算法本身都是由有限描述给出的，因此我们似乎只需要检查有限数量的指令，以及它们如何影响决定终止条件的状态。

为了理解为什么定义 Halts 算法确实是不可能的，我们首先构造一个算法 Loop，它的终止行为是明确的（见图 11.2）。Loop 接收一个数字作为参数，并将其赋值给变量 x。将 Loop 应用于数字 1[写作 Loop(1)] 会产生一个计算：将 1 赋值给变量 x 并停止，因为 repeat 循环的终止条件为真（见图 11.2 中）。而对于任何其他数字，它将返回并重复给参数 x 赋值。例如，将 Loop 应用于数字 2，也就是 Loop(2)，它会产生一个将 2 赋值给变量 x 并永远循环的计算，因为 repeat 循环的终止条件为假（见图 11.2 右）。

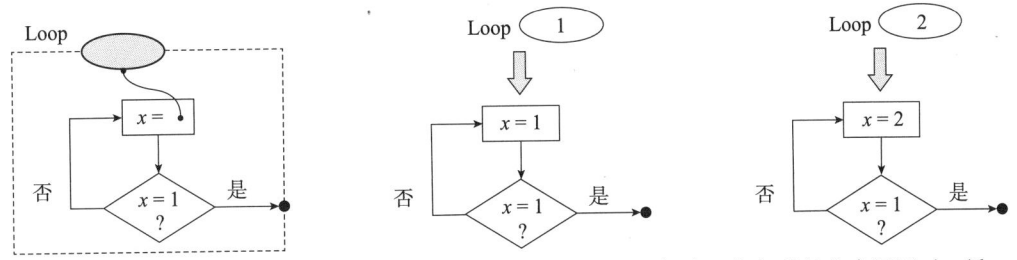

图 11.2 当以数字 1 作为实参调用算法 Loop 时，它将停止，但当以任何其他实参调用时，循环永远不止。左：Loop 算法的定义。中：将 Loop 应用于数字 1。右：将 Loop 应用于数字 2

证明 Halts 算法不存在的策略是：假设它存在，然后证明这个假设导致矛盾。这种策略被称为反证法，在数学中被广泛使用。

那么，算法 Halts 是什么样子的呢？正如算法 Loop 所示，终止行为通常取决于算法的输入，这意味着算法 Halts 应该有两个参数：一个参数是被检测的算法，例如 Alg；另一个参数是被检测算法的输入，例如 Inp。因此，算法 Halts 的结构如图 11.3 所示 ⊖。

⊖ 当然，算法中真正重要的部分被忽略了。我们只假设用于测试终止的条件可以用某种方式定义，如后面所示，这实际上是不可能的。

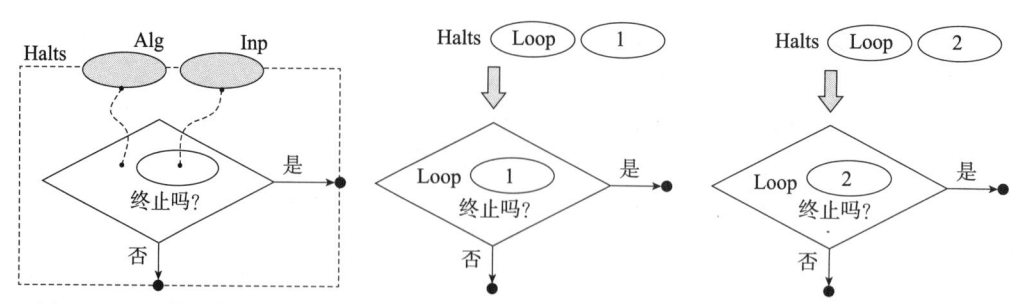

图 11.3 左：停机算法 Halts 的结构。它接收两个参数——一个算法（Alg）和它的输入（Inp），并测试将算法应用于输入 Alg（Inp）时是否终止。中：将 Halts 应用于算法 Loop 和输入 1，应该终止，其结果为"是"。右：将 Halts 应用于算法 Loop 和输入 2，结果是"否"

有了算法 Halts，我们可以定义另一个算法 Selfie，这就与" Halts 可以存在"的假设形成了矛盾。Selfie 以一种很奇特的方式使用 Halts：它试图判定一个算法若把自己的描述作为输入，是否终止。如果答案是肯定的，它将进入一个不终止的循环。否则，它停止。Selfie 的定义如图 11.4 所示。

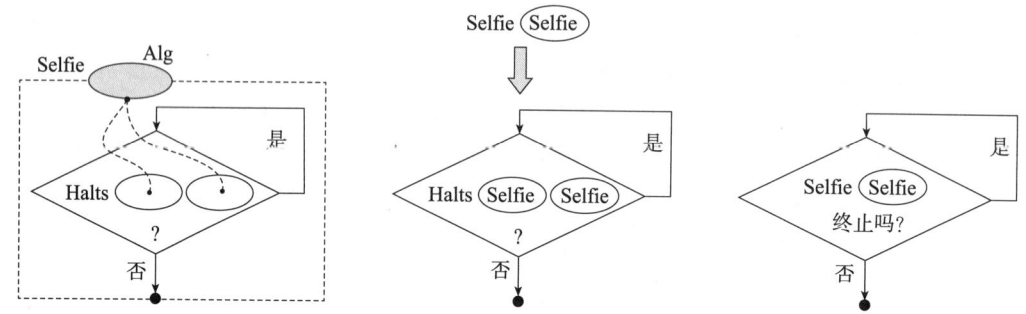

图 11.4 左：Selfie 算法的定义。它的输入参数是一个算法（Alg），并测试将 Alg 应用于自身时是否终止。如果结果是终止的，那么 Selfie 将进入一个不终止的循环。否则，它将停止。中：Selfie 应用于自身导致一个矛盾：如果 Selfie 对自身的应用终止，那么它就进入了一个非终止的循环，即它不终止；如果它不终止，它就停止，也就是说，它终止了。右：展开算法 Halts 的定义给悖论提供了另一个视角

将一个算法自己的描述作为它的输入，看起来可能很反常，但这并不是一个奇怪的想法。例如，Loop(Loop)，即应用于自身的 Loop，不会终止，因为 Loop 只在输入 1 时终止。如果我们将 Halts 应用于自身会发生什么？Halts(Halts) 会终止吗？是的，因为根据假设，Halts 对于任何算法都将给出是否终止的答案，不管后者是否停止，它都必须终止，所以它应该在应用于自身时终止。

当我们考虑执行算法 Selfie，并把它自己作为输入会发生的情况时，Selfie 定义的基本原理就变得清晰了。事实上，这将导致一种悖论的局面，从而可以反驳 Halts 存在的可能性假设。我们可以展开 Selfie 应用于自身的定义来看看会出现什么情况。为此，我们将 Selfie 定义中的参数 Alg 替换为 Selfie。如图 11.4 中间的图所示，结果是一个循环，当 Selfie 应用于自身定义不停机时，这个循环就会终止，因为如果 Halts(Selfie,Selfie) 为真，算法就会循环回去再次测试条件，否则就会停止。

如上展开生成的流程图描述了一个计算，其行为似乎如下。如果 Selfie 应用于自身后停机，它将永远运行，而如果不停机，它将停止。如果我们把 Halts 的调用换成 Selfie 的定义，这个矛盾可能会变得更加明显，如图 11.4 的右图所示。那么，Selfie(Selfie) 会终止吗？

我们假设它会终止。在这种情况下，算法 Halts（我们假设它可以正确地确定算法是否在应用于特定输入时停止）会表明 Selfie(Selfie) 停止，但这将导致 Selfie(Selfie) 选择条件的"是"分支并进入非终止循环。这意味着，如果 Selfie(Selfie) 终止，它不会终止。所以这个假设显然是错误的。我们再假设 Selfie(Selfie) 不会终止。在这种情况下，Halts 产生否的答案，导致 Selfie(Selfie) 选择条件的"否"分支并终止。这意味着如果 Selfie(Selfie) 不终止，它就会终止。这也是错误的。

因此，如果 Selfie(Selfie) 终止，它就会永远运行下去；如果它不终止，它就会终止——这两者都是矛盾的。这不可能是真的。那么问题出在那里呢？除了标准的控制结构（循环和选择）外，我们在构造算法 Selfie 时所使用的所有假设都是"算法 Halts 可以正确判定算法的终止行为"。既然这个假设导致了矛盾，那么它一定是错的。换句话说，算法 Halts 不可能存在，因为假设它存在会导致逻辑矛盾。

这种推理方式让人想起逻辑悖论。例如，我们考虑一下著名的理发师悖论的以下变体。假设旁克苏托尼·菲尔只能看到那些看不见自己影子的土拨鼠的影子。问题是，旁克苏托尼·菲尔能看到自己的影子吗？假设他可以。在这种情况下，他不属于看不见自己影子的土拨鼠，但是他只能看到这些土拨鼠的影子。因为他不是这些土拨鼠中的一员，所以他看不到自己的影子，这与假设是矛盾的。反过来，假设他看不见自己的影子，那么现在他属于看不见自己影子的土拨鼠，因此他能看到自己的影子，这再次与假设相矛盾。所以，无论我们假设什么，结果都会得到一个矛盾，这意味着符合以上描述的土拨鼠不可能存在。同样地，不可能有一种算法符合 Halts 的描述。

就像在书中搜索图片的例子一样，我们完全可以判断特定算法的终止行为。这难道与停机算法不存在的事实不矛盾吗？答案是不矛盾，它只表明我们可以解决特定情况下的停机问题，这并不意味着存在一种适用于所有情况的方法。

停机算法的不存在是一个令人惊讶但又深刻的结论。它告诉我们，有些计算问题无法用算法来解决。换句话说，有些计算问题是计算机永远无法解决的。这种没有算法存在的问题称为不可计算或不可判定问题[⊖]。

如果你认为每个数学或计算问题都可以自动解决，那么了解不可判定/不可计算问题的存在可能会令人失望。也许只有少数是这样的，而对于大多数问题，算法确实存在。是这样吗？不幸的是，事实并非如此。事实上，绝大多数问题都是无法判定的。理解这一点并不容易，因为它涉及两种不同的无限概念[⊖]。为了直观地理解这种差异，可以想象一个向各个方向无限延伸的二维网格。每个可判定问题可以放在一个网格点上。由于存在无穷多个网格点，因此可判定问题的数量非常大。但不可判定问题的数量甚至更大，大到我们无法把不可判定问题放在网格点上。这样的问题太多了，如果我们把它们和可判定问题一起放在平面上，它

⊖ 如果一个问题要求一个"是"或"否"的答案，就像停机问题一样，这种问题被称为判定问题。不存在算法解的判定问题被称为不可判定问题，否则称为可判定问题。如果一个问题要求对给定输入值给出特定输出值，这种问题被称为函数问题。没有算法解的函数问题称为不可计算问题，否则称为可计算问题。

⊖ 如果你知道"可数的"和"不可数的"之间的区别，那么可判定问题的数量是可数的，而不可判定问题的数量是不可数的。

们会占据网格点之间的所有空间。考虑网格的一小部分，比如说，一个由四个网格点组成的小正方形，对于这四个可判定问题，在它们之间的空间里有无限多的不可判定问题。

　　大多数问题无法通过算法解决的事实无疑是发人深省的结论，但它也让我们对计算机科学作为一门学科的基本性质有了深刻的认识。物理学向我们揭示了空间、时间和能量的重要局限性。例如，关于能量守恒的热力学第一定律表明能量不能被创造或毁灭，它只能被转化。再者，根据爱因斯坦的狭义相对论，信息或物质的传播速度不能超过光速。同样，关于（不可）判定问题的知识向我们展示了计算的范围和极限。了解自己的极限可能和了解自己的优势一样重要，用布莱兹·帕斯卡的话说，就是"我们必须了解自己的极限。"

进一步探索

电影《土拨鼠之日》展示了时间循环的各个维度。影片的一个关键看点是这个循环是否会结束的问题。在这部电影中，主角菲尔·康纳斯试图找到一个动作组合来结束这个循环。同样，在电影《明日边缘》中，一位名叫比尔·凯奇的陆军公共关系官员在报道外星人入侵地球时死亡，他被反复送回前一天来重温这一天的经历。在《土拨鼠之日》中，每个循环迭代只需要一天的时间，而在《明日边缘》的后续迭代中，比尔·凯奇每次都会存活更久，因为他在每次迭代中都在尝试不同的行动。（这部电影也被称为《生存，死亡，重生》，直指循环机制。）这类似于一遍又一遍地重玩一款电子游戏，每次都从过去失败中学习并推进关卡。《黑暗之魂》便是一款利用这一现象并将其融入游戏玩法的电子游戏。肯恩·格林伍德的小说《重生者》(Replay) 中也有一些人物重历自己的部分生活。然而，他们重历的人生片段会不断缩短，始终终止于同一时刻，且重启点越来越接近终点。此外，人们无法控制他们生活的回放。电影《源代码》中的主角也是如此，通勤列车乘客陷入 8 分钟的时间循环阻止爆炸案。在这个故事中，主角自己无法控制这个循环，因为它是一个外部控制的计算机仿真。

循环的工作原理是在每次迭代中更改部分底层状态，直到满足循环的终止条件。与循环的效果和终止相关的只是跨越迭代的那部分状态。在《土拨鼠之日》的情况下，可以改变的状态只有菲尔·康纳斯这个人。其他的一切（物理环境，其他人的记忆等）都会在每次迭代中被重置，并且不会受到菲尔·康纳斯的影响。从这个角度分析故事有助于揭示关于行动、人类记忆等的影响的隐含假设，从而帮助理解故事。它还有助于发现逻辑矛盾和情节漏洞。

当循环中的动作不影响使终止条件为真的状态部分时，循环将不会终止。电影《三角》似乎本质上是由一个巨大的不终止循环组成的。然而，由于一些参与者有替身，循环结构实际上更复杂，表明存在几个交错的循环。一个不终止的循环在西西弗斯的故事中表现得最为突出。根据希腊神话，西西弗斯受到宙斯的惩罚，被迫不断地把一块巨石推到山上。当他到达山顶时，巨石又滚了下来，西西弗斯不得不从头再来。阿尔贝·加缪的《西西弗斯的神话》对西西弗斯的故事进行了哲学上的诠释，它探索了当世界本质失去意义、任何行为都无法产生持久影响时，人类应如何自处。

递归

《回到未来》

再读一遍

你回到办公室，有几个电话要打。打电话给某人只需要在智能手机上轻点几下，或者让一个电子助理帮你拨号。但是如果没有计算机的帮助，你将不得不在电话簿中找到这个号码。你如何查找电话号码呢？你可能不会从第一页开始，一个接一个地查看所有的名字，也就是说，你不会把电话簿当作一个列表。相反，你可能会打开电话簿中间的某页，将你要找的名字与你看到的名字进行比较。幸运的话，你立即就在当前页面上找到了该姓名。如果是这样，查找就完成了。否则，你将在当前位置之前或之后继续搜索，再次打开已确定的待搜索页面范围中间的某个页面。换句话说，你将使用二分搜索来查找电话号码。同样的算法也用于在印刷字典中查单词或在图书馆书架上找一本书。

在第 5 章中详细讨论过的这个算法是递归的，因为算法出现在自身的描述中。当你尝试向别人解释这个算法时，这一点就变得清晰起来。在描述了第一轮的步骤（打开书，比较名字，决定是向前搜索还是向后搜索）之后，你需要解释同样的步骤必须再次重复。例如，你可以以说"然后重复这些动作"。复合名词"这些动作"指的是需要重复的事情。如果我们给整个算法起一个名字，比如 BinarySearch，那么我们就可以在指令中使用这个名字来表达算法中的重复，比如"然后重复 BinarySearch"。以这种方式使用名称 BinarySearch 产生的算法定义会在其自己的定义中使用该名称，这就是描述性递归：它使用名称或符号或其他机制来表达自我引用，即在其定义中引用自身。

当执行该算法时，可能会多次重复一些步骤（例如，打开一本书的特定页面或比较名称）。在这方面，递归类似于循环。在算法中使用循环还是递归有关系吗？就计算本身而言没有关系——任何使用递归描述的计算也可以使用循环来表示，反之亦然。然而，算法的表达方式影响着对算法的理解。特别是，分治问题，如二分搜索或快速排序，通常更容易使用递归表示，因为递归不是线性的，也就是说，算法被递归地引用了不止一次。相反，重复一组固定的动作直到满足某个条件的计算，与线性递归相对应，通常更容易用循环来描述。

但递归不只作为一种描述性现象出现在算法中，值序列本身也可以是递归的。如果你在查字典的同时唱着"墙上有 99 瓶啤酒"，这将强调这个过程的递归性质。这首歌有两个版本，一个会在你数到 0 时停止，另一个会返回到 99 然后重新开始。物理上的递归（比如俄罗斯套娃）总是在某一点终止，语言上的递归则可能永远持续下去。二分搜索确实会终止，因为迟早会找到名字，或者你会看完要搜索的页面，但是无尽之歌正如它们的名字所暗示的那样，不会终止——至少，如果严格地从算法上理解，是如此。

这里有一个实验来说明这一点。看看你是否能完成下面句子中描述的简单任务：

再读一遍这个句子。

如果你现在正在读这句话，说明你没有按照任务的要求去做，否则你不会读到这里。正如你放弃了对同事办公室的无果搜索一样，你在算法（在本例中是读前面的句子）之外做出了停止执行算法的决定。就像循环倾向于非终止一样，递归描述也是如此，用算法检测递归的非终止性是不可能的，就像循环一样。

第 12 章用时间旅行作为比喻解释了不同形式的递归。通过仔细研究时间旅行和递归中的悖论，我们可以更好地理解递归定义的含义。

第 12 章
Once Upon an Algorithm: How Stories Explain Computing

事半功倍

递归（recursion）这个词有两个不同的含义，这可能会导致对该概念的混淆。由于递归在计算的描述中起着重要的作用，所以应该很好地理解它。虽然算法中的递归可以用循环代替，但递归实际上比循环更基本，因为除了定义计算之外，它还用于定义数据。列表、树和语法的定义都需要递归，没有基于循环的替代版本。这意味着，如果必须在两个概念之间选择一个，那么必须选择递归，因为许多数据结构都依赖于它。

递归一词源于拉丁语动词 recurrere（大致意思是"跑回去"），用来表示某种形式的自相似或自指。这两种不同的含义导致了递归的不同概念。

自相似性出现在某些图片中，这种图片包含其自身的较小形式，例如图片上的房间里有一台电视，电视又显示同样的房间画面，只是版本较小，等等。类似地，当一个概念的定义包含对自身的引用时（通常通过使用概念的名称或符号）就会发生自我引用。例如，考虑后代的定义（它是第 4 章计算后代算法的基础）。一个人的后代是他的孩子以及所有孩子的后代。这里对后代的定义包括对后代这个词的引用。

本章介绍递归的不同形式，并具体解释递归的自相似形式和自引用形式之间的关系。我用电影三部曲《回到未来》和时间旅行的概念来说明关于递归的几个维度。时间旅行可以看作描述事件序列的一种类似于递归的机制。从递归定义可以被理解为时间旅行指令开始，然后解释时间悖论的问题，以及这个问题如何与通过不动点（fixed point）的概念理解递归定义的问题相关联。

本章还指出了递归的几个特点。例如，电视房间的递归是直接的，因为电视房间的图像立即成为其本身的一部分。而且，这个递归是无界的，也就是说，这个包含是无限的，所以如果我们可以反复放大，并把其中电视屏幕扩大到图片的大小，那这个过程永远也不会到达包含的尽头。本章考察间接递归和有界递归的例子，并探讨它们对递归概念的影响。

最后，我将通过演示涉及循环的算法（如汉赛尔和格莱特的石子追踪算法）如何用递归来描述，解释循环和递归之间的密切关系。我会证明循环和递归在某种意义上是等价的，任何使用循环的算法都可以转换为使用递归的算法，两者计算的结果是相同的，反之亦然。

事关时间

和许多时间旅行的故事一样，电影三部曲《回到未来》也将时间旅行作为解决问题的一种手段。一般的想法是将过去的某个事件确定为当前问题的起因，并回到过去改变事件，希望随后的事件以不同的方式展开并避免问题。在《回到未来》的故事中，科学家布朗博士在 1985 年发明了一台时光机，他和他的高中生朋友马蒂·麦克弗莱由此经历了许多冒险。在第一部电影中，马蒂意外地回到了 1955 年，他干涉了父母的恋爱，这威胁到了他和他兄弟姐妹的存在。他最终能够恢复（大部分）历史进程，并安全地回到 1985 年。在第二部电影中，马蒂、他的女朋友詹妮弗和布朗博士从 2015 年的旅行中回来，他们必须纠正马蒂和詹妮弗的孩子们的问题。他们发现，1985年是一个黑暗而暴力的年代，马蒂在第一部电影中的对手比夫·坦南变成了一个有钱有势的人。比夫谋杀了马蒂的父亲，并娶了马蒂的母亲。比夫利用2015年的体育年鉴预测体育赛事，结果积累了财富。他在2015年从马蒂那里偷走了年鉴，并在时间机器的帮助下穿越到1955年，把它交给了年轻时的自己。为了把1985年的现实还原到2015年他们离开之前的样子，马蒂和布朗博士回到了1955年，从比夫那里拿走了体育年鉴。

布朗博士：很明显，时间连续体被打乱了，创造了一个新的时间事件序列，导致了这个另样的现实。

马蒂：博士，说人话！

所有这些在时间里的来回跳转听起来相当令人困惑，布朗博士不得不在黑板上用图向马蒂解释一次计划的时光机旅行的一些后果，如右图所示。

```
1955                          1985
比夫没有体育年鉴              平和的希尔谷
比夫把体育年鉴交给自己  →   比夫得到体育年鉴    暴力的希尔谷
马蒂销毁体育年鉴        →   比夫没有体育年鉴    平和的希尔谷
```

理解这些以及其他时间旅行故事时所遇困难的根源在于我们习惯将现实体验为单一事件流（只有一个过去和一个未来）的体验。时间旅行的可能性颠覆了这一观点，并提出了存在多种不同现实的可能性。然而，时间旅行和另样现实对我们来说并非完全陌生。首先，我们实际上都在穿越时间，尽管穿越的时间非常有限。正如卡尔·萨根所说："我们都是时间旅行者——以每秒一秒的速度旅行。"⊖ 当我们提前计划未来的和回忆过去的事情时，我们也会考虑另一种现实，尽管我们从未真正体验过这种另样现实。

时间旅行是一个吸引人的话题，但它与计算，特别是与递归有什么关系呢？正如到目前为止所描述的故事和日常活动所说明的那样，计算对应于计算机（人、机器或其他参与者）所采取的一系列行动。因此，穿越到过去执行操作对应于在塑造当前世界状态的因果链条中插入新的环节。其目的是将世界的状态带入一个理想的境地，从而为当前实施特定行动创造条件。

例如，当马蒂、詹妮弗和博士从2015年回到1985年的时候，马蒂期待着和詹妮弗一起开启一次计划已久的露营之旅。然而，他们发现世界的暴力状态不允许他们这样做，因此他们穿越到过去，并从比夫那里拿走体育年鉴，从而导致之后的一系列行动将产生他们期望的状态。但时间旅行并不局限于回到过去一步。就在马蒂和布朗博士从比夫手中取回体育年鉴后，时光机被闪电击中，将博士送到1885年。马蒂后来发现，博士在抵达1885年后几天就被不法之徒"疯狗"布福德·坦南杀害了。于是，他跟随博士回到了1885年，利用博士在1885年藏在一座老金矿里的时光机，让马蒂回到1955年。在1885年，他帮助博士避免了被布福德·坦南射杀，并最终成功回到了1985年。

递归算法所做的事情非常相似，可以理解为它将指令插入指令流。算法的每一步要么是某个基本指令，要么是执行另一个算法的指令，它将被调用算法的指令插入当前的指令序列中。在递归的情况下，这意味着将当前算法本身的指令插入了它被调用的地方。

由于每个算法步骤的执行都会产生一些中间值或其他效果，因此算法的递归执行使这些中间值或效果在调用它的地方可用。换句话说，对算法的递归调用可以被看作这样一条指

⊖ 顺便说一句，卡尔·萨根认为《回到未来2》是有史以来以时间旅行科学为基础的最好的电影。

令：它返回过去，重新启动计算以得到现在所需的结果。

例如，我们可以用递归算法描述马蒂的行动。具体来说，我们可以通过几个等式定义一个算法 ToDo，说明马蒂在什么时间做什么[⊖]：

ToDo（1985）= ToDo（1955）；去露营

ToDo（1955）= 获取体育年鉴；ToDo（1885）；返回 1985

ToDo（1885）= 帮助博士避免被布福德·坦南射杀；返回 1985

我们可以扩展这个算法，使其包括到 2015 年的时间旅行，但是这里所展示的三种情况足以说明关于递归的一些要点。首先，ToDo（1985）的等式揭示了在 1985 年的行动需要先完成在 1955 年的行动，因为世界需要处于不同的状态，才能和詹妮弗一起去露营。这种需求在 ToDo 算法中使用递归表示。ToDo 算法的一个步骤是执行 ToDo 本身。其次，递归执行 ToDo（1955）作为 ToDo（1985）等式的一部分，它所使用的实参与 ToDo（1985）中的实参不同。这意味着递归不会导致完全相同的复制（不像电视房间的图片）。这对计算的终止行为具有重要意义。

我们考虑当使用参数 1985 执行算法时，计算是如何展开的。ToDo（1985）的第一步是执行 ToDo（1955），这意味着在马蒂去露营之前，他必须穿越到 1955 年，从比夫那里取回体育年鉴。但在他回到 1985 年之前，他必须执行 ToDo（1885）所描述的步骤，也就是说，他必须穿越到 1885 年，去救布朗博士。之后他回到了 1985 年，最终可以和他的女朋友完成早已计划的露营之旅。

在仔细检查第三个等式时，我们注意到一些奇怪的东西。算法没有返回到开始计算 ToDo（1885）时马蒂所在的 1955 年，而是直接返回到 1985 年。这是《回到未来 3》中真实发生的场景。这很有道理，因为跳到 1955 年（然后再直接跳到 1985 年）是没有多大用的。（就像大多数人更喜欢直航，而不是转机。）

然而，这种行为并不是递归的典型方式。当递归计算完成时，它会自动返回到它离开的点，然后继续该点之后的计算。在这个例子中，是从 1885 年跳回到 1955 年。这种行为的原因是递归计算通常不知道计算是如何继续进行的，因此安全的做法是返回到起点，以免错过任何重要的东西。然而在这种特殊情况下，因为下一步是返回到 1985 年，直接跳转是可以的。是用两个连续的跳转还是只用一个直接跳转只是效率问题。但在《回到未来》中，这个问题确实很重要，因为在这个故事中，让时间旅行成为可能的通量电容器在每次时间跳转时都需要消耗大量的能量。布朗博士在 1955 年哀叹他 1985 年的汽车设计：

我怎么能这么粗心呢？1.21 吉瓦！汤姆（托马斯·爱迪生），我怎么才能产生那么多的能量呢？这不可能，这不可能！

无问时分

要使用布朗博士的时间机器，需要提供时间旅行的确切目标日期和时间。然而，既然时间旅行的目的是改变事件的因果链，那么确切的日期和时间并不重要，只要一个人在需要改变的事件之前到达就可以了。假设有一个包含我们想要更改的所有事件的日期 / 时间表，我们可以用一种不同的方式表达 ToDo 算法，使用预期的因果变化而不是显式的时间跳转。事

⊖ 请记住，分号是按顺序复合算法步骤的控制结构。

实上，ToDo 中使用直接跳转的算法风格是很古老的。它是用于编程微处理器的低级语言的操作方式，即标记代码片段，然后使用跳转指令在代码片段之间移动。第 10 章讨论的所有控制结构都可以使用这种跳转来实现。然而，使用跳转的程序很难理解和推理，特别是如果以一种随意的方式使用跳转，则生成的代码通常被称为面条代码。因此，跳转作为一种表达算法的方式已经基本上被淘汰了，尽管它们仍然用于运行在计算机硬件上的代码的低级表示。算法使用的是条件、循环和递归。

由于显式跳转是一种放弃的控制结构，我们如何在没有跳转的情况下表达 ToDo 算法？在这种情况下，我们可以使用名称标记算法应该实现的目标，而不是使用特定的年份来标记动作序列。当为一个特定的目标调用一个算法时，我们可以在定义等式中找到这个目标的等式。此外，一旦递归执行完成，我们将自动返回到它开始的点。虽然确切的年份对于电影建立不同的文化背景非常重要，但对于建立正确的步骤顺序并不重要，这只取决于行动因果关系的相对顺序。因此，我们可以用一个新的算法 Goal 替换算法 ToDo，定义如下：

Goal（目前活着）= Goal（恢复世界）；去露营

Goal（恢复世界）= 获取体育年鉴；Goal（救博士）

Goal（救博士）= 帮助博士避免被布福德·坦南射杀

这个算法的计算展开方式与 ToDo 算法相同，只是时间没有明确，并且返回 1985 年分两步进行。

准时到达

执行递归 ToDo 或 Goal 算法所产生的计算会对世界的状态产生影响，并且无法通过跟踪算法的步骤直接看到这种影响。为了更清楚地说明递归执行和计算之间的联系，我们看另一个例子，考虑一个计算列表中元素个数的简单算法。更具体一点，考虑数一叠扑克牌。

这个算法必须区分两种情况。第一种，如果这叠牌是空的，它包含 0 张牌。第二种，如果这叠牌不是空的，那么这叠牌的牌数是除去最上面一张牌后剩下的牌数加 1。如果我们将一叠牌表示为列表数据结构，则算法必须相应地区分空列表和非空列表。在后一种情况下，结果是将算法应用于列表尾部（即不含第一个元素的列表）的结果加上 1。由于对非空列表的任何递归调用都会使它加 1，因此该算法加 1 的次数与列表中元素的数量相同。算法 Count 可以用下面两个处理空列表和非空列表情况的等式来描述：

Count( ) = 0

Count($x \rightarrow$ rest) = Count(rest) + 1

这两种情况的区别在于等式左侧 Count 的参数具有不同的形式。在第一个等式中，空格表示该等式适用于不包含任何元素的空列表。在第二个等式中，模式 $x \rightarrow$ rest 表示非空列表，其中 x 表示列表的第一个元素，rest 表示列表的尾部。对于这种情况，按照定义用 Count（rest）对列表尾部的元素计数，然后在结果上加 1。算法的这种在不同情况之间进行选择的方法称为模式匹配。模式匹配通常可以取代条件的使用，并使算法要考虑的不同情况更明确。模式匹配还允许算法直接访问所处理的部分数据结构，有时可以使定义更简短。在这种情况下，x 指的是列表的第一个元素，但在等式右侧的定义中没有被使用。但是由于 rest 命名列表的尾部，因此可以将其用作递归调用 Count 的参数。模式匹配的另一个好处是，它清楚地将定义中的递归部分与非递归部分区分开来。

Count 的递归等式可以理解为以下假设陈述：如果我们知道列表尾部的元素数量，则只须给该数字加 1 即可获得元素总数。想象一下，有人已经数出了没有第一张牌的那副牌的数量，并在一张便签上写下了这个数字。在这种情况下，牌的总数就是便签上的数字加 1。

然而，由于此信息不可用，我们必须计算它——递归地——将 Count 应用于列表尾部 rest。与时间旅行的联系便在这里。考虑不同计算步骤发生的时间。如果我们现在想要加 1，那么 Count（rest）的计算必须已经完成，因此必须在过去的某个时间开始。类似地，如果我们想立即计算出牌的总数，我们可以在几分钟前让某个人计算出不含第一张牌的牌数，以使结果现在可用。因此，我们可以将算法的递归调用视为回到过去，创建当前需要的计算结果，以便可以立即执行剩余的操作。

现在来看一个递归算法的计算示例，我们计算一下马蒂随身携带到 1885 年的不同物品的数量，它们分别是牛仔靴（B）、一对对讲机（W）和悬浮滑板（H）。将 Count 应用于列表 B → W → H 时，我们必须用第二个等式，因为列表不空。要执行这个应用，必须将列表与模式 x → rest 匹配，结果 x 匹配 B，rest 匹配 W → H。然后，Count 的定义等式指示将 Count 对 rest 的递归调用加 1：

Count(B → W → H) = Count(W → H) + 1

完成这个加法需要 Count(W → H) 的结果，我们知道它是 2，但是如果现在想要使用这个结果，那么 Count 的相应计算必须更早开始。

为了更精确地理解计算的时间，我们假设一个基本的计算步骤（比如两个数字相加）耗时一个时间单位。然后我们可以用这样的时间单位来讨论计算的持续时间。一个计算相对于现在计算的开始和完成时间可以表示为时间单位的距离。如果把现在指定为时间 0，那么现在采取的基本步骤将在时间 +1 完成。类似地，执行两步并且现在完成的计算必须在时间 −2 开始。

递归计算需要多长时间并不明显，因为它在很大程度上取决于递归步骤发生的频率，而这通常取决于输入。在 Count 示例中，递归的次数（因此运行时间）取决于列表的长度。与使用循环的算法一样，递归算法的运行时间只能描述为输入规模的函数。这个观察给递归的回到过去观点提出了一个问题：Count 的递归调用需要回溯多久的时间才能在进行加 1 运算时及时完成它的工作并交付结果？似乎我们必须回到足够久远的过去，以便有足够的时间进行所有必需的展开和加法，但由于我们不知道列表的长度，也不知道应该回到多久前。

幸运的是，我们不需要知道输入的大小，就可以有效地利用时间旅行。关键是注意到，只要在过去的一个时间单位启动递归计算就足够了，因为无论递归计算花费多长时间，执行进一步递归计算所需的任何额外时间都可以通过将相应的递归调用发送到更久的过去而获得。这种回到过去观点的工作原理如图 12.1 所示。

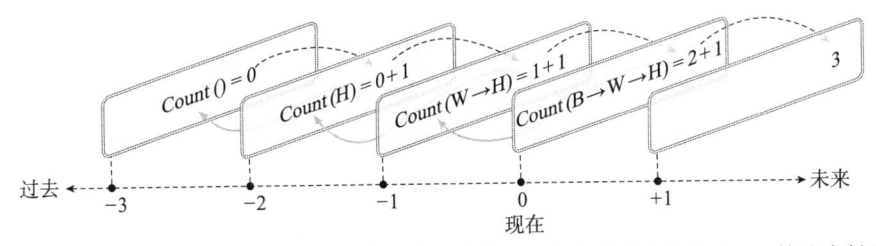

图 12.1　通过回到过去递归地计算列表中元素的个数。在非空列表上执行 Count 算法会触发一个计算：对列表尾部进行 Count 计算，并在其结果上加 1。在过去一个时间单位开始执行尾部的计算，可以在现在得到它的结果，在未来一个时间单位得到加法的结果。在过去对非空列表执行 Count 会导致在更早的过去进一步执行 Count

如图 12.1 所示，执行 Count(B → W → H) 会产生 Count(W → H) + 1 的计算。一旦递归计算完成，Count 只需要一步就可以将 1 加到递归调用的结果上，并且在时间 +1 处获得最终结果 3。为了在某个特定时间获得递归调用的结果，提前一个时间单位开始计算就足够了。例如，现在（也就是时间 0）要得到 Count(W → H) 的计算结果，我们只需要在过去一个时间单位启动计算。如图所示，此计算在时间 −1 处得到表达式 1+1，在时间 0 处一步求值为 2，这正是需要它的时候。Count(W → H) 怎么可能瞬间产生 1+1？同样，这是通过将所涉及的递归调用 Count(H) 发送到过去一步，即时间 −2 处来实现的，这里它产生表达式 0+1，该表达式也用一步求值，并使其结果 1 在一个时间单位之后的时间 −1 处可用。表达式中的 0 是发送回时间 −3 处的 Count() 调用的结果。总的来说，通过重复地在过去开始递归计算，我们可以在未来一个时间单位完成原始计算。无论列表有多长，这都是正确的。更长的名单只会产生更多的时间旅行，回到更久之前。

请注意，时间旅行的类比可能会使递归看起来比实际情况更复杂。当计算机执行递归算法时，不需要计时技巧和花哨的调度。这在第 4 章的二分搜索以及第 6 章的快速排序和归并排序算法中都很明显。

时间旅行的类比说明了两种形式的递归以及它们之间的关系。一方面，诸如 Goal 或 Count 之类的算法通过自引用在其定义中使用递归。我把这种递归形式称为描述性的，因为递归发生在算法的描述中。另一方面，当执行递归算法时，由此产生的类似事件或计算的序列包含递归描述的实例，这些实例中使用了不同的参数值。我把这种形式的递归称为展开的。如图 12.1 所示，递归算法应用的重复展开将描述性递归转换为展开递归。换句话说，执行描述性递归（即递归算法）会产生相应的展开递归计算，这种观点可以总结为以下公式：

$$执行（描述性递归）= 展开递归$$

电视房间的递归图就是一个展开递归的例子。给定上述关系，是否存在一个描述性递归，当执行时它将产生以上图片？是的。可以考虑这样的指令：使用摄像机拍摄房间的静止图像并将图像送到房间内的电视。执行这些指令将产生展开的递归图像。

在《回到未来》中，描述性递归是用算法 ToDo 和 Goal 算法表达的。特别是，改变过去的目标和计划是描述性递归。当这些计划被执行时，故事就会展开成彼此非常相似的事件，比如似曾相识的咖啡馆/沙龙和滑板/悬浮滑板的场景。

不仅是穿越电影中的虚构人物会制定改变过去的目标和计划。事实上，我们有时都会发问："如果我当时换种做法，会发生什么呢？"但是，与电影中的人物不同，我们无法执行这样的计划。

用不动点解决悖论

时间旅行是一个相当有趣和快乐的话题，部分原因是它可以创造悖论。悖论是一种不可能的情况，其特征是逻辑矛盾，某种事情是真的，同时又是假的。一个著名的例子是祖父悖论，指的是一个时间旅行者回到过去杀死他自己的祖父（在祖父有了他的父亲之前）。这使得时间旅行者自己的存在变得不可能，包括他的时间旅行和杀死祖父。祖父悖论被用来证明穿越到过去是不可能的，因为它会导致逻辑上不可能的情况，与我们对因果关系的理解相矛盾。在《回到未来 2》中，布朗博士警告詹妮弗，如果她遇到未来的自己，可能会有什么后果：

这次相遇可能会产生一个时间悖论，其结果可能会引起连锁反应，从而撕裂时空连续体的结构，并摧毁整个宇宙！当然，这是最坏的情况。事实上，这种破坏可能是非常局部的，仅限于我们自己的星系。

对祖父悖论问题的一种回应是采取会导致悖论的行动实际上是不可能的。例如，即使你可以穿越到过去，你也不可能杀死你的祖父。具体地说，假设你试图用枪杀死你的祖父。你可能拿不到枪，或者枪会卡住，或者你的祖父会躲开子弹，或者即使子弹击中了他，他也只是受了伤，然后恢复过来。也许时空连续体的本质是这样的，它只允许过去的行为与未来肯定会发生的事情相一致。

在计算领域是否也存在类似的祖父悖论？是的。例如，任何递归算法的非终止执行都可以被认为是这样一个悖论。在下文中，我将使用不动点的概念更详细地解释这一观点。

为了产生一个悖论，我们似乎需要找到这样一个递归计算，它触发一次回到过去并改变过去的计算，使触发的计算消失或变得不可能。如果不能真正回到过去，我们能找到的最接近的算法可能是一种自我删除或摧毁运行它的计算机的算法。在这种情况下，算法的执行将简单地停止，因此在这种情况下没有真正的悖论产生。但是这个例子只是展开递归。有许多描述性递归是悖论的案例。回想 Count 的递归定义，它是由一个等式给出的，该等式表示列表中的元素数量是列表尾部元素数量加 1。这里没有悖论，但假设我们稍微改变了定义，将 Count 递归地应用于整个列表，而不是列表的尾部：

$$Count(list) = Count(list) + 1$$

这似乎把列表元素的数目定义为比列表元素的数目多一个，这是一个明显的矛盾。一个类似的例子是下面的等式，它试图定义一个比自己大 1 的数字 n：

$$n = n + 1$$

这同样是一个矛盾，或者悖论，这个方程没有解。就时间旅行的类比而言，回到过去计算 n 或 Count(list) 值的尝试不会终止，因此永远无法到达我们可以加 1 的时间点。换句话说，过去所期望的行为不可能与现在的行为一致，这就形成了一个悖论，即列表中的元素数量应该同时是两个不同的值。

在现实中，表面上的悖论常常被物理的限制解决。例如，在电视房间的图片中，看似无限的递归随着相机的分辨率变小而停止。一旦深度嵌套的电视图像变小到一个像素，递归就会停止，不会将房间的图像呈现为该像素的一部分。类似地，在音频反馈的情况下，当放大器的输出输入（反馈）到连接到它的麦克风时，放大不会无限进行。这种情况下的悖论是由麦克风和放大器的物理限制来解决的，它们都受到它们可以处理的信号幅度的限制。

第 9 章讨论了语言具有语义的事实，以及以某些编程语言表达的算法的语义是在算法执行时的计算。从这个角度来看，矛盾和导致悖论的算法的含义是没有定义的，也就是说，没有计算可以做算法所要求的事情。我们如何判断递归算法是否矛盾，是否导致悖论？

递归数字定义的例子可以帮助阐明这个问题。考虑下面的等式，它表示被定义的数字等于它自己的平方：

$$n = n \times n$$

这个定义其实并不矛盾。使等式成立的自然数有两个，即 1 和 0。这是理解递归定义的关键。所定义的数是方程的解，也就是说，当用这个数代替变量 n 时，得到的是真命题而不是矛盾命题。对这个数字方程的情况，我们有 $1 = 1 \times 1$，这是正确的，所以 1 是这个方程的解。

然而，方程 n=n+1 没有解。类似地，方程 Count(list) = Count(list) + 1 也没有解，但原定义的方程有解。在那种情况下，其解是计算列表中元素数量的计算。

一个两边包含相同变量的等式可以被看作在定义一个变换。例如，等式 n=n+1 表示 n 是由自身加 1 定义的，或者 n=n×n 表示 n 是由自身乘以 n 定义的。任何不受变换影响的数 n 称为该变换的不动点。顾名思义，该值不会改变并保持固定。

用几何变换中的点更容易说明不动点的概念。例如，考虑一幅画围绕其中心旋转。所有的点都改变了位置，只有中心保持在原来的位置。中心是旋转变换的一个不动点。事实上，中心是旋转的唯一不动点。或者考虑沿着其中一条对角线反射一幅画。在这种情况下，对角线上的所有点都是反射变换的不动点。最后，将图片向左移动没有任何不动点，因为所有的点都会受到影响。对于数字的例子，"加 1"变换没有不动点，而"乘自身"变换有两个不动点：1 和 0。

对应于定义 Count 的方程的变换是什么？首先，我们观察到修改后的定义 Count(list) = Count(list) +1 与定义 n=n+1 非常相似，只是它有一个参数。这个定义对应于这样的变换：Count 应用于 list 被定义为在这个应用上加 1。这个变换，像定义 n 的变换一样，没有不动点。原始定义 Count(x → rest) = Count(rest)+1 的变换则表明，应用于 list 的 Count 是通过删除该应用中 list 的第一个元素，然后加 1 来定义的。这个变换（连同定义空列表情况的等式）确实有一个不动点，这个不动点就是对列表中的元素进行计数的函数。

一个递归方程的意义是它的底层变换的不动点——也就是说，如果存在这样的不动点⊖。递归方程描述一种算法，不动点描述一种在变换下稳定且适用于大量情况的计算。该变换通常会调整算法的实参，还可能修改递归调用的结果。在 Count 的情况下，实参列表的第一个元素被删除，其结果增加 1。在 Goal 的情况下，递归方程以不同的目标执行 Goal，并添加与每种情况相关的其他活动。

从时间旅行的角度来看，递归算法的不动点描述了一种计算，它在过去和现在的效果是一致的。这就是为什么不动点与递归相关。就像时间旅行者一样，递归算法必须行为得当，避免悖论才能成功。如果一个递归算法有不动点，那么它描述了一个有意义的计算。否则，它就相当于一个悖论。然而，与时间旅行悖论不同的是，它不会摧毁宇宙，只是不能计算出你想要的结果。把递归算法的意义理解为不动点并不容易。第 13 章演示了另一种理解递归算法描述的方法。

循环还是不循环

递归是一种相当于循环的控制结构，也就是说，算法中的任何循环都可以用递归代替，反之亦然。在某些例子中，一种结构比另一种感觉更自然，但这种印象通常是之前接触过其中一种控制结构而形成的偏见。例如，人们怎么能不把汉赛尔和格莱特的石子追踪算法视为一个循环呢？

找一块没有经过的石子，朝石子走过去，直到回家为止。

这显然是一个 repeat 循环的例子。虽然这确实是对该算法的一个清晰而简单的描述，但

⊖ 实际情况要比这复杂一点，但这个类比仍然是有效的。

下面的等效递归版本 FindHomeFrom 只是稍微长一点 ⊖：

FindHomeFrom（家）= 什么都不做

FindHomeFrom（森林）= FindHomeFrom（下一个没有访问的石子）

与这里介绍的其他递归算法一样，FindHomeFrom 由多个等式给出，每个等式用一个参数来区分不同的情况。在这个例子中，算法从参数表示的位置开始找到回家的路，两种情况分别是汉赛尔和格莱特的当前位置是已经在家还是仍然在森林中。

可以说，递归算法比循环版本更精确，因为算法会在汉赛尔和格莱特的父亲把他们带进后院时终止。在这种情况下，汉赛尔不会丢下石子，因为他们从来没有离开过家。然而，循环算法指示他们找到一颗石子，这将导致一个非终止的计算。这不是循环本身的问题，而是使用 repeat 循环来描述算法的结果，while 循环"当你不在家时，找到一个以前没有经过的石子，并朝它走去"可能更合适，因为它在执行循环体之前先测试终止条件。

递归描述说明了如何使用递归表示循环。首先，将终止条件的两个结果（已到家或仍在森林中）明确表示为等式的参数。其次，循环体成为参数表示非终止情况（这里，位置在森林中）的等式的一部分。再次，循环的继续表示为算法的递归执行，并对参数（这里是下一个未经过的石子的位置）作适当更改。

在第 10 章中，我已经使用选择结构展示了土拨鼠节循环的递归版本。利用等式和模式匹配，我们还可以用以下方式表示土拨鼠节循环：

GroundhogDay（真）= 什么都不做

GroundhogDay（假）= 重现这一天；GroundhogDay（是好人吗？）

比起 repeat 重现这一天 until 成为好人，递归版本似乎要复杂得多。但是，由此可得出循环总是比递归更容易编程的结论是不正确的。递归特别适合于一个问题可以分解成子问题的情况（见第 6 章的分治算法）。这些问题的递归算法通常比基于循环的对应算法更简单、更清晰。尝试实现不带递归的快速排序等算法可以理解这一点，也是一种有益的练习。

递归的多面性

遗憾的是，递归经常被描绘得神秘且难以使用，这其实冤枉递归了。很多关于递归的困惑可以通过考虑递归的不同维度以及它们之间的关系来解决。我们可以根据一些分类来区分不同形式的递归，例如 ⊖：

❑ 执行：展开递归与描述性递归
❑ 终止：有界递归与无界递归
❑ 到达：直接递归与间接递归

我已经讨论了展开递归和描述性递归之间的区别，以及它们通过计算相关联的方式。我们说，描述性递归的执行会产生一个展开递归，这有助于理解递归概念。一方面，当遇到展开递归时，可以尝试考虑它的描述性递归。描述性递归通常可以提供对算法的紧凑描述，特别是当递归也是无界递归的时候。另一方面，给定描述性递归，执行定义以查看其展开递归通常是有帮助的，特别是在递归具有更复杂形式的情况下，例如当它涉及多个递归出现时。

⊖ 递归描述较长，因为这里必须显式地使用算法的名称。

⊖ 我们也可以区分生成递归和结构递归，但这种区分对于根本理解递归概念本身并不重要。此外，可以区分线性递归和非线性递归（见第 13 章）。

对于电视房间的图像例子，如果添加第二个摄像机和第二台电视，而且两台摄像机可以记录彼此的投影图像和两个电视图像，结果会是什么？了解描述性递归如何产生展开递归有助于理解递归。

有界递归是会终止的递归。只有在展开递归中，区分有界递归和无界递归才有意义。但是，我们可以问描述性递归产生有界递归的要求是什么。一个条件是，递归的描述必须包含一些本身不调用递归的部分，例如 Goal（拯救博士）或 Count() 的定义。表示这种情况的等式称为基本情况或者递归基。虽然结束递归总是需要基本情况，但这并不能保证递归终止，因为递归情况可能是永远不会达到基本情况。回想一下定义 Count(list) = Count(list) + 1，该定义在应用于非空列表时永远不会终止，即使它具有空列表的基本情况。

无界递归有意义吗？似乎不终止的递归计算不能产生任何结果，因此也就没有意义了。如果单独地考虑这些计算，可能会出现这种情况，但是作为其他计算的组成部分，无界递归可能非常有用。假设一个计算会产生无限的随机数流。这样的流对于实现模拟非常有用。只要一个计算只消耗无限流的有限部分，并且简单地忽略无限部分，计算就可以表现良好。例如，考虑以下全 1 的无限列表的定义，它说明列表的第一个元素是 1，后面是全 1 的列表：

Ones = 1 → Ones

执行这个定义将会得到一个无限个 1 组成的序列：

1 → 1 → 1 → 1 → 1 → 1 → ⋯

就像电视房间的图片一样，这个列表是它本身的一个组成部分。等式显示了这一点，展开列表也是如此。1 的无限列表从 1 开始，后面跟着全 1 的列表，后者也是无限的。

这种自包含的观点也有助于解释递归导致的自相似性。如果我们把由 Ones 计算的列表写在一行，由 1 → Ones 计算的列表写在下一行，我们会看到两个完全相同的列表。由于两个列表都是无限的，第二行的列表并不包含一个额外的元素。

无界递归也可以在音乐中找到，比如永无止境的歌曲（"墙上的 99 瓶啤酒"之类的），或者是在 M. C. 埃舍尔的画作中，比如"画手"和"画廊"。在"画手"这件作品中，一只手画另一只手，而后一只手也在画前一只手。这里没有基本情况，递归也不终止。类似地，"画廊"显示一个不终止的递归。画面显示在一个小镇的画廊里，一个人在看这个小镇的画，而在他看的画中他也在画廊里看这张画。

埃舍尔的这两幅画说明了直接递归和间接递归的区别。在"画手"中，递归是间接的，因为它不是自己画自己，而是每只手画一只不同的手——画它的手。相比之下，"画廊"的图片直接包含了它自己，因为它立即显示了那个人在画廊里看画的小镇。"画手"也说明了间接递归并不保证终止。这种情况与基本情况类似：它们是终止所必需的，但不能保证终止。

间接递归的一个常见例子是定义算法 Even 和 Odd 来判定一个数字是否能被 2 整除。Even（偶数）的定义表明 0 是偶数，以及若任何其他数的前一个数是奇数，则它是偶数。在第二个等式中，偶数的定义使用了算法 Odd。Odd（奇数）的定义是，0 不是奇数，以及如果一个数的前一个数是偶数，那么这个数是奇数。在第四个等式中，Odd 的定义使用了算法 Even：

Even(0) = 真
Even(n) = Odd(n−1)
Odd(0) = 假

Odd(n) = Even(n−1)

因此，Even 通过对 Odd 的引用间接递归地引用自身（反之亦然）。这可以通过一个简单例子的计算看到：

Even(2) = Odd(2−1) = Odd(1) = Even(1−1) = Even(0) = 真

我们看到，调用 Even(2) 被归结为调用 Even(0)，但间接地通过 Odd 实现递归。偶数和奇数的定义类似于"画手"，两者相互定义。然而，一个重要的区别是，这两个算法中的递归是有界的（任何计算都会以一个基本情况终止）[⊖]，而绘画中的递归是无界的。

直接递归的另一个例子是以下字典风格的递归定义[⊖]：

Recursion [n], 参见 Recursion

这个半开玩笑的定义包含了递归定义的几个基本组成部分，特别是在自己的定义中使用正在定义的内容，而且这些是在名称的帮助下完成的。这个"定义"的不终止和空洞的含义也捕捉到了递归定义有时会引起的不可思议的感觉。第 13 章给出了解释和理解递归定义的两种方法。

[⊖] 只有当算法应用于非负数时。
[⊖] 参见 David Hunter 的《离散数学基础》。

目前状况

你完成了一天的工作回到家。晚饭前，你有一些时间来做你最新的缝纫项目。你选择的拼布图案详细说明了不同的面料和使用量。自从你几个星期前开始这个项目以来，你已经购买了面料，剪裁和熨烫了大部分，并且已经开始缝制一些布块。

拼布图案及其相关指令是一种算法。由于制作拼布需要大量的工作，通常不能一次完成，因此必须反复中断算法的执行，并在稍后的时间继续执行。尽管制作拼布需要耐心和细心，但这种工作很容易中断并在稍后继续，因为在每个阶段拼布的结果都完美地代表了拼布过程的状态。如果你没有布料，接下来要做的就是买布料；如果你具备所有的布料，但是还没有制作出布块，接下来你就必须裁剪面料等。这种情形与其他手工制作项目，例如建造鸟舍或折纸物品类似，但是有些任务需要额外的工作来表示计算状态。例如，假设你正在计算一盒收藏品中棒球卡的数量，这时你被一个电话打断了。要继续计数，你必须确保将已计数的卡片与尚未计数的卡片分开，并记住到目前为止已计数的卡片数量。

除了支持工作中断之外，中间结果还可以作为算法产生的计算的解释，因为它们跟踪计算步骤并提供到目前为止所做工作的轨迹。轨迹是由一系列计算状态给出的，这些计算状态从一个简单项（例如，拼布中的一些织布，或折纸中的一张普通纸）开始，之后包含对最终结果越来越精确的近似。每个近似都是由定义计算的算法对前一个近似进行更改而获得的。初始项、所有中间步骤和最终结果的序列就是计算的轨迹。就像沙子上的脚印解释了一个人的运动以及他如何从一个地方到达另一个地方一样，计算的轨迹解释了初始项如何转化为最终结果的过程。

构建轨迹也是理解递归描述的有效方法。尽管大多数拼布图案都不是递归的，但我们可以发现一些迷人的递归设计，例如，使用谢尔宾斯基三角形的图案。这里显示的拼布很好地说明了它所基于的递归。一个直立三角形是由三个大部分是浅色的直立三角形及其包围的倒立深色三角形构成的，倒立的三角形由三个倒立三角形及其包围的一个正立三角形组成。每个较小的正立三角形又由三个较小的正立三角形及其包围的一个倒立三角形组成，以此类推。请注意这个图案与埃舍尔的"画手"以及算法 Even 和 Odd（见第 12 章）中的间接递归的相似性。

轨迹有不同的种类。在某些情况下，算法与轨迹是完全分离的。例如，许多组装描述包含编过号的步骤，这些步骤描述要做什么，然后每个步骤有一个单独的、带相应编号的图片序列，用于显示各个步骤的结果。但也有轨迹直接由包含指令的图片组成。这两种轨迹都有其优点和缺点，特别是当涉及递归算法的跟踪时。执行递归算法的一个挑战是跟踪所有不同的执行及其不同的参数。例如，Count（B → W → H）的执行会导致另外三次 Count 的执行，而且它们带有不同的列表参数。指令作为轨迹一部分的方法可以很好地做到这一点，并且不需要任何额外的帮助。轨迹的各个步骤

是计算的唯一表示,并包含继续计算的所有相关信息。然而,轨迹中的指令可能会令人困惑,并且这种方法还可能导致轨迹巨大、充满冗余并且包含太多快照。将指令与轨迹分离的方法虽必须管理算法和轨迹之间的对应关系,但可以产生更简洁的轨迹。

  一个算法的意义是由它所能产生的所有计算的集合给出的[⊖]。轨迹使计算具体化,有助于理解算法。因此,生成轨迹的方法是阐明算法与其计算之间关系的重要工具。

⊖ 请注意,算法并不是简单地由计算结果集合定义的,因为解决相同问题的不同算法的区别在于它们解决问题的方式不同。

第 13 章

Once Upon an Algorithm: How Stories Explain Computing

只是解释的问题

第 12 章的重点是解释递归的概念、递归的不同形式，以及递归与循环的关系。算法 ToDo 和 Count 的执行表明，描述性递归的执行将产生展开递归，揭示了自引用和自相似之间的联系是计算。但是，我们还没有详细研究递归计算是如何进行的。

本章说明递归算法是如何执行的。有趣的是，一个算法的执行会通过递归导致多次执行同一算法。递归算法的动态行为可以用两种方式来说明。

首先，使用替换（substitution）可以脱离递归定义来构造计算轨迹。每当执行算法时，一项基本活动是将形参用实参替换。在执行递归算法时，使用算法的定义替换算法的调用。通过这种替换，可以消除描述性递归，并将其转换为可以作为递归算法解释的轨迹。

其次，解释器的概念提供了解释递归算法的另一种方法。解释器是一种特定类型的计算机，它使用栈数据类型（见第 4 章）来执行算法，以跟踪递归（和非递归）调用以及作为递归算法执行而产生的实参的多个副本。解释器的操作比替换更复杂，但它为递归算法的执行提供了另一种视角。此外，与替换生成的计算轨迹相比，解释器生成的计算轨迹更简单，因为它们只包含数据而不包含指令。除了解释递归的工作原理之外，这两个模型还有助于解释递归的另一个维度，即线性递归和非线性递归之间的区别。

重写历史

一个算法作为解决问题的工具，只有当它能解决一些相关的问题时才是有用的（见第 2 章）。如果一个特定的算法只能解决一个问题，比如找到从你的家到工作地点的最短路线，你可以执行一次算法，然后记住路线，忘记算法。如果算法是参数化的，并且可以找到不同兴趣地点之间的最短路线，那么它就变得非常有用，因为它适用于许多情况。

当执行一个算法时，相应的计算处理的是替换了参数的输入值。第 2 章的起床算法由"在 wake-up-time 起床"指令组成。要执行该算法，必须提供一个具体的时间值，例如"早上 6:30"（可以通过设置闹钟），这样指令就变成了"在早上 6:30 起床"，这是通过用"早上 6:30"的值替换算法中的参数 wake-up-time 获得的。

替换机制适用于所有算法及其参数：煮咖啡的水杯，寻找路径的石子，天气预报的天气情况，等等。当然，参数替换也适用于递归算法。例如，快速排序和归并排序需要将要排序的列表作为输入；二分搜索有两个参数——要查找的项和执行搜索的数据结构（树或数组）；Count 算法（见第 12 章）将要计数的列表作为其参数的输入。

此外，在递归算法的执行中还有另一种替换，即将算法的名称替换为算法的定义。例如，在演示 Count 如何计算马蒂在 1885 年旅行中所携带的物品数量时，我们再看一下用来定义 Count 算法对非空列表所做事情的等式：

Count($x \to$ rest) = Count(rest) + 1

首先，用实参列表替换形参。在列表 B → W → H 上执行 Count 表示用该列表代替

Count 的参数。由于在等式中 Count 的参数表示为由两部分组成的模式，因此根据列表与模式匹配的过程产生两个替换——B 替换 x 和 W → H 替换 rest。替换影响定义算法步骤的等式的右侧——算法 Count 应用于 rest 的执行以及结果数加 1。这导致了下面的等式：

$$\text{Count}(B \to W \to H) = \text{Count}(W \to H) + 1$$

这个等式可以被理解为算法定义对于一个特定例子的实例化，也可以被看作用它的定义替换算法的调用。

如果我们采用第 8 章中第一次提到的推导符号，这一点就更清楚了。你可能还记得，箭头用于表示如何用一个非终结符的定义的右边展开它的语法符号。这样的展开序列可用于使用语言的语法规则推导字符串或语法树。同样，我们可以把递归算法的定义等式看作推导计算的规则。使用箭头符号，我们可以将前面的等式重写为：

$$\text{Count}(B \to W \to H) \xrightarrow{\text{Count}_2} \text{Count}(W \to H) + 1$$

箭头符号强调 Count(W → H) + 1 是用 Count 的定义替换或代入算法调用的结果。箭头上方的 Count_2 标签表明使用了 Count 的第二个等式来完成该操作。由于结果包含对 Count 的调用，我们可以再次应用此策略并代入它的定义，并确保将形参替换为新的实参 W → H。同样，我们必须使用第二个等式，因为实参列表是非空的：

$$\text{Count}(B \to W \to H) \xrightarrow{\text{Count}_2} \text{Count}(W \to H)+1 \xrightarrow{\text{Count}_2} \text{Count}(H)+1+1$$

最后一步表明，替换通常发生在不受替换影响的上下文中。换句话说，替换只作用于较大表达式的一部分，并且仅在局部进行更改。这很像更换灯泡。移除旧灯泡，并在其位置换上一个新的灯泡，而环境中的灯具和其他部分不变。在本例中，Count(H) + 1 替换 Count(W → H) 发生在 "+1" 上下文中。我们还需要两个替换步骤来完成展开并删除 Count 的所有递归出现：

$$\text{Count}(B \to W \to H) \xrightarrow{\text{Count}_2} \text{Count}(W \to H) + 1$$
$$\xrightarrow{\text{Count}_2} \text{Count}(H) + 1 + 1$$
$$\xrightarrow{\text{Count}_2} \text{Count}() + 1 + 1 + 1$$
$$\xrightarrow{\text{Count}_1} 0 + 1 + 1 + 1$$

注意，最后一个替换步骤使用 Count 的第一条规则，该规则适用于空列表。现在我们已经消除了所有递归并得到了一个算术表达式，可以对它求值并得到结果。

我们可以将相同的策略应用于算法 ToDo 和 Goal，并使用替换来跟踪递归的时间旅行算法的执行，产生一系列动作：

Goal（活着）

$\xrightarrow{\text{Goal}_1}$ Goal（重建世界）；去露营

$\xrightarrow{\text{Goal}_2}$ 拿到体育年鉴；Goal（拯救博士）；去露营

$\xrightarrow{\text{Goal}_3}$ 拿到体育年签；帮助博士避免被布福德·坦南射杀；去露营

这些例子表明，描述性递归中可能令人迷惑的自引用可以通过反复用名称的定义替换名称来解决。定义的重复替换甚至适用于显示一个房间的递归图像，该房间包含一台显示该房间图像的电视（见图 13.1）。

图 13.1　递归图像定义。一个图片被赋予一个名字，图片包含了这个名字，因此是对它自身的引用。这种自引用定义的含义可以通过反复用图片的缩小副本替换其名称，从而逐步产生展开递归来获得

下面展示重复替换将描述性递归转换为展开递归时的前几个步骤：

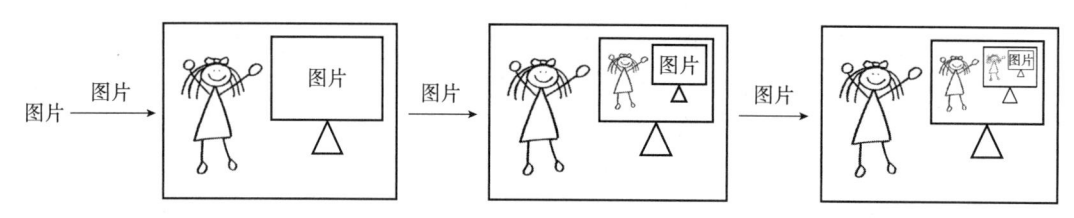

当然，这个替换过程不会结束，因为递归是无界的，而且没有基本情况。这种情况类似于全 1 的无限列表的定义：

Ones = 1 → Ones

在执行此定义时，替换将生成一个不断增长的列表。在每一步中，列表增加一个 1：

Ones $\xrightarrow{\text{Ones}}$ 1 → Ones $\xrightarrow{\text{Ones}}$ 1 → 1 → Ones $\xrightarrow{\text{Ones}}$ 1 → 1 → 1 → Ones

用定义反复替换名称的过程也被称为重写，所以当我们把马蒂的时间旅行看作计算时，他确实是在重写历史。

更小的足迹

替换是产生计算轨迹的一种简单机制，它实际上是一系列中间结果或状态的快照。计算轨迹同样适用于非递归算法和递归算法，但它对递归算法特别有用，因为它消除了自引用，并系统地将描述性递归转换为相应的展开递归。当我们只对计算结果感兴趣而对中间步骤不感兴趣时，替换是多余的，但是替换轨迹的价值在于它能够为已经发生的计算提供一个解释。Count 轨迹提供了这样一个示例。

然而，虽然替换轨迹可以很有启发性，但当它太大时也会分散注意力。考虑插入排序算法（见第 6 章）。这里是算法 Isort 的递归定义，它使用两个列表参数，一个是仍待排序的元素列表，另一个是已排序的元素列表：

Isort(, list)　　　　 = list
Isort(x → rest, list)　= Isort(rest, Insert(x, list))
Insert(w,) = w
Insert(w; x → rest) = if $w \leq x$ then w → x → rest else x → Insert(w, rest)

Isort 算法有两个参数。它遍历第一个列表参数，并对列表中的每个元素执行辅助算法 Insert。如果要排序的元素列表为空，则不需要再进行排序，并且第二个形参 list 包含最终

结果。否则，Insert 算法将元素 w 从未排序列表移动到已排序列表中的正确位置。如果该列表为空，则 w 单独构成结果排序列表。否则，Insert 将 w 与要插入的列表的第一个元素（x）进行比较。如果 w 小于或等于 x，则找到了正确的插入位置，并将 w 放在列表的开头。否则，Insert 将 x 保留在原位，并尝试将 w 插入剩余的列表 rest 中。当然，只有要插入的列表本身已经排序的情况下才有效，这里的情况确实如此，因为该列表是专门使用 Insert 算法构建的。

如图 13.2 所示，有序列表的实际构造需要许多步骤，并且由于选择结构的存在以及中间列表在选择结构的两个分支中被临时表示了两次，Insert 算法不同执行的效果在一定程度上被掩盖了。虽然替换产生的轨迹是精确的，并且准确地显示了算法所做的工作，但需要大量的精力才能梳理所有细节，并将数据与指令区分开来。

$$
\begin{aligned}
\text{Isort}(B \to W \to H,) &\xrightarrow{\text{Isort}_2} \text{Isort}(W \to H, \text{Insert}(B,)) \\
&\xrightarrow{\text{Insert}_1} \text{Isort}(W \to H, B) \\
&\xrightarrow{\text{Isort}_2} \text{Isort}(H, \text{Insert}(W, B)) \\
&\xrightarrow{\text{Insert}_2} \text{Isort}(H, \text{if } W \leq B \text{ then } W \to B \text{ else } B \to \text{Insert}(W,)) \\
&\xrightarrow{\text{else}} \text{Isort}(H, B \to \text{Insert}(W,)) \\
&\xrightarrow{\text{Insert}_1} \text{Isort}(H, B \to W) \\
&\xrightarrow{\text{Isort}_2} \text{Isort}(, \text{Insert}(H, B \to W)) \\
&\xrightarrow{\text{Isort}_1} \text{Insert}(H, B \to W) \\
&\xrightarrow{\text{Insert}_2} \text{if } H \leq B \text{ then } H \to B \to W \text{ else } B \to \text{Insert}(H, W) \\
&\xrightarrow{\text{else}} B \to \text{Insert}(H, W) \\
&\xrightarrow{\text{Insert}_2} B \to (\text{if } H \leq W \text{ then } H \to W \text{ else } W \to \text{Insert}(H, \text{rest})) \\
&\xrightarrow{\text{then}} B \to H \to W
\end{aligned}
$$

图 13.2　插入排序执行的替换轨迹

替换方法的另一个令人困惑之处在于：在许多情况下可能存在不同的替换路径，虽然不同的选择通常不会影响结果，但它会影响轨迹的大小及其可理解性。例如，图 13.2 显示，第一个替换生成 Isort($W \to H$, Insert(B,))，这里可以选择两个替换：Insert 的第一个等式，或 Isort 的第二个等式。

第 6 章用纯数据轨迹来演示不同的排序算法：对于被移动的每个元素，只显示未排序列表和已排序的列表（见图 6.2 中插入排序的说明）。如果将同样的可视化应用到这里的例子上，我们会得到一个比图 13.2 更短、更简洁的轨迹：

未排序列表	已排序列表
$B \to W \to H$	
$W \to H$	B
H	$B \to W$
	$B \to H \to W$

纯数据轨迹看起来简单得多，因为它不包含来自算法的任何指令。（这揭示了解释器的一般工作方式：它将算法或程序描述与要操作的数据分开。）此外，纯数据轨迹仅显示了 Isort 对两个列表的影响，而忽略了 Insert 在第二个列表中移动元素的细节。此外，程序代码仅需要呈现一次且始终保持不变，完全不会更改。在解释算法时，纯数据轨迹只显示其演变过程中的数据状态变化。

替换方法中的轨迹担负着跟踪数据演变和计算进程的双重任务，解释器则为每一项任务使用一个栈数据类型。特别是，对于递归算法，解释器必须跟踪每个递归调用，以便能够在递归调用结束后返回离开的位置并继续计算。由于算法的每次递归执行都有自己的实参，解释器还必须能够维护实参的多个版本。

这两种需求都可以通过在栈中存储程序地址和参数值来实现。现在以执行 ToDo 算法为例来说明其工作方式。为了方便从递归调用跳转回来，我们必须在算法中标记位置，比如使用数字来标记。由于任何定义中都没有使用算法 ToDo 的参数，因此我们可以忽略参数，只在栈上存储返回位置。我们对算法稍做修改，其中数字标记指令之间的位置：

ToDo(1985) = ① ToDo(1955) ② 去露营 ③ 返回

ToDo(1955) = ④ 销毁体育年鉴 ⑤ ToDo(1885) ⑥ 返回

ToDo(1885) = ⑦ 救出博士 ⑧ 返回

解释器执行一个应用于实参的算法［如 ToDo(1985)］时，它逐个执行算法的指令，并在栈中保存下一个指令的地址。当一条指令是算法的递归调用时，该指令后面的地址被压入栈顶，然后解释器跳转去执行递归调用指令。在 ToDo(1985) 的例子中，第一条指令是递归调用，因此后面的地址②被压入栈，然后执行递归调用使得④成为下一条指令。

图 13.3 的前两行展示了这个执行过程，它显示了在算法执行期间当前指令和栈是如何演变的。第二列显示栈，栈顶在左边，栈底在右边。该图还显示了因执行指令而改变的部分世界状态，如当前年份或体育年鉴的状况。在 1955 年马蒂销毁了体育年鉴之后，这个关于世界的特殊事实发生了变化。然而，请注意，布朗博士处于危险之中的事实并不是当前算法执行的结果。不过，改变它是算法后序步骤的一部分。在穿越到 1885 年之后，另一个返回地址⑥被压入栈中，拯救布朗博士的行动改变了他处于危险中的事实。算法中的下一条指令是返回到进行递归跳转时算法停止的位置。返回跳转的目标是最后压入栈的一个地址，因此可以在栈顶找到。因此，返回指令的执行导致下一条指令是位于地址⑥的指令，它是另一个返回指令，其返回地址也将从栈中弹出。结果显示下一个返回指令的目标地址是②，马蒂和詹妮弗最终可以去露营。

当前指令	栈	世界状态
①ToDo（1955）	—	年份：1985，比夫获得年鉴，暴乱的1985年
④销毁体育年鉴	②	年份：1955，比夫获得年鉴，暴乱的1985年
⑤ToDo（1885）	②	年份：1955，博士在1885年处于危险中
⑦拯救博士	⑥②	年份：1885，博士在1885年处于危险中
⑧返回	⑥②	年份：1885
⑥返回	②	年份：1955
②去露营	—	年份：1985

图 13.3　ToDo(1985) 的解释。如果当前指令是递归调用，则在栈顶记录调用指令后面的返回地址，以便在计算完成后继续计算。这种情况在遇到返回指令时就会发生。递归调用结束，跳转回去后，返回地址将从栈中移除

ToDo 示例演示了算法的嵌套调用如何将返回地址存储在栈中，但它不需要在栈中存储参数值。为了说明解释器在这方面的工作，考虑确实需要存储参数的算法 Isort。不过，这个例子不需要存储返回地址，因为每个算法步骤都是由一个表达式给出的，而不是像 ToDo 那样由几个递归调用组成的序列。

为了对马蒂的物品列表进行排序，解释器开始时用一个空栈调用 Isort(B → W → H,)。实参与 Isort 的参数模式相匹配会导致绑定，将模式中使用的参数名与实参值关联。这些绑定被压入栈，结果形成图 13.4a 所示的栈。虽然 Isort 算法接收两个输入，但对非空的第一个输入的应用会在栈上生成三个参数绑定，这似乎很奇怪。这是因为第一个实参值与包含两个形参的模式 $x \to$ Rest 匹配，结果将实参列表分成两部分，即列表的第一个元素和尾部。第一个等式只生成一个参数的绑定，因为已知第一个输入是空列表，不需要用名称引用。

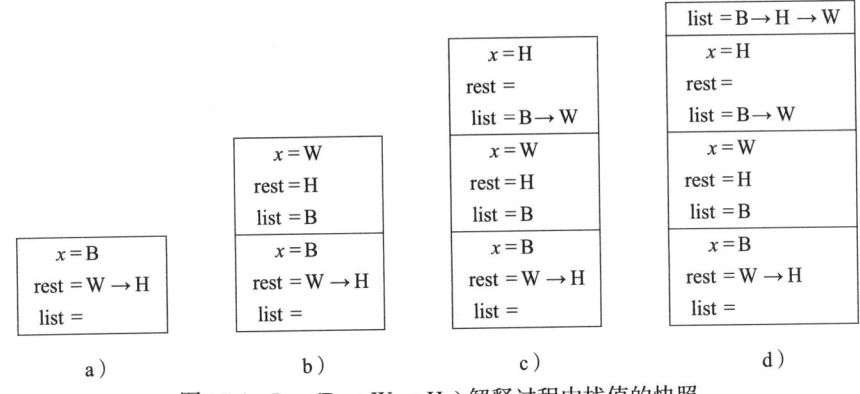

		x = H rest = list = B → W	list = B → H → W x = H rest = list = B → W
	x = W rest = H list = B	x = W rest = H list = B	x = W rest = H list = B
x = B rest = W → H list =	x = B rest = W → H list =	x = B rest = W → H list =	x = B rest = W → H list =
a)	b)	c)	d)

图 13.4 Isort(B → W → H,) 解释过程中栈值的快照

在模式匹配之后，在栈上将产生参数绑定，算法将指示计算 Isort(rest, Insert(x, list))。与替换方法一样，解释器现在有两种可能的途径继续：继续执行外部的 Isort 调用，或者首先处理嵌套的 Insert 调用。大多数编程语言在执行算法之前先对实参求值[⊖]。按照这个策略，解释器计算 Insert(x, list)，再进一步计算 Isort 调用。x 和 list 的值可以从栈中检索，并导致对 Insert(B,) 的求值。这个求值可以用一个单独的栈来执行，并产生结果列表 B，这意味着对 Isort 调用的求值变成了 Isort(rest, B)。

解释器用图 13.4a 所示的栈计算 Isort(rest, B)。首先，从栈中检索 rest 的值，结果是解释器实际上需要计算调用 Isort(W → H, B)。然后，模式匹配为 Isort 参数生成新的绑定，并压入栈，如图 13.4b 所示。

很明显，参数 x、rest 和 list 在栈中出现了两次。这是因为对 Isort 的递归调用对其形参使用不同的实参进行操作，因此需要分别存储它们。一旦解释器处理了嵌套的 Isort 调用，参数的绑定就会从栈中删除（或"弹出"），解释器可以继续之前的调用 Isort 的计算，并可以在栈中访问它自己的实参值[⊖]。

然而，对 Isort 的调用完成之前，它再次导致执行 Isort 的第二个等式，对 Isort(rest;Insert(x, list) 求值。绑定仍然在栈上找到。但是由于每个参数名都有多个可用的绑定，所以问题是应该使用哪一个，以及如何找到它们。这就是栈数据类型再次发挥作用的地方。由于最近一次 Isort 调用的参数值是最近被压入栈的，因此它们位于栈顶。结果调用就是 Isort(H, Insert(W, B))。因为 Insert(W, B) 结果是 B → W，下一个要求值的 Isort 调用是 Isort(H, B → W)，这再次触发 Isort 的第二个等式，并导致另一个调用 Isort(rest, Insert(x, list)) 和如图 13.4c 所示的栈。

⊖ 这种将实参传递给形参的方法称为按值调用。
⊖ 在本例中，实际上不再需要参数值，同时也完成了 Isort 的计算。

在栈顶部查找形参的实参值，结果是对 Isort(, Insert(H, B → W)) 求值，这转而先对 Insert(H, B → W) 求值，结果是 Isort(, B → H → W)。由于现在 Isort 的第一个实参是空列表，解释器根据 Isort 的第一个等式计算 list 的值。这个计算在图 13.4d 所示的栈的环境中进行。

此时，在栈中找到 list 的值，并将其作为最终结果返回。每次 Isort 调用结束时都会从栈中删除其参数绑定，最后使栈为空。我们可以观察到栈是如何随着每次（递归）调用而增长，以及在调用完成后收缩的。

前面显示的插入排序的双列表轨迹可以基于图 13.4 中的栈系统地重新构造。实际上，表示所有 Isort 完整嵌套调用的栈（见图 13.4d）足以满足此目的。具体来说，栈中的每一组绑定都会产生轨迹的一个步骤。回想一下，当调用 Isort 时，它的每个非空输入列表都会被分割并生成两个参数 x 和 rest 的绑定。这意味着前三个 Isort 调用的输入列表是由列表 $x \to$ rest 给出的，输出由 list 给出。对于最后一次调用 Isort，当输入列表为空（不使用参数表示）时，输出列表由 list 给出。因此，栈底元素产生列表 B → W → H 和空列表，第二组元素产生 W → H 和 B，第三组元素生成 H 和 B → W，顶部的元素给出空列表（输入列表，没有绑定到参数）和 B → H → W。

替换和解释是理解算法执行（特别是递归算法执行）的两种方法。替换更简单，因为它只适用于逐步重写的轨迹，解释则使用辅助栈。替换将代码和数据混合在一起，而解释将它们清晰地分开，从而简化了简单轨迹的提取。在无界递归的情况下，替换将产生一些有用的东西，而解释根本无法终止。

替身完成更多的任务

当马蒂第二次回到 1955 年时（在 2015 年和博士一起回到暴力的 1985 年之后），他在 1955 年存在过两次，因为他回到的过去是他以前旅行过的时间（在第一部电影中偶然穿越到 1955 年）。这两个马蒂没有接触，他们所做的事情也不同。第一个马蒂试图让他的父母坠入爱河，而第二个马蒂试图从比夫那里拿走体育年鉴。同样，当老比夫从 2015 年穿越到 1955 年，给年轻的自己一本体育年鉴时，他在 1955 年也存在了两次。与两个马蒂相反，两个比夫确实有互动。老比夫给了小比夫一本体育年鉴。幸运的是，可能导致宇宙毁灭的时空悖论并没有发生[⊖]。此外，马蒂从 1985 年回到 1955 年的时光机和老比夫从 2015 年回到 1955 年的时光机是一样的。因此，当马蒂看到老比夫给小比夫的体育年鉴时，1955 年一定存在两台时光机的副体。事实上，1955 年一定有三台时光机同时存在，因为马蒂也乘坐时光机来到了 1955 年。

这表明，时间旅行到过去的一个不可避免的结果是时间旅行的物体和人会受到复制——至少，当多次旅行发生在过去的同一时间时。递归的情况与此非常相似。由于 Count 的第二个等式只包含 Count 的一个递归出现，因此它在执行的时候，在过去的任何时间只创建一个实例，因为每个递归调用将在发生时往过去回移一个时间单位。这种形式的递归，即定义对象在其定义中只被引用一次，称为线性递归。算法中的线性递归导致算法调用在过去独立发生。线性递归可以很容易地转换为循环，而且它通常不会引发并发执行。

一个定义多次引用自己的递归则称为非线性递归。由于所有调用同时发生，相应的执行

⊖ 也许这是因为年轻的比夫没有意识到给他体育年鉴的老人是变老的自己。

也在过去的同一时间开始，因此并发发生。这并不意味着计算机（电子或人）实际上必须并行执行调用。只是说它们可以并行执行。这是设计良好的分治算法的优越之处。它们不仅能快速地划分问题，并用很少的步骤解决问题，它们还支持多台计算机并行执行。

快速排序和归并排序是这类算法的两个例子（见第 6 章）。快速排序的定义如下。第一个等式表示空列表已经排序。第二个等式表示要对非空列表排序，应该从列表尾部（rest）取出小于 x 的所有元素，并对它们排序，然后将它们放在 x 前面，同样地，将所有大于或等于 x 的元素排序的结果放在 x 后面：

Qsort( ) =

Qsort(x→rest) = Qsort(Smaller(rest; x)) → x → Qsort(Larger(rest; x))

注意，第二个等式显示了 Qsort 的非线性递归。当 x 总是将尾部分成两个大小大致相等的子列表时，快速排序的性能最好。在最坏的情况下，当列表已经（几乎）有序时，这种情况可能不会发生，但是快速排序的平均性能非常好。

实际上，通过团队协作执行快速排序或归并排序会很有趣。要执行快速排序，所有人排成一队，第一个人用第二个等式开始排序，将全体元素列表按"是否小于首元素"拆分成两个子列表。第一个人保留第一个元素，并将两个子列表分别交给队列中的新成员，这些人对交给他们的列表按照同样的方式执行快速排序。当一个人得到一个空列表时，他的排序即刻完成，并可以根据第一个等式的定义返回空列表[⊖]。一旦一个人完成了对列表的排序，他就把排好序的列表交还给分配给自己列表的人。每个接收到有序子列表的人都会创建自己的有序列表，方法是将较小元素的有序列表放在 x 之前，将较大元素的有序列表放在 x 之后。如果在列表只有一个元素时停止递归，那么列表中有多少元素就需要多少人对列表进行排序，因为每个人只握着一个元素。对于简单地对列表进行排序来说，这种策略似乎是在浪费资源，但是随着计算成本的不断降低和计算能力的不断提高，它既彰显了分治法的威力，也印证了人多力量大。

⊖ 在实践中，可以使用长度为 1 的列表来停止递归，这种列表是有序的，也可以原样返回。

进一步探索

递归算法在解决问题时,首先尝试解决有较小输入的相同问题。《回到未来》中的时间旅行对这种逻辑进行了绝妙的诠释——唯有解决过去的问题,才能推动当下的进展。电影《12只猴子》和《时空线索》再现了相同的情景,两部影片均通过回到过去解决关联问题,从而改变现在。在《终结者》电影中,机器人被派往当下,改变现实,从而创造一个不同的未来,这是同样的情景但使用了不同的视角。从未来到现在的时间旅行模式同样构成电影《环形使者》的基础。

时间悖论的问题在时间旅行故事中经常被回避,因为一个前后矛盾的故事会降低人的阅读体验。斯蒂芬·金的小说《11/22/63》就处理悖论和未定义递归做了大胆的尝试。在这部小说中,一名教师穿越时空之门回到过去,阻止肯尼迪遇刺,这导致了当前现实的崩溃。类似的故事情节也可以在格雷戈里·本福德的《时空逃脱》中找到。

通过不动点来解释递归定义的想法在罗伯特·海因莱因(Robert Heinlein)的《僵尸们》得到了生动的体现。故事讲述了女主角爱上了从未来穿越回来的男版自己。她怀了孕,她的女儿被掳至过去抚养,她最终成长为故事开始时的女主角本。有趣的是,所有奇怪的事件都可以和解,因为这个女人是她自己的母亲和父亲,这一事实相当于故事因果链的不动点。这个故事被改编成电影《前目的地》。而在电影《时空罪恶》中,主角通过制造自我分身达成了时空闭环的不动点。

当执行递归定义时,它们展开为嵌套结构。这一点在谢尔宾斯基三角拼布、俄罗斯套娃或嵌套电视画面上都清晰可见。但叙事艺术同样存在此类结构,也许最古老的例子之一是故事集《一千零一夜》。一个叙事人讲述了谢赫拉扎德王后的故事,而王后讲述的故事中,又有着讲述他人讲故事的故事,如此层层嵌套。侯世达的《哥德尔、埃舍尔、巴赫:集异璧之大成》中设计的对话体嵌套叙事,讲述了一个嵌套的故事,更是直观地展现了递归的栈模型原理。这本书包含了很多关于递归的主题内容,特别是M. C. 埃舍尔的诸多画作尤为精妙地呈现了这种自指结构。

大卫·米切尔的小说《云图》由几个相互嵌套的故事组成。这种嵌套叙事在电影《盗梦空间》中成为核心设定,片中团队通过渗透和操纵别人的梦境来窃取别人的想法。在执行这项高难度任务时,他们必须递归地操纵梦境,也就是说,一旦进入受害者的梦境,他们就必须操纵梦境中的人。

理查德·库珀的小说《世界之外》是互递归叙事经典,一个故事讲述地球上的已婚教师虚构了一个有一对夫妇的异星世界,另一个故事讲述该异星男子同时也在虚构一个关于地球教师的故事。电影《框架》也演绎了这种镜像嵌套,它讲述的是一名护理人员在观看一个关于小偷的电视节目,而小偷自己在观看关于这位护理人员生活的电视节目。刘易斯·卡罗尔的《爱丽丝镜中奇遇记》或许创造了最早的文学互递归案例,当爱丽丝遇到了一只独角兽时,两人都认为对方是虚构的生物。

类型与抽象

《哈利·波特》

晚饭时间

完成拼布之后，该准备晚饭了。把哪种餐具摆放在餐桌上取决于你要吃什么。喝汤需要用勺子，吃意大利面还需要叉子，吃肉既需要刀子又需要叉子。不同的菜肴需要不同的餐具。勺子的形状可以用来盛液体，叉子可以夹住面条，刀子可以方便地把肉切成块。关于何时使用勺子、叉子和刀子的规则说明了语言的几个重要特征。

第一，这些规则谈论的是餐具的种类，也就是说，它们不区分不同的勺子、叉子或刀子个体。所有这些餐具都被归为类别，规则用于确定这些类别中的任意成员。这一点很重要，因为这使得我们的描述可以使用尽可能少规则。假设没有能够概述厨房抽屉里的所有叉子的词"叉子"，而是为每把叉子取个名字，那么要表达"吃意大利面需要叉子"的规则，你必须提到每一个单独的叉子。如果你必须用同样的方式谈论勺子、刀子、盘子等等，你就很难给每个餐具想出一个名字并记住它们，规则也会变得相当复杂。你可能觉得这听起来很荒谬，确实很荒谬——这正说明了类型在使语言有效方面有多重要。"汤""意大利面"和"肉"等词也被用作规则中的类型，因为它们指的是一般的食物类别，而不是在特定时间制作的特定菜肴。你可能会注意到食物这个词也是一种类型，包括汤、意大利面和肉，它是一个更高级别的类型。这表明类型和单个对象可以将概念组织成层次结构，从而通过泛化使语言更有效。类型是组织知识以支持有效推理的强大语言工具。

第二，这些规则表达了不同类型（比如食物和餐具）之间的关系。以类型表示的对象的相关知识通过规则发挥作用。特别是，它们有助于对物体进行推理，并对物体的行为得出结论。关于用叉子吃意大利面的规则表明，用叉子吃意大利面是成功的，但用勺子可能就不行。该规则是关于对象交互的先验经验，使用类型可以用简洁的形式表示这些经验。

第三，规则是预测性的，这意味着你可以在饭菜准备好之前挑选餐具和摆放在桌子上，并且确定所选择的餐具确实适合饭菜。（这也意味着如果违反规则，你可能会挨饿。）这一点很重要，因为它使晚餐算法更有效率：它允许你在饭菜烹饪过程中同步布置餐桌。由于这条规则凝结了过往的饮食经验，所以你不会每次喝汤时都发现刀叉不起作用。

用刀叉喝汤是错误的。这种判断力可以从正确的餐具规则中得到。由于这些规则讨论的是对象的类型，而不管使用的是哪一个勺子、叉子或汤，任何违反这些规则的行为都被称为类型错误。有两种类型错误。第一，有些错误会立即导致失败。例如，用叉子喝汤就是一种失败。从它们使预期行为（如吃东西）变得不可能的意义上说，这些错误是真实的。算法被卡住了，由于不能取得任何进展，它必须被中止。第二，有些错误不会导致失败，但仍被认为是错误或不明智的情况。例如，可以用勺子喝水，但很少有人会这样做，可能是因为它效率低下，不能提供令人满意的饮水体验。同样，虽然用吸管喝水并不罕见，但用吸管喝酒就有点奇怪了。虽然这类错误不妨碍行为的执行，但它仍然被认为是不明智的。

在计算中，运算总是应用于特定类型的值。基于类型的规则可以强制结构的能力，计算复合的类型规则可以帮助理解算法，预测算法的行为，并识别它们执行中的错误。就像电话插孔和电源插座用不同的形状来保护电器免受损坏，保护人们免受伤害一样，关于算法类型的规则可以防止计算产生不良后果。第 14 章通过哈利·波特和他的朋友们的一些冒险故事来深入剖析类型系统的魔法力量。

第 14 章
Once Upon an Algorithm: How Stories Explain Computing

魔法类型

在本书的所有故事中,哈利·波特的故事可能是最广为人知的一个。它受欢迎的原因之一是故事围绕着魔法展开,而魔法遵循着与物理世界截然不同的法则。因此,这些故事必须发展出在魔法领域中什么可能和什么不可能的规则,并明确这些规则如何与普通的自然规律相互作用。最后一点对哈利·波特的冒险特别重要,因为与其他许多涉及巫师和魔术师的故事不同,它们发生在今天的英国,而不是在某个遥远的时空。

如果《哈利·波特》书中的魔法是随意的,不受规律约束,那么这些故事很快就会变得毫无意义。当读者无法对接下来会发生的事情或某一特定事件的未知原因形成合理的预期时,他们就不会有继续阅读的动力。捕捉自然规律、魔法"法则"和我们生活中的其他规律的规则对于理解事件及其原因非常重要。它们对于提前规划也是必不可少的。这些规律必然是普遍的,涉及事物的类型,而不是个别情况,因为规律的力量在于它能够代表大量的个案。类型不仅刻画对象,而且对动作分门别类。例如,远距离传送、乘坐火车,或者汉赛尔和格莱特穿过森林都是移动的例子。一个简单的运动定律是移动某物会改变它的位置。因为这定律适用于任何运动和任何物体,所以是关于类型的,而不是关于个体的。

在计算领域,描述计算规律的定律被称为类型规则。这些规则约束了算法的可接受输入和输出,从而可以在执行算法时发现错误。此外,由于类型在细粒度级别上操作,也就是说,它作用于算法每一步中的操作及其参数,因此可以使用类型规则来查找算法中的类型错误。这是一项非常重要的任务,它是由称为类型检查器的算法自动完成的。如果一个算法不违反任何类型规则,就说它是类型正确的,并且保证在它的执行中不会出现某些错误。类型和类型规则对确保算法按预期运行大有帮助,它们可以为构建可靠算法提供指引。

魔法的类型和类型的魔法

魔法最迷人的地方可能是它能把不可能变成可能。那些超越自然法则的物体与人体变形术是迷人的,并能激发人们的想象力。当然,《哈利·波特》系列中充满了这样的例子。然而,所使用的魔法受到许多限制,并遵守一些规律。限制魔法力量的一个原因是这会让故事变得更加神秘和有趣。在哈利·波特的世界里,并非所有逻辑上可以想象的事情都是可能的,读者不禁要问,哈利·波特和他的朋友们如何能够在不同的冒险中克服特定的挑战。如果他们可以使用某种超级咒语来解决任何特定的问题,故事就会变得无聊。由于魔法并不是万能的,《哈利·波特》系列的很大一部分用来解释它的规则,包括它的可能性和局限性。

为了帮助理解魔法世界,其构成要素被系统归类为许多相关的概念。例如,会施魔法的人被称为巫师(或女巫),不会施魔法的普通人被称为麻瓜。巫师被进一步划分为不同的职业,如傲罗、算术师、解咒师、草药学家等。魔法行为被称为咒语,并进一步分为符咒、诅咒、变形和其他类别。给一个类别起的名称是相当随意的,实际上并不重要,重要的是一个类别中所有对象的共同属性和行为。与各个魔法类别的意义同样重要的是它们之间的关系。例如，咒语只能由巫师施放，但一个咒语可以同时影响巫师和麻瓜。《哈利·波特》中的魔法有的相当复杂。为了有效地施放咒语，巫师通常需要使用魔杖，并且必须发出咒语。然而，有经验的巫师也可以不用魔杖就能施放非言语咒语。咒语的效果通常受暂时的约束，有时也可以通过反咒来保护。魔法也可以保存在魔药中，如果麻瓜有魔药，他们也可以使用魔法。施展魔法并不是轻而易举的，这也反映为年轻的男女巫师必须上七年的魔法学校才能掌握这门学科。

当然，根据特定的属性或能力将人或物体划分为不同的类别不仅适用于魔法，而且几乎发生在生活的各个领域。分类在科学中无处不在，它是我们日常认识世界的一个基本组成部分，我们一直无意识地在推理中使用它。这种例子小到相当平凡的任务，如根据天气选择衣服、根据晚餐选择餐具，大到更抽象的领域，如对哲学和政治思想进行分类和推理。在计算机科学中人们对分类过程本身进行系统研究，因为它可以极大地增强我们对计算的理解，并帮助我们在实践中创建更可靠的软件。

在计算机科学中，以某种方式运作的一类对象被称为类型。我们已经以多种方式遇到了类型。在第 4 章中，我们看到了用于存储和维护对象集合的不同数据类型（集合、栈和队列）。每种数据类型都有在数据集合中插入、检索和删除元素的独特方式。例如，栈按照对象放入栈的相反顺序检索对象（后进先出），队列按照对象进入的顺序检索对象（先进先出）。因此，特定的数据类型封装了操作数据集合的特定行为。一种数据类型的行为使其适合于支持特定的计算任务。例如，在第 13 章中，我使用数据类型栈来说明解释器是如何工作的，并在递归算法调用时跟踪不同的参数值。

类型的另一个用途是描述算法所需或期望的输入和输出。例如，两个数相加算法的类型可以描述为：

(Number, Number) → Number

箭头的左边显示该算法的参数类型，右边显示其结果类型。因此，该类型表示算法接收一对数值并产生一个数值作为结果。请注意，对数字进行减法、乘法或任何其他二元运算的算法类型与加法的算法类型相同。这表明类型与特定的算法或计算无关，这与"类型是对事物类的描述"是一致的。在这个例子这，类型描述了一大类计算。

另一个例子，考虑第 2 章的起床算法，它用一个参数 wake-up-time 来告诉算法什么时候响起闹铃。该参数需要输入一个时间值，即表示唤醒时间在几点和几分的一对数字。这两个数字不能是任意的：小时值必须是 0～23 之间的数字[⊖]，分钟值必须是 0～59 之间的数字。超出这些范围的数字是没有意义的，并且会导致算法以意想不到的方式运行。因此，我们可以如下描述起床算法的类型：

(Hour, Minute) → Alarm

其中 Hour（时）和 Minute（分）是描述如上数字子集的类型，Alarm 是描述闹钟行为的类型。闹钟行为是指在特定的时间发出特定的声音，就像 Minute 类型包含数字 0～59 一样。Alarm 类型包含 24 × 60 = 1440 种不同的闹钟行为，一种代表一天中的一个分钟。如果闹铃声音是可设置的，那么算法还需要另一个参数，这个参数也必须体现在类型中，结果类型 Alarm 也必须更加通用，包含不同的声音。

⊖ 如果闹钟使用 12 小时的时间格式，则它需要额外的上午/下午标记。

我们可以看到算法的类型声明了一些关于算法的信息。它没有确切地告诉我们算法是做什么的，但它缩小了算法的功能范围。这通常足以选择算法。显然，对于在特定时间发出闹铃的问题，不会使用加法算法。甚至不用看加法和起床算法的细节，我们就可以根据它们的类型区别它们。算法的类型包含一个箭头，用于区分参数类型（左边）和结果类型（右边）。它表示相应的计算将一种类型的输入转换为另一种类型的结果。结果类型可以是一个值（如加法），也可以是一个效果（如起床算法）。

因为咒语也是转化，我们可以应用类型来刻画它们的效果。例如，在《哈利·波特》丛书中，物体可以用羽加迪姆勒维奥萨咒悬浮起来，巫师必须用魔杖指向物体，并使用"羽加迪姆勒维奥萨"咒语。假设 Object 和 Levitating 类型分别表示任意物体和悬浮物体，则该咒语的类型可以描述如下：

(Wand, Incantation, Object) → Levitating

在讨论和推理算法和计算的性质时，类型是非常有用的。将参数类型与结果类型分开的箭头是这种记号的一个关键部分。类型参数的使用是另一个关键部分。例如，考虑第 6 章讨论的排序算法。排序算法需要一个元素列表作为输入，然后生成一个由相同元素组成的列表作为结果。此外，这些元素必须在某种程度上具有可比较性，也就是说，我们必须能够确定两个元素是否相等，或者一个元素是否比另一个元素大。由于数字是可比较的，所以下面的类型对于任何数字列表排序算法都是有效的：

List(Number) → List(Number)

将数字列表的类型写成 List(Number) 表明，通过替换 Number 可以得到不同的列表类型。例如，由于我们也可以对文本信息进行排序，因此排序算法也可以具有类型 List(Text) → List(Text)！为了表示排序算法可以有许多不同但相关的类型，我们可以用类型参数替换任何特定的元素类型，例如 Number 或 Text，而类型参数可以用特定类型替换。因此，我们可以用下面的模板表示排序算法的类型，其中 comparable 表示任何其中元素可比较的类型[⊖]：

List(comparable) → List(comparable)

任何特定类型，如 List(Number) → List(Number)，均可以通过将类型模板中的类型参数 comparable 替换为特定类型获得。

在算法的名称和类型之间加上一个冒号，可以声明该算法具有该类型。例如，要声明排序算法 Qsort 具有如上类型，我们可以这样写：

Qsort : List(comparable) → List(comparable)

第 12 章的 Count 算法也接收一个元素列表作为输入，但它不要求元素具有可比较性，并且返回一个数字作为结果。因此 Count 的类型可以描述如下，其中 any 是表示任意类型的类型参数：

Count : List(any) → Number

某物的类型告诉我们它能做什么和能用它做什么。了解算法的类型有助于我们正确地选择和应用它们。类型信息可以提供多方面的帮助。

⊖ 可以用这种方式描述的类型称为多态类型，因为它们可以有许多不同的形式。由于所有不同的形式都可以用一个参数来描述，所以这种多态称为参数多态。

第一，如果我们想要执行一个特定的算法，它的输入类型告诉我们需要提供什么样的实参。例如，魔法需要咒语和魔杖才能使用，魔药则需要喝。喝下咒语或者在魔药上使用咒语和魔杖是没有意义的。类似地，排序算法（如 Qsort）可以应用于列表，但将其应用于时间值没有意义。如果不提供算法所需类型的实参，则无法执行算法。

第二，对象的类型告诉我们可以使用什么算法来转换它。例如，对于一个列表，我们知道可以计算列表中的元素数目。如果列表中的元素可以比较，我们知道也可以对列表进行排序。使用羽加迪姆勒维奥萨咒语可以使物体悬浮起来。当一个算法声明其参数具有某个类型时，我们可以将其应用于任何具有这种类型的对象实例。

第三，如果我们必须计算某种特定类型的数据，算法的结果类型告诉我们原则上可以使用哪些计算来完成这项任务。结合可用实参的类型，可以进一步缩小适用算法的范围。例如，要使物体悬浮起来，羽加迪姆勒维奥萨咒语似乎是正确的选择。期望类型的对象只能通过具有相同结果类型的算法来构建。

类型的普遍性质和使用源于它们有效组织知识的能力。类型使我们能够从个别事物中抽象出来，在一般层面上对事物进行推理。例如，知道只有巫师才能骑在飞天扫帚上飞行，我们就可以推断哈利·波特可能会骑在飞天扫帚上飞行，而他的麻瓜姨妈佩妮不能。或者当哈利使用他的隐形衣时，他依赖于它的属性，即它覆盖的所有东西都是隐形的。在日常的非魔法生活中随处可以找到这样的例子，比如我们根据工具的一般特性选择工具（螺丝刀、雨伞、手表、搅拌机等），或者我们依据特定的交互预测其结果［想想物体的碰撞、插入电子设备，或者人们扮演不同角色（比如客户、病人、父母等）时的行为模式］。

规则的规则

除了能够有效推导特定对象的信息之外，类型还可以对对象的交互进行推理，从而提供一种对世界进行预测的方法。这可以通过一组称为类型规则的规则来实现，这些规则描述了不同类型的对象是否可以交互以及如何交互。例如，如果一件易碎品掉在坚硬的地板上，它很可能会破裂。在这种情况下，规则调用几种类型——易碎品类型和破碎物类型、加速运动的类型，以及坚硬表面的类型做出预测。这条规则表示，属于易碎品类型的东西在加速运动中与坚硬表面碰撞后，很可能属于破碎物类型。这条一般规则可以用来预测许多不同的场景，包括各种易碎的东西（鸡蛋、玻璃杯、冰淇淋蛋筒）、坚硬的表面（铺砌的道路、砖墙、车道）和加速的运动（摔、扔）。该规则将大量事实压缩成一个紧凑的描述。压缩是通过使用类型而不是单个名称表示相关属性来实现的。

类型规则描述对象在特定条件下的类型。使用一个类型规则必须满足的条件称为前提，从前提中得出的关于对象类型的陈述称为规则的结论。易碎物体的破碎规则有三个前提，即物体是易碎的、它是掉落的，以及它落在坚硬的表面上。这条规则的结论是物体被打碎了。只有结论而没有前提的类型规则称为公理，以表明它无条件为真，例如"哈利·波特是个巫师""3 是个数字"或者"薄玻璃易碎"。

类型的识别和给对象赋予类型是一个设计问题，要根据特定情况和目的来确定。例如，麻瓜和巫师之间的区别在《哈利·波特》故事中很重要，但在不存在魔法的环境中就没有用了。日常生活中大多数事物的规则最初都是为了帮助我们在自然界中生存而不断演化出来的。它们帮助我们避免致命的错误。随着新技术和文化的发展，我们需要新的规则来有效地驾驭现代生活的各个领域，比如如何操作电梯或手机，或者如何注册和使用健康保险。这些示例表明，类型和类型规则的设计是一个由特定目标驱动的持续过程。

有关计算的最重要和最基本的类型规则是应用规则。它将算法的类型与算法所应用的实参类型以及算法产生的结果类型联系起来。该规则要求算法只能应用于与算法输入类型相同的实参。在这种情况下，算法交付的结果类型与算法的输出类型相同。类型规则通常在水平线上方显示前提，在水平线下方显示结论。按照这种格式，将算法应用于其参数的规则如下：

$$\frac{\text{Alg: Input} \rightarrow \text{Output} \qquad \text{Arg: Input}}{\text{Alg(Arg): Output}}$$

该规则的第一个前提要求算法具有输入（Input）和输出（Output）类型。这一要求与《哈利·波特与死亡圣器》中提出的甘普基本变形法则密切相关，该法则规定食物不能凭空产生，它只能从不同的地方召唤或增大。应用规则反映了算法的一个基本属性，即它们根据不同的输入产生不同的输出。

只有当规则的所有前提都得到满足时，才能得出规则的结论。例如，一个鸡蛋掉到车道上，就满足了易碎物品破碎的规则，因此得出鸡蛋会被打破的结论是有根据的。此外，由于6是有效的小时，30是有效的分钟，并且由于起床算法的参数类型是（Hour, Minute），我们可以将此算法应用于这两个实参，并得出结论——结果是 Alarm 类型的有效行为。将 Alg 和 Arg 替换成特定的算法和参数，并将 Input 和 Output 替换为相应的类型，可以获得类型规则的一个应用实例。例如，算法类型规则在起床算法中的应用如下：

$$\frac{\text{WakeUp: (Hour,Minute)} \rightarrow \text{Alarm} \qquad (6,30)\text{: (Hour,Minute)}}{\text{WakeUp}(6,30)\text{: Alarm}}$$

类似地，如果 L 是一个数字列表，我们可以对类型为 List(Number) → List(Number) 的 Qsort 使用算法类型规则，得出结论——对 L 应用 Qsort 将产生一个数字列表：

$$\frac{\text{Qsort: List(Number)} \rightarrow \text{List (Number)} \qquad L\text{: List(Number)}}{\text{Qsort}(L)\text{: List(Number)}}$$

仅凭所涉及物体的类型就能预测情境结果的能力是一种强大的推理机制，它使得理性的人用勺子喝汤，洗澡前脱去衣服。类型和类型规则为我们提供了类似对象和事件的简洁表示，从而提高了推理的效率。这不仅适用于日常情况的推理，也适用于像哈利·波特的魔法世界或计算机世界这样的领域。

在哈利·波特的世界里，魔法的力量凌驾于自然界的许多法则之上。因此，巫师有时会对日常事物做出不同的判断，并采取相应的行动。例如，巫师可以避免麻瓜被迫做的许多乏味工作，就像罗恩·韦斯莱的母亲使用魔法来帮助她做饭和扫地一样。对于巫师来说，手工操作是没有意义的。另一个例子是驾驶普通汽车，这是巫师界所回避的，因为与远距离传送、飞路粉、门钥匙，当然还有飞行等魔法交通方式相比，它并不经济。

算法的类型可以预测计算结果，也可以用来对这些结果进行推理。假设你的任务是对一个列表进行排序，但你不知道该怎么做。现在给你三个密封的信封 A、B 和 C，每个信封都包含一个不同的算法。你不知道哪个算法装在哪个信封中，但你知道其中一个信封装着排序算法。假设每个算法的类型都写在信封的外面。三个信封的类型如下：

信封 A: (Hour, Minute) → Alarm

信封 B: List(any) → Number

信封 C: List(comparable) → List(comparable)

你应该选哪个信封？

当规则不适用时

类型和类型规则为推理提供了一个框架，它在规则适用时非常有效。但在很多情况下，这些规则并不适用。一个或多个前提得不到满足，规则就不适用，这意味着它的结论是无效的。例如，锤子掉到车道上不满足关于易碎物的前提，鸡蛋掉到木屑盒子里不满足关于坚硬表面的前提。因此，在这两种情况下，都不能得出物体破裂的结论。同样地，当罗恩·韦斯莱试图用羽加迪姆勒维奥萨咒来使一根羽毛悬浮起来时，羽毛没有移动，因为他的咒语是错误的：

> "羽加迪姆勒维奥萨！他（罗恩）喊道，像风车一样挥舞着他的长胳膊。"你说错了。"哈利听见赫敏厉声说。"是羽—加—迪姆勒维—奥——萨，要把'加'发得又长又清晰。"

既然悬浮咒的一个前提没有实现，这个规则就不适用，它的结论——羽毛的悬浮也就不成立了。

遇到类型规则不适用的情况并不意味着该规则是错误的，只是表明它的使用范围有限，不能用来预测当前情况下的行为。此外，当一项规则不适用时，并不意味着该规则的结论肯定是错误的。该规则的结论仍然可能由于未涵盖的其他因素，而是正确的。例如，"如果下雨，车道是湿的"的规则在天气晴朗时不适用。然而，如果洒水车在运行，车道仍然可能是湿的。又如在《哈利·波特》中，即使罗恩没有正确地执行羽加迪姆勒维奥萨咒，羽毛仍然可以开始悬浮，因为其他人可以同时对它施咒。或者下落的锤子在碰到地板时仍然会断裂，因为它的手柄一开始就断裂了。因此，当一个规则不适用时，不能得出任何结论。

类型规则不适用似乎不是什么大问题。然而，这实际上取决于确保一个特定结论为真有多重要。虽然漂浮的羽毛或掉落的物体破碎只是好奇，但在许多情况下，结论确实很重要。想想那些拿错误结论开玩笑的"经典遗言"，比如"红电线可以安全切断""漂亮的狗狗""这些是可食用蘑菇"等。对于一个计算，类型的正确性同样重要。虽然很少是致命的，但对错误类型的值进行操作在大多数情况下会导致计算失败。原因如下。算法的每一步都对一个或多个值进行转换，并且在此过程中每个操作都是作用于特定的类型才有意义。例如，我们不能对起床时间排序，我们也不能计算一个列表的平方根。算法中只要有步骤遇到不期望的类型的值，它就不知道该如何处理并陷入困境，因此计算不能成功完成，也不能提供有意义的结果。总之，计算的成功取决于是否始终为每一步操作提交正确类型的值。

因此，类型规则是计算的一个关键组成部分，它们可以确保操作不会被错误的值卡住，并且整个计算可以成功完成 ⊖。类型规则可以用来识别无意义的句子，比如"哈利·波特喝了一个咒语"，它们也可以发现算法的无意义应用，比如 Qsort（早上 6:30）。由于算法由许多步骤组成，而且每个步骤涉及将操作和其他算法应用于特定类型的值，因此类型规则可用于识别算法定义中的错误，并且它们可用于构造类型正确的算法，这种过程有时被称为类型导向的编程。

⊖ 然而，类型规则的功能是有限的。例如，它们不能保证算法的终止。

类型规则不仅可以防止不可能的、卡住的操作应用，还可以防止在特定上下文中没有意义的操作。例如，你的身高和年龄都可以用数字表示，但是把这两个数字相加是没有意义的。在这种情况下，加法没有意义，因为这两个数是不同事物的表示（见第 3 章），这两个数的和不能表示任何东西⊖。我们在《哈利·波特》中也能找到这样的例子。例如，在魁地奇比赛中，两支球队试图通过把鬼飞球扔进对方球队的球门来得分。使用瞬间移动咒语会很容易做到这一点，但这会让游戏变得很无聊，而且会破坏游戏的目标——决定哪一支是更好的魁地奇球队。因此，除了使用飞天扫帚外，其他的魔法是不允许玩家使用的。这种限制在游戏中无处不在。纸牌游戏中出相同的花色或在棋盘对角线上移动象的要求并不代表不可能打出不同的牌或在直线上移动象，这只是在特定情境下支持游戏目标的一种限制。类型可用于在计算过程中跟踪这些表示，以确保所有操作都遵守所表示值的组合规则。

在算法中违反类型规则称为类型错误。它表示操作和值的组合不一致。不包含任何类型错误的算法称为类型正确的算法。算法中的类型错误可能会产生不同的影响。首先，它可能导致计算卡住，这反过来可能导致计算非正常终止，随后可能报告错误。试图将一个数除以零通常会产生这样的错误。在《哈利·波特与密室》中，罗恩的魔杖断了，导致他所有的咒语都失效。例如，他对马尔福施的"吃鼻涕虫"咒语适得其反，还有他试图把一只老鼠变成一只高脚杯，结果变成了一只带尾巴的毛茸茸的杯子。虽然确切的结果可能出人意料，但罗恩的魔法不成功是可以预料的，因为他折断的魔杖违反了魔法类型规则的一个前提。在这些情况下，无效魔法的效果立竿见影。其次，类型错误可能不会立即产生明显的影响，这意味着计算将继续并最终结束。但是它使用的是一个无意义的值，因此最终会产生一个不正确的结果。将一个人的年龄和身高相加就是这样的例子。

虽然一个计算突然中断而没有最终结果似乎很糟糕，但继续计算并导致毫无意义的结果可能更可怕。在这种情况下，人们可能没有认识到结果是不正确的，并根据错误的结果做出重要的决定。举个例子，当哈利·波特试图用飞路粉旅行时，把"对角巷"（Diagon Alley）读错成了"斜对地"（Diagonally），这导致他最终错误地进入了翻倒巷。旅行并没有中止，飞路粉仍然有效，但它产生了错误的结果。对哈利来说，要是那次行程直接中止反倒更好，因为他差点被绑架，并在他最后进入的商店里遇到了一些黑魔法物件。

规则实施

由于类型正确性是任何算法正确运行的重要先决条件，因此使用算法自动检查算法的类型正确性是一个好主意。这样的算法称为类型检查器。类型检查器确定算法中的步骤是否符合有关控制结构、变量和值的类型规则。类型检查器可以发现算法中的类型错误，从而防止错误的计算。

算法中的类型可以通过两种不同的方式进行检查。一种可能性是在算法执行期间检查类型。这种方法称为动态类型检查，因为它发生在算法的动态行为生效时。在执行操作之前，检查器确定实参类型是否与操作的类型要求匹配。这种方法的一个问题是，就算检测到类型错误，检查器也没有任何办法。在大多数情况下，唯一的可能性是中止计算，这可能会非常令人沮丧，特别是在许多预期的计算已经完成，但是算法在获得最终结果之前不得不中止的

⊖ 这完全取决于上下文。通常，人们也会说，用一个人的身高乘以自己是没有意义的，但会用一个人的身高的平方除以这个人的体重来计算所谓的身体质量指数。

情况下。最理想的情况是提前知道计算是否可以成功完成而不会遇到类型错误,这样就可避免不在注定要失败的计算上浪费资源。

另一种方法是在不执行算法的情况下检查算法,并检查所有步骤是否遵守类型规则。然后,只有在没有发现类型错误的情况下才执行算法。在这种情况下,可以确保算法不会因类型错误而中止。这种方法称为静态类型检查,因为它不考虑执行算法的动态行为,只需要算法的静态描述。静态类型检查会提前告诉罗恩不要用他那根折断的魔杖尝试任何魔法。

静态类型检查的另一个优点是算法只需要检查一次。之后,算法可以接收不同的实参重复执行,而无须再进行类型检查。此外,动态类型检查必须重复检查循环中的操作(实际上,与循环重复的次数一样),而静态类型检查对任何操作都只检查一次,这可以加快算法的执行速度。相比之下,动态类型检查必须在每次执行算法时执行。

然而,动态类型检查的优点是它通常更精确,因为它考虑了算法执行过程中处理的值。静态类型检查只知道参数的类型,而动态类型检查知道具体的值。静态类型检查可以阻止罗恩使用他那根坏了的魔杖,这样可以避免任何失败,而动态类型检查可以让他尝试咒语,在不同的情况下可能成功也可能失败。例如,当罗恩试图把一只老鼠变成一个杯子时,他只成功了一部分:杯子还留着一条尾巴。

判定一个算法的精确类型行为,就像判定算法的终止行为一样,是一个不可判定问题(见第11章)。例如,考虑一个算法,其中只有条件的"then"分支包含类型错误。只有当条件的求值为真并选择该分支时,此算法才包含类型错误。问题是,计算条件的值可能需要任意复杂的计算(例如,条件可能是一个变量,它的值需要在某个循环中计算)。由于我们不能确定这样的计算是否会终止(因为我们不能解决停止问题),我们不能提前知道条件是否为真,因此我们也不能知道程序是否会出现类型错误。

为了解决这种固有的无法预测算法行为的问题,静态类型检查采取粗略估计算法中类型的方法。为了避免可能导致非终止的计算,静态类型检查非常谨慎,只要有类型错误就报告。对于条件命令,这意味着静态类型检查器将要求两个分支都不包含类型错误,因为它无法计算条件的真值。因此,即使只有一个条件分支包含类型错误,它也会报告一个类型错误。即使算法在执行时不会显示任何类型错误,静态类型检查器也会将算法标记为类型错误而不执行它。这是静态类型检查保证安全性所要付出的代价:有些算法将被拒绝,即使它们在执行时不会产生错误。

静态类型检查以即时性换取准确性。虽然执行一个算法可能不会发生错误,但有可能会发生。如果计算非常重要,不能冒失败的风险,那么最好在执行算法之前修复算法中的潜在错误。静态类型检查的谨慎方法并不是计算所独有的。其实这种提前执行检查。如果你在登机,你要依靠飞行员确保飞机上有足够的燃料,所有重要的系统都能正常工作遍布各个领域。你期望对规则进行静态类型检查以保证飞行成功。如果在起飞后再检查系统,那个时候发现问题可能就太晚了。再比如,如果你要接受治疗或按处方开药,医生应该提前确定你有的禁忌症,以避免任何伤害。静态类型检查遵循"安全总比后悔好"的原则。按照静态类型检查,罗恩不应该使用"吃鼻涕虫"咒语。由于他的魔杖断了,使用魔法的规则就不适用了,这是他在施咒时犯错误的一个预兆。相比之下,动态类型检查是一种不太激进的强制类型规则的方法,它不会错失任何进行计算的机会,因此在执行算法期间冒着遇到错误的风险进行。罗恩就是这么做的。他尝试了一下,但没有成功。

创建代码

违反类型规则是出错的标志。算法中的类型错误表明它可能无法正确工作。从积极的角度来看，当一个算法的所有部分都满足类型规则时，就不会出现某些类型的错误，算法在一定程度上是正确的。当然，该算法仍然会产生不正确的结果。例如，如果我们需要一个将两个数字相加的算法，其类型为 (Number, Number) → Number，但是我们不小心创建了一个将数字相减的算法，那么这个算法仍然有正确的类型，但是它没有计算出正确的值。不过，在一个类型正确的程序中，大量的错误已经被排除，并且可以确定算法的步骤符合重要的一致性。

防止不正确或无意义的计算是类型和类型规则的重要作用，但并不是它们提供的唯一好处。类型还可以作为算法步骤的解释。在不了解算法中每一步的细节的情况下，我们可以通过查看类型来大致了解正在计算的内容。选择装有正确算法的信封的任务说明了通过计算类型区分计算的能力。类型系统能够归纳海量计算的行为共性，这是仅通过查看几个示例无法获得的。因此，类型和类型规则也具有解释价值。

为了说明这一点，我们再看看魁地奇比赛。游戏可以通过描述游戏规则和不同玩家的角色来解释，而无须展示真正的游戏。事实上，这也是哈利在《哈利·波特与魔法石》中从奥利弗·伍德那里学到的。游戏规则规定了游戏中的有效行动，并定义了如何得分。重要的是注意到，游戏规则是使用玩家角色类型（如"找球者"）和对象类型（如"鬼飞球"）的类型规则。虽然看到一个游戏示例会有所帮助，但这还不足以理解游戏。特别是，即使看过很多局游戏，不知道规则的人也很容易感到惊奇。例如，当找球手抓住金色飞贼时，魁地奇比赛立即结束。这可能不会发生在被观察的例子中，所以第一次发生时观察者会感到惊奇。其他游戏也有一些令人惊讶的特殊规则，例如足球中的越位规则或国际象棋中的吃过路兵。仅通过观察例子来学习游戏是很困难的，并且要花很长时间才能展示出所有规则。

类似地，仅通过观察一个算法的输入被转换成相应的输出是很难理解它在做什么的。虽然类型通常不足以精确地描述算法的效果，但它们能在较高的层次上解释算法的一些行为，并且它们支持理解算法的各个部分（单个步骤和控制结构）如何合作完成工作。

类型构造一个域的对象，类型规则解释如何以有意义的方式把它们组合起来。在计算机科学中，类型和类型规则确保了算法的不同部分之间有意义的交互。因此，它们是用小系统构建大系统的重要工具。这将在第 15 章进行探讨。

在一天结束的时候

经过一天的计算，你反思所发生的一切，并在日记中记下一些事件。早上起床和其他日子并没有什么不同，没有什么不寻常的事值得在日记中提及。刷牙的时间比平时长了一点，甚至牙膏都用完了——这些都不是你愿意多年后想起的事情。白天发生的大部分事情也都如常。既然你每天都吃早餐，每天都要上班，那么在日记的开头写上"这基本上又是一个普通的工作日"，你就知道那天如往常一样起床和吃早餐。具体来说，工作日这个名词指的是起床、吃早餐、上下班，以及一个普通工作日发生的一切事情的细节描述。

给一个（冗长的）描述指定一个（简短的）名称，然后使用该名称来引用描述是一种抽象。就像在地图上用同一种点表示不同的城市一样，工作日这个名词忽略了工作日之间的差异。然而，由于地图上的点出现在不同的位置，它们并不相同。同样，不同的工作日出现在不同的时间，所以它们也不相同。在空间和时间上的不同位置为这种引用提供了语境和附加意义。例如，一个城市位于海边或可以通过一条特定的高速公路到达，一个工作日恰好是选举日或在假日之后。

虽然简单的名称或符号在许多情况下是有效的，但有时可能过于抽象。为了给不同的引用提供附加信息，可以通过参数扩展名称和符号。例如，表示城市的点有时通过大小或颜色参数来区分大城市和小城市。或者通过不同形状的符号，区分国家的首都和其他城市，等等。类似地，引用日期的名称也可以参数化。事实上，工作日这个名词已经把这一天与你不上班的假日区分开来了。

当在简短的描述中引用参数时，参数的全部潜力就会展现出来。例如，假设你想在日记中添加一个关于参加重要会议或去看医生的事件。像工作日一样，术语会议和预约看医生也是抽象，它们代表了在这些事件中通常发生的许多事情。很有可能的是，除了写你有一个重要的会议，你会加上你见了谁和会议的目的是什么，对于预约看医生，你可能会提到你要看什么医生和出于什么原因。这些信息将由抽象的参数表示，并在其描述中使用。就像面包店能定制带有姓名和年龄装饰的生日蛋糕一样，会议的抽象由参数 who 和 purpose 扩展，然后在抽象的描述中引用这些参数。当你使用"与吉尔开会讨论招聘"这样的抽象时，参数 who 和 purpose 分别替换为"吉尔"和"招聘"，这个描述读起来就像是专门为这次会议撰写的。

抽象可以识别模式并使其可重用。通过使用参数，抽象可以灵活地适应特定的情况，并以简洁的形式传达大量的信息。为抽象指定名称并标识其参数定义了抽象的接口，它定义了正确使用抽象的方法。计算机科学家每天所做的大部分工作是识别、创建和使用抽象来描述和推理计算。计算机科学研究抽象的本质，形式化其定义及其使用，从而使程序员和软件工程师能够开发出更好的软件。

在本书的最后一章，我将解释什么是抽象以及它们在计算中所扮演的角色。由于抽象在自然语言和计算机科学中扮演着重要的角色，所以故事可以解释很多关于计算的事情也就不足为奇了。

第 15 章
Once Upon an Algorithm: How Stories Explain Computing

鸟瞰：从细节到抽象

本书中的计算示例都很小，这对于说明概念和原理是有益的，但是它们适用于更大规模的问题吗？可扩展性的问题表现在多个方面。

首先，算法存在是否适用于大输入的问题。这个问题可以通过分析算法的运行时间和空间复杂度来解决，在本书的第一篇，特别是在第 2、4、5、6 和 7 章中对此进行了讨论。虽然有些算法的可扩展性很好（寻路、煮咖啡、搜索和排序算法），但有些算法就不行（在预算有限的情况下优化午餐选择的算法）。如第 7 章所述，指数算法的运行时间实际上阻止了一些问题的解。

其次是如何创建、理解和维护大型软件系统的问题。设计和编写一个小程序相对容易，但是生产大型软件系统对软件工程师来说仍然是一个很大的挑战。

要理解问题所在，想象一下你所居住的城市或国家的地图。多大尺寸的地图是合适的呢？正如刘易斯·卡罗尔在他的最后一部小说《西尔维和布鲁诺的结局》中所解释的那样，1:1 的比例是无用的，因为如果把地图摊开，"它将覆盖整个国家，遮天蔽日！"因此，任何有用的地图都必须比它所代表的要小得多，因此它必须省略许多细节。制作地图的一个重要问题是，多大的比例既小到便于使用，又大到可以表现足够的细节？此外，哪些细节应该忽略，哪些应该保留？后一个问题的答案通常取决于地图的用途。有时我们需要看清道路和停车场，有时我们对自行车道和咖啡店感兴趣。这意味着地图应该是可配置的，以满足不同的需求。

任何一个描述，只要它比它所讨论的内容短，就面临找到正确的泛化水平和提供配置方法的挑战。这样的描述称为抽象。大部分计算机科学问题都与如何定义和有效地使用抽象相关。最重要的是，算法是许多不同计算的抽象，它的参数决定了算法执行时将展开哪些特定的计算。算法处理的是表示，而这些表示也是抽象，它们保留了算法需要的细节，而忽略了其他细节。算法中的抽象层次和它的参数是相关的。为算法寻找合适的通用性通常涉及通用性和效率之间的权衡。要处理更大范围的输入，通常需要对输入进行更高层次的抽象，这意味着算法可以利用的细节更少。

算法用一种语言表示，并由计算机执行。所有这些概念也都使用了抽象。最后，算法是个别计算的抽象，这种抽象也必然要求对运行时间和空间效率的概念进行抽象，因为算法效率的有效刻画必须与输入的规模无关。

本章说明抽象渗透到了计算机科学的所有主要概念中。首先，我将通过为本书中使用的故事构思一个抽象，讨论在定义和使用抽象时产生的问题。然后，我将解释抽象如何应用于算法、表示、运行时间、计算机和语言。

长话短说

本书提到了各种各样的故事：童话故事、侦探故事、冒险故事、音乐幻想、浪漫喜剧、科幻喜剧和奇幻小说。虽然这些故事各不相同，但它们确实有一些共同点。例如，它们都以一个或多个主角（protagonist）为中心，他们必须面对并克服挑战，并且他们的结局都是快乐的。只有一个故事不以书的形式存在，只有一个故事不涉及某种形式的魔法或超自然力量。尽管这些简短的描述忽略了每个故事的细节，但它们仍然提供了一些信息，有助于将故事与其他（比如体育报道）区分开来。然而，在描述的细节级别和它所适用的示例数量之间存在明显的权衡。在提供的细节数量和理解描述所需的时间之间似乎也存在权衡，因为更多的细节导致更长的描述。给特定的描述一个特定的名称可以解决这个问题，例如侦探故事，其主角是调查犯罪的侦探。标语、电影预告和其他简短的总结之所以重要，正是因为它们是传递特定故事相关信息的有效方式，它们帮助我们更快地做出决定。例如，如果你不喜欢侦探小说，你可能不会喜欢读《巴斯克维尔的猎犬》。

如何为一组故事生成摘要语句？你可以从比较两个故事开始，记住它们的共同要素。然后，你可以将结果与第三个故事的内容进行比较，并保留所有三个故事的共同要素，以此类推。这个过程一步一步地过滤掉那些特定故事独有的细节，并保留那些对所有故事都通用的要素。这种消除不同细节的方法被称为抽象[⊖]，人们有时也说"从细节到抽象"。

在计算机科学中，作为抽象结果的描述本身也称为抽象，而那些示例称为抽象的实例。对过程和结果使用相同的名称（抽象）可能会令人困惑。为什么我们不使用类似的术语，比如泛化？泛化似乎是合适的，因为泛化也是与一些特定实例相匹配的总结。然而，在计算机科学中术语抽象比泛化有更多的含义。除了概要描述之外，它通常有一个名称，并包含一个或多个参数，这些参数可以用实例中的具体值来标识。名称和参数称为抽象的接口。接口提供了一种使用抽象的机制，参数将实例的关键元素链接到抽象。泛化完全由实例驱动，而定义接口的需要使抽象成为一个更具目的性的过程，这需要决定刻意忽略哪些细节。例如，我们可以将"主角如何克服挑战"的故事概括提升为一个故事抽象，通过将其命名为 Story，并确定 protagonist（主角）和 challenge（挑战）两个参数：

　　Story(protagonist, challenge) = protagonist 如何解决 challenge 问题

与算法的参数一样，抽象 Story 的参数在描述中用作占位符，可以被应用 Story 的任何实参替换。

在汉赛尔与格莱特的故事中，主角是汉赛尔和格莱特，他们面临的挑战是找到回家的路。我们可以将 Story 抽象应用于参数的相应值来表达这一事实：

　　Story(汉赛尔与格莱特, 找回家的路)

这个应用描述了关于两个主人公汉赛尔和格莱特的故事，他们解决了找到回家路的问题。

我们有必要反思这一抽象过程的意义所在。假设你想快速向某人解释一下汉赛尔与格莱特的故事要点。你可以首先说它是一个故事，也就是说，通过引用抽象 Story 来说明。当然，只有另一个人也理解抽象 Story，这种方法才有效。在这种情况下，对抽象的引用会在另一个人身上唤起对故事基本要素的认知框架。然后你提供 protagonist 和 challenge 代表的角色，填补相应的细节，从而把故事的一般描述变成更具体的描述。

从技术上讲，抽象 Story 的应用导致抽象名 Story 被它的定义所取代，并将定义中的两个参数替换为"汉赛尔与格莱特"以及"找回家的路"（见第 2 章）。这种替换产生以下实例：

　　[⊖] 抽象（abstraction）这个词起源于拉丁语动词 abstrahere，意思是"抽离"。

汉赛尔和格莱特如何解决找到回家的路的问题

实例和抽象之间的关系如图 15.1 所示。

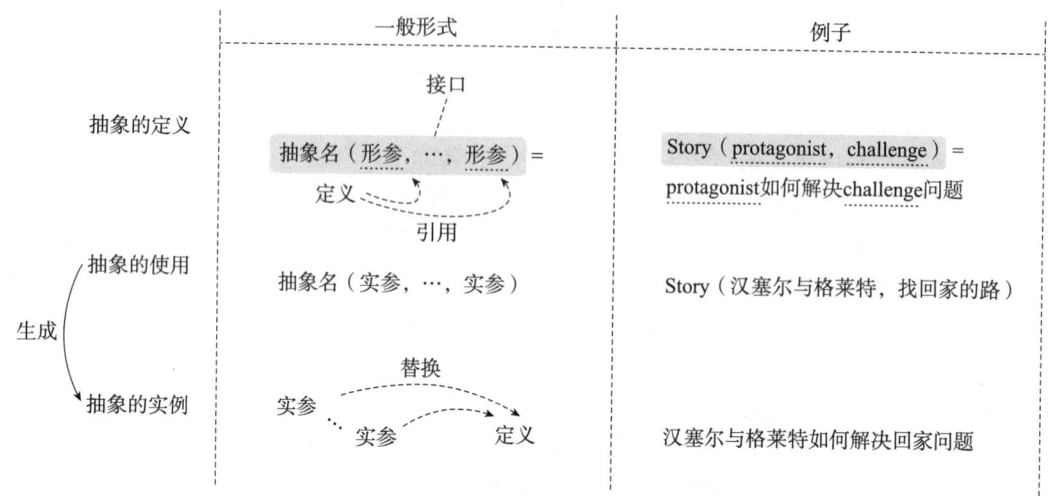

图 15.1 抽象的定义和使用。抽象的定义为其指定一个名称，并标识定义引用的参数。名称和参数是抽象的接口，它规定了如何使用抽象：使用其名称并为参数提供实参。这样生成了抽象的实例，该实例通过用实参替换抽象定义中的参数来获得

我们从抽象 Story 的角度总结了汉赛尔与格莱特的故事后，可能想要用一个名称来更简洁地引用它。在这种情况下，故事名恰好与主角名相同：

汉赛尔与格莱特 = Story(汉赛尔与格莱特, 找回家的路)

这个等式表明，"汉赛尔与格莱特"是汉赛尔和格莱特解决找回家之路问题的故事。故事的名字和主角的名字一致纯属巧合，尽管这种情况实际上经常发生。下面是一个不会发生这种情况的例子：

土拨鼠节 = Story(菲尔·康纳斯, 逃离无休止重复的一天)

同样，用抽象的定义替换抽象名，用实际值替换参数便可获得抽象应用的一个实例：

土拨鼠节 = 菲尔·康纳斯如何解决逃离无休止重复的一天的问题

在汉赛尔与格莱特的故事中，找到回家的路并不是他们面临的唯一挑战。故事的另一个重要情节是他们必须逃离试图吃掉他们的巫婆。因此，这个故事可以用以下方式来描述：

Story(汉赛尔与格莱特, 逃离巫婆)

这个描述使用相同的抽象 Story。唯一改变的是第二个参数的实参。这一事实引发了关于抽象的几个问题。首先，我们如何理解抽象中的歧义？因为汉赛尔和格莱特的故事可以从不同的角度被视为 Story 抽象的一个实例，而且由于所显示的两个实例都提供了关于这个故事的准确信息，所以不能说一个比另一个更正确。这是否意味着抽象的定义是有缺陷的？其次，故事抽象并不仅仅是从某个特定挑战的细节中抽象出来的，它还专注于一个特定的挑战（至少，对于包含多个挑战的故事来说）。例如，用抽象 Story 来描述汉赛尔与格莱特的故事时，至少遗漏了一个挑战，这就提出了一个问题，即我们是否可以定义抽象 Story，让它能够解释故事中的多个挑战。这个问题不难解决，但是对于这样一个抽象来说，应该用什么层次的细节来定义呢？

抽象的程度

抽象要到什么程度才能涵盖足够的实例？要忽略多少细节同时又保持足够的精确性？每当我们形成一个抽象时，我们必须决定它的通用程度以及细节水平。例如，构建本书故事描述时，我们可以使用"事件序列"来代替抽象 Story。这种方法也是准确的，但它会遗漏一些重要的情节，不那么精确。另外，我们可以使用更具体的抽象，如"童话"或"喜剧"。然而，尽管这些抽象提供了比抽象 Story 更多的细节，但它们并不足以适用于所有故事。事实上，即使是相当笼统的抽象 Story 也不足以涵盖主角未能解决问题的故事。我们可以添加另一个参数来弥补这个缺陷，根据具体情况，这个参数可以被"解决"或"未能解决"替代。以这种方式扩展 Story 是否是个好主意取决于抽象的用法。如果永远不会出现"未能解决"的情况，则不需要额外的通用性，而当前更简单的定义更可取。然而，使用抽象的场合可能会改变，因此人们永远无法绝对确定所选择的通用性级别。

除了找到适当级别的通用性之外，定义抽象的另一个问题是决定在描述中提供多少细节以及使用多少参数。例如，我们可以在抽象 Story 中添加一个参数，反映主角是如何克服挑战的。一方面，给抽象添加更多参数使其更具表现力，因为参数可以显示不同实例之间更细微的差异。另一方面，它使抽象的接口更加复杂，并且在使用抽象时需要提供更多的实参。更复杂的接口不仅使抽象更难以使用，而且使抽象的应用更难以理解，因为必须在更多的地方用更多的实参代替参数。这种复杂性抵消了使用抽象的一个主要原因——提供简洁且易于理解的概述。

平衡接口的复杂性和抽象的精确性是软件工程的核心问题之一。我们可以通过抽象 Story 的实例来描述程序员的困境：

软件工程 = Story(程序员，找到正确的抽象层次)

当然，程序员还面临许多其他挑战，其中一些挑战也可以用抽象 Story 来简洁概括。这里还有一个每个程序员都能感同身受的问题：

正确的软件 = Story(程序员，找错和改错)

找到合适的抽象层次也是抽象 Story 面临的一个问题。可以用两种不同的方法将汉赛尔和格莱特的故事定义为抽象 Story 的实例。选择专注于一个挑战的实例意味着忽略另一个挑战。但是，如果我们想用这两个实例描述更全面的汉赛尔和格莱特的故事呢？我们可以用不同的方式实现。首先，我们可以简单地并排写下这两个实例：

Story(汉赛尔与格莱特，找回家的路)
Story(汉赛尔与格莱特，逃离巫婆)

这看起来有点笨拙。特别是，重复提到主角和抽象 Story 似乎是多余的。当我们执行替换并生成以下实例时，这一点很明显：

汉赛尔和格莱特如何解决找到回家的路，以及汉赛尔和格莱特如何解决逃离巫婆的问题

另一种方法是简单地将这两个挑战合并为一个挑战，并用其替换参数 challenge：

Story(汉赛尔与格莱特，找回家的路并逃离巫婆)

这种表示相当有效。你可能已经注意到，主角同样是汉赛尔和格莱特两个人用"与"组合在一起，并作为一个整体替换了参数 protagonist。注意，在英语中，灵活使用单个或多个主角是有代价的。在抽象 Story 的定义中，主角（protagonist）和解决（solve）的使用必须符合

英语语法对单数和复数的要求。如果抽象 Story 能够为每种情况生成独立的、语法正确的实例，那就太好了。

这种需求可以通过令抽象 Story 定义中的第一个参数为主角列表来实现。然后，根据参数是单个主角还是含两个主角的列表，给出两个略有不同的定义[1]：

Story(protagonist, challenge) = How protagonist solves the problem of challenge

Story(protagonist$_1$ → protagonist$_2$, challenge) =How protagonist$_1$ and protagonist$_2$ solve the problem of challenge

现在，如果 Story 应用于单个主角，例如菲尔·康纳斯，则选择使用单数动词的第一个定义。如果 Story 应用于含两个主角的列表，例如汉赛尔→格莱特，则选择第二个带有复数动词的定义[2]。在这种情况下，第二个定义将列表分解为两个元素，并在它们之间插入 and。

抽象 Story 似乎提供了一种创造英语句子的方法。在第 8 章中，我演示了语法的这种机制。那么我们是否可以为故事摘要定义一种语法呢？是的。这里有一个与 Story 的最新定义相对应的语法[3]。除了一些小的符号差异，例如使用箭头代替等号，使用点框标记非终结符，这两种机制基本上相同，即用具体值（或终结符）代替参数（或非终结符）。

story ⟶ How protagonist solves the problem of challenge

story ⟶ How protagonists solve the problem of challenge

protagonists ⟶ protagonist and protagonist

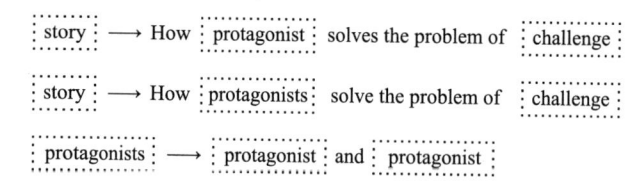

表 8.1 对语法、方程和算法做了比较。它显示了不同形式化组成部分的共同作用，从而说明了语法、方程和算法虽然形式不同，但描述抽象的机制相似。

前面的讨论表明抽象的设计不是一项一蹴而就的任务。在遇到新的用例时，人们可能会认识到需要更改抽象定义以满足变化的需求。这样的更改可能得到更一般的抽象或显示不同细节的抽象。在某些情况下，这可能会导致接口的更改，例如，在添加新参数或更改其类型时。一个例子是将参数 protagonist 从单个值更改为列表。当抽象的接口发生变化时，抽象的所有现有应用也必须改变，以符合新的接口。这可能需要大量的工作，并可能产生连锁反应，导致其他接口也发生更改。因此，软件工程师尽量避免更改接口，并将其视为最后的选择。

抽象的运行

考虑 Story 的第二个定义，虽然其中的主角列表只包含两个元素，但很容易使用循环或递归扩展成包含任意数量元素的列表，如第 10 章和第 12 章所示。使用独立的等式来区分不同的情况和处理列表的想法表明，抽象 Story 实际上可能是一种生成短篇故事描述的算法。事实证明，这比我们看到的要复杂得多，接下来我将更详细地讨论算法和抽象之间的关系。

考虑到抽象在计算机科学中的重要性，其核心概念之一的算法本身就是抽象的一个例子

---

[1] 这个定义可以进一步扩展到包含任意多个主角的列表。不过，这样的定义会有点复杂。

[2] 这里指英语定义需要使用复数动词。——译者注

[3] 为简洁起见，省略了非终结符 protagonist 和 challenge 的展开规则。

也就不足为奇了。算法描述了许多相似计算的共性，无论是跟随石子还是列表排序算法（见图 15.2）㊀。当用不同的实参代替形参执行算法时，就会产生不同的计算。

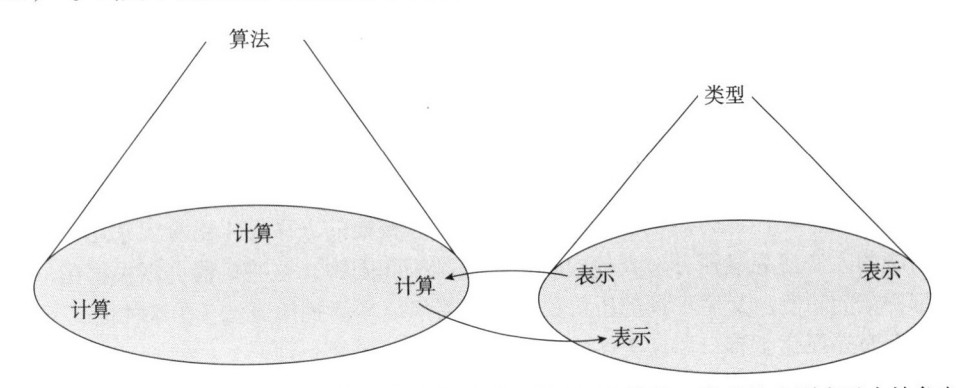

图 15.2　算法是对个别计算的抽象。每个算法都对表示进行转换。类型从个别表示中抽象出来。如果 Input 是算法接受的表示类型，Output 是算法产生的表示类型，那么算法的类型是 Input → Output

抽象 Story 似乎是一种事后的概括，也就是说，总结性的描述是在看过许多现有的故事之后创建的。这种情况偶尔也会发生在算法上。例如，在你做一道菜肴时，经过反复改变食材和做法，得到满意的结果，你才可能决定写下食谱，以确保将来可以重复烹饪体验。然而，在许多其他情况下，算法是对未解决问题的解决方案，并且是在任何计算运行之前创建的。这就是算法抽象如此强大的原因。除了描述已经发生的计算之外，算法还可以根据需要生成全新的计算。算法具有解决以前没有遇到过的新问题的能力。在抽象 Story 的背景下，想象任意几个主角和一个特定的问题，你便有了一个新故事的开端。

下面的类比进一步说明了这一点。考虑一个简单的道路网络，并假设修建了两条道路分别连接城市 A 和 B、C 和 D。碰巧这两条路互相交叉，形成一个十字路口。突然间，新的连接成为可能，我们可以从 A 旅行到 C，从 B 旅行到 D，等等。道路网络不仅便利了它原先连接的旅行，还潜在地便利了许多其他没有预料到的旅行。

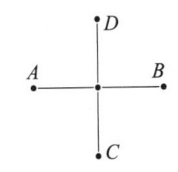

"算法是抽象"这一观点可以从两方面来理解。首先，算法的设计和使用享有抽象的所有优势，但也承担了所有的成本。特别是，找到合适的抽象层次的问题与算法的设计有关，因为算法的效率经常受到其通用性的影响。例如，归并排序需要线性对数时间。归并排序适用于任何元素列表，并且只要求元素可以相互比较。因此，它是可以想象到的最通用的排序方法，并且广泛适用。然而，如果要排序的列表中的元素来自一个小领域，那么可以使用桶排序（见第 6 章），它以线性时间运行（更快）。因此，算法除了要在通用性和精度之间进行权衡之外，还要在通用性和效率之间进行权衡。

其次，我们可以在抽象设计中利用算法元素。抽象 Story 就是一个很好的例子。它的唯一目的是描述故事，不涉及任何计算。然而，由于设计良好的抽象通过使用参数来确定个别故事的关键要素，我们注意到需要以更灵活的方式处理主角和挑战列表。特别是，区分不同数量元素的列表在生成特定的故事描述时被证明是有用的。

由于算法的执行等同于函数行为，因此算法也被称为函数抽象。但是算法并不是函数抽

㊀　一个抽象概念的圆锥可视化本身就是一个抽象，抽象概念在顶部，抽象的实例在底部。

象的唯一例子。《哈利·波特》中的咒语是魔法的函数抽象。当巫师施放咒语时，咒语就会产生魔法。每次施咒都会产生不同的效果，这取决于施咒的人和对象，以及施咒的效果。就像算法一样，它用某种语言表达，并且只能由理解这种语言的计算机执行。咒语是用魔法语言表达的，其中包括咒语、魔杖动作等，只有熟练的巫师才知道如何执行该咒语。魔药是魔法的另一种抽象形式。它们与咒语的不同之处在于它们的执行要容易得多。不需要巫师就能释放魔药的效果。任何人，甚至是麻瓜，都能做到。

许多机器也是函数抽象。例如，袖珍计算器是算术运算的抽象。就像魔药能让巫师以外的人接触到魔法一样，计算器也能让不具备必要计算技能的人做算术运算。它还可以让不具有这些技能的人快速完成任务。其他的例子是咖啡机和闹钟，这些机器可以根据用户定制可靠地执行特定的功能。交通工具的历史说明了机器何以提高抽象方法（在这种情况下是旅行）的效率，有时还简化了接口以使更多人能够使用。马车需要一匹马，而且速度相对较慢。汽车已经有了很大的进步，但仍然需要驾驶技能。自动变速器、安全带、导航系统——所有这些都使汽车作为一种交通工具更方便、更安全。在未来几年，随着自动驾驶汽车的出现，我们可以期待更广泛的大众可以驾驶汽车。

类型表示所有对象的共有特征

算法和机器（以及咒语和魔药）都是函数抽象的例子，因为它们封装了某种形式的功能。在计算中被转换的被动表示也要进行抽象，称为数据抽象。事实上，表示的概念本质上是一种抽象，因为它将符号的某些特征等同于它所代表的某些东西（见第3章），因此也主动地忽略了其他特征，也就是说，表示是从这些特征中抽象出来的。

当汉赛尔和格莱特通过追踪石子找到回家的路时，石子的大小和颜色并不重要。使用石子作为地点的表示创造了一种抽象，忽略了大小和颜色的差异，专注于它们反射月光的特征。当我们说哈利·波特是巫师时，我们强调的是他会施魔法。相比之下，我们不关心他的年龄、他是否戴眼镜或任何其他有趣的信息。把哈利·波特称为巫师，我们就把所有这些细节都抽象掉了。当我们称夏洛克·福尔摩斯是个侦探或者布朗博士是个科学家时，也是同样的道理。我们会突出与这些术语相关的特征，暂时忽略关于这个人的一切其他特征。

当然，像巫师、侦探和科学家这样的术语都是类型。它们的内涵包含通常被认为属于这种类型的任何个体成员都具有的属性。抽象 Story 中主角和挑战的概念也是一种类型，因为它们唤起了抽象 Story 传达其意义所需的特定意象。与巫师或侦探相比，主角似乎是一种更宽泛的类型，因为它提供的细节更少。后两者可以代替前者的事实也支持了这一观点。然而，这只是部分事实。以伏地魔为例。他是一个巫师，但他不是一个主角，而是《哈利·波特》故事中的主要反派人物。由于主角哈利·波特和反派伏地魔都是巫师，因此现在看来，巫师的类型更宽泛，因为它忽略了区分主角和反派所依赖的细节。因此，主角和巫师都不能被笼统地认为更具抽象性，这并不奇怪，因为这两种类型来自不同的领域，即故事和魔法领域。

在一个领域中，类型通常具有清晰的层次结构。例如，哈利·波特、德拉科·马尔福和西弗勒斯·斯内普都是霍格沃茨的成员，但只有哈利和德拉科是霍格沃茨的学生。如果你是霍格沃茨的一名学生，那么你显然也是霍格沃茨的一员，这意味着霍格沃茨的成员类型是一个比霍格沃茨的学生更一般的抽象。此外，由于哈利而不是德拉科而是格兰芬多学院的一员，所以霍格沃茨的学生类型比格兰芬多学院的学生类型更抽象。同样地，魔法比咒语更抽象，而咒语又比传送咒语或守护神咒更抽象。

编程语言中的类型可能是最明显的数据抽象形式。数字 2 和 6 不同，但它们有很多共同点。我们可以把它们除以 2，也可以把它们与其他数相加，等等。因此，我们可以忽略它们的差异，并将它们与其他数字组成类型 Number。这种类型从单个数的属性中抽象出来，并揭示了其所有成员之间的共性。特别是，该类型可用于表示算法中的参数，然后使用类型检查器来检查算法的一致性（见第 14 章）。因此，数据抽象与函数抽象相辅相成：算法使用参数从单个值中抽象出来。然而，在许多情况下，参数不能被任何可以想象的东西代替，而必须是算法能操作的实参表示。例如，乘以 2 的参数必须是一个数字，这是作为数据抽象的类型发挥作用的地方。从这个角度讲，也可以认为类型 Number 比许多更具体的数字类型（例如所有偶数的类型）更抽象。

最后，除了（普通）类型（如 Number）之外，数据抽象还特别适用于数据类型（见第 4 章）。数据类型仅由其提供的操作及它们的属性定义。表示的细节被忽略，也就是说，被抽象掉了，这意味着数据类型比实现它的数据结构更抽象。例如，栈可以通过列表或数组来实现，但是当它们用于实现栈时，这些结构的细节以及它们之间的差异是不可见的。

任何精心选择的数据抽象都会突出显示支持使用它们进行计算的表示的特性。此外，这种抽象忽略并隐藏了可能干扰计算的特征。

时间抽象

正如第 2 章所解释的，算法的运行时间与健身追踪器报告你最近跑 6 英里所用时间的方式不同。以秒（或分钟或小时）为单位报告运行时间并不是非常有用的信息，因为它取决于特定的计算机。同一算法在快慢不同的计算机上运行，运行时间将会不同。比较你和你朋友跑 6 英里的时间是有意义的，因为它提供了两台计算机（也就是跑步者）的相对效率的信息。然而，因为你和你的朋友都在执行相同的算法，这个时间信息并不能说明算法本身的效率。

因此，从具体的时间中抽象出来并以算法执行的步数来衡量算法的复杂性是一个好主意。这种测量与计算机的速度无关，因此不受技术发展的影响。假设你跑步时的步幅是相对恒定的。那么不管什么具体场合，你每次跑 6 英里的步数都是一样的。使用固定步幅的步数可以从跑步者的特定特征中抽象出来，从而提供更稳定的跑步特征。事实上，步数只是跑 6 英里长的另一种说法。跑步的长度比持续时间更能衡量其复杂性，因为它是从不同跑步者的不同速度中抽象出来的，甚至是从同一跑步者在不同时间的不同速度中抽象出来的。

步骤或操作的数量虽然比时间更抽象，但用于衡量算法复杂性时仍然过于具体，因为这个数字随着算法的输入而变化。例如，列表越长，查找最小值或排序所需的时间就越长。同样，6 英里的跑步比 5 英里的跑步需要更多的步数。请记住，目标是描述算法的一般复杂性，而不是针对特定输入的性能。因此，我们不清楚应该报告哪个输入的步数。可以想象要为几个示例创建一个显示步数的表，但不清楚该选择哪些示例。

因此，算法的时间抽象更进一步，它忽略了实际运行的步数，转而报告步数如何随着输入的增加而增长。例如，如果输入的大小加倍，算法需要两倍的步骤，那么算法运行时间以相同的速度增长。如第 2 章所述，这样的运行时间行为称为线性的。查找列表的最小值或跑步就是这种情况 ⊖。即使运行时间增长的因子大于 2，算法的复杂性仍然被认为是线性的，因为算法所采取的步骤数是输入大小的常数倍。这就是汉赛尔和格莱特找到回家的路所需要的步数。运行时间增长的因子大于 2，是因为石子是每隔几步丢下的。线性算法的运行时间类别也从这个因子中抽象出来，因此汉赛尔和格莱特的算法仍然被认为是线性的。

运行时间抽象的两个最重要的价值是它能够告诉我们哪些问题是可处理的，以及为特定问题选择哪种算法最优。例如，具有指数运行时间的算法只适用于非常小的输入，并且已知只有以指数时间运行的算法的问题因此被认为是难解的（见第 7 章）。另一方面，如果我们有几个算法可用来解决相同的问题，我们应该选择一个具有更小运行时间复杂度的算法。例如，我们通常更喜欢以线性对数时间运行的归并排序而不是以二次时间运行的插入排序（见第 6 章）。图 15.3 总结了时间抽象。

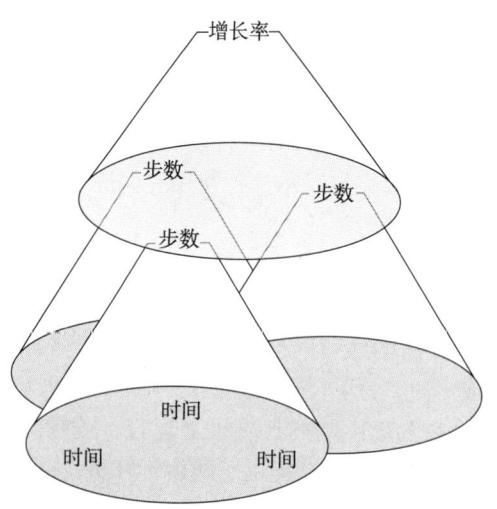

图 15.3 时间抽象。为了从计算机的不同速度中抽象出来，我们使用算法在执行过程中所需的步数作为其运行时间的度量。为了从不同输入所需的不同步数中抽象出来，我们根据大输入情况下算法的增长速度来衡量算法的运行时间

机器的语言

算法本身不能产生计算。正如第 2 章所述，一个算法必须由一台能够理解编写算法所用语言的计算机来执行。算法中使用的任何指令都必须在计算机可以处理的指令库中。

用特定计算机理解的一种语言编写算法是有问题的，原因有几个。第一，独立设计的计算机可能会理解不同的语言，这意味着用一台计算机可以理解和执行的语言编写的算法可能无法被另一台计算机理解和执行。例如，如果汉赛尔或格莱特用德语写下用石子找到回家路的算法，那么在法国或英国长大的孩子如果没有学过德语，就无法执行它。第二，随着时间的推移，计算机使用的语言也在变化。对于人来说，这可能不是问题，因为人仍然可以可靠地理解陈旧过时的语言形式，但对于机器来说，这肯定是一个问题，即使其中一条指令略有改变，机器也可能无法完全执行算法。算法和计算机之间脆弱的语言联系似乎使算法难以

⊖ 这里忽略了跑步者最终会感到疲倦，这对跑多远有一个自然的限制。

共享。幸运的是，每次新计算机进入市场时都不需要重写软件。这可以归功于两种形式的抽象：语言翻译和抽象机器。

为了说明抽象机器的概念，我们考虑驾驶汽车的算法。你可能不仅学会了如何驾驶一辆特定的车，还能够驾驶各种不同的车。你获得的驾驶技能与特定的车型和品牌无关，而是更抽象的，可以用方向盘、油门踏板和刹车等概念来描述。抽象的汽车模型由各种实际的汽车实现，这些汽车在细节上有所不同，但通过通用的驾驶语言使用其功能。

抽象适用于各种机器。例如，我们可以从咖啡机、法式压滤机或浓缩咖啡机的细节中抽象，说明制作咖啡的机器需要能够将热水与咖啡粉混合一段时间，然后将颗粒从液体中分离出来。制作咖啡的算法可以用这个制作咖啡的抽象概念来描述，它仍然足够具体，可以用不同的咖啡机实例化。当然，抽象机器也有其局限性。我们不能用咖啡机来执行驾驶算法，也不能用汽车来煮咖啡。然而，抽象机器是将语言与特定计算机体系结构解耦的重要途径（见图 15.4）。

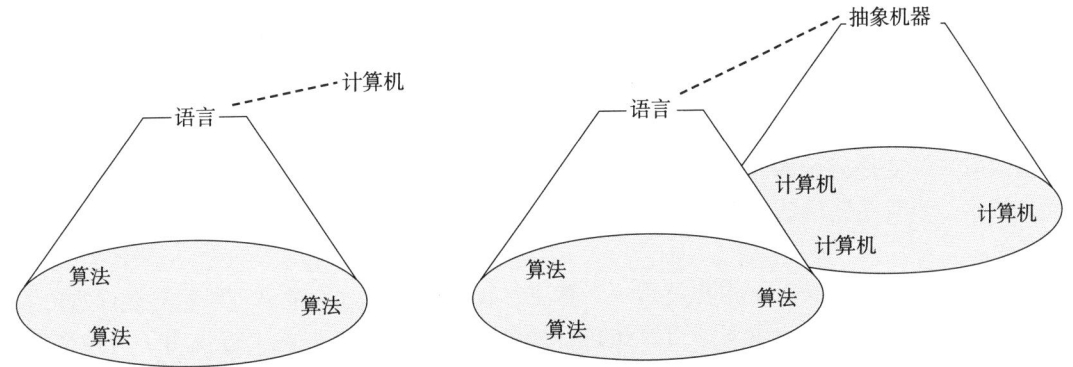

图 15.4 抽象机器是对具体计算机的抽象。抽象机器通过更简单和更通用的接口，使算法语言独立于特定的计算机体系结构，并扩展了可以执行算法的计算机的范围

最著名的抽象机器是图灵机，以英国著名数学家和计算机科学先驱阿兰·图灵的名字命名。他在1936年发明了图灵机，并用它形式化了计算和算法的概念。图灵机由一条纸带组成，纸带被分成一个个单元，每个单元包含一个符号。纸带通过读写头访问，读写头也可以使纸带向前或向后移动。机器总是处于某种特定的状态，并由一组规则给出的程序控制。这些规则规定，根据当前可见的符号和当前的状态，在纸带的当前单元上写哪个符号、向哪个方向移动纸带，或进入哪个新状态。图灵机已经被用来证明停机问题的不可解性。任何程序都可以翻译成图灵机程序，这意味着图灵机是目前所有现有（电子）计算机的抽象。这种抽象的重要性在于，经证明对图灵机成立的一般性质，也适用于任何其他现有的计算机。

从特定计算机中进行抽象的另一种策略是使用语言翻译。例如，我们可以将石子追踪算法从德语翻译成法语或英语，这可以消除语言障碍，使更多的人可以使用该算法。当然，这种方法同样适用于计算机语言。事实上，目前几乎所有的程序在被机器执行之前都以某种方式进行了翻译，这意味着目前使用的编程语言几乎没有一种能被计算机直接理解，而且每一个算法都必须经过翻译。一种程序设计语言是从一台特定计算机的细节中抽象出来的，而且使用这种语言可以为更广范围的计算机编写程序。因此，程序设计语言是计算机的抽象，使算法的设计独立于特定的计算机。如果生产了一台新计算机，在这台新计算机上运行现有算法所需要做的就是改编一个翻译程序，为这台计算机生成可执行的代码。翻译抽象使得程序设计语言的设计在很大程度上独立于它们运行所在的计算机。

定义抽象 Translate（翻译）有不同的方法。与任何抽象一样，问题是要从中抽象哪些细节，以及将哪些细节作为接口中的公开参数。下面的定义是从要翻译的程序、程序使用的语言和应该翻译成的语言中抽象出来的：

Translate(program, source, target) = "将程序 program 从 source 语言翻译成 target 语言"

请注意，我在"将程序……"两边使用了引号，因为翻译是一种复杂的算法，太长太复杂而无法在这里展示。例如，自然语言的自动翻译仍然是一个未解决的问题。相比之下，计算机语言的翻译是一个很容易理解和解决的问题。尽管如此，翻译仍然是冗长而复杂的算法，这就是为什么这里没有详细说明的原因。

下面是一个使用抽象 Translate 的例子，它将寻找石子的指令从德语翻译成英语：

Translate(Finde Kieselstein, German, English)

指令 Finde Kieselstein 是源语言德语的一个词汇，翻译的结果是指令 Find pebble，它是目标语言英语的一个词汇。

在《哈利·波特》中，咒语和魔法的语言需要巫师来执行。一些咒语可以翻译成相应的魔药，然后麻瓜也可以使用。例如，某些变形法术的效果可以用复方汤剂的方式施用，使得饮用者改变他或她的外表。虽然复方汤剂明显很难制作，即使对经验丰富的巫师来说也是如此，但有些咒语的翻译很简单。例如，杀戮咒阿瓦达索命可以翻译成任何普通的致命魔药。

由于每个抽象 Translate 本身就是一个算法，我们可以通过一种语言对所有翻译进行抽象，就像我们使用一种语言对所有算法进行抽象一样。图 15.5 的左上方说明了这种情况。由于每种语言都对应一台可以执行其程序的计算机或抽象机，这意味着语言可以从计算机中抽象出来，如图 15.5 的右上方所示。

正如图灵机是任何计算机器的终极抽象，λ 演算是任何编程语言的终极抽象。λ 演算是由美国数学家阿朗佐·丘奇在图灵机发明的同时发明的。它只包含三个构件，分别用于定义抽象、引用定义中的参数和通过为参数提供实参创建抽象实例，与图 15.1 所示非常相似。任何算法语言编写的任何程序都可以翻译成 λ 演算程序。现在看来，我们从计算机中得到了两种不同的终极抽象：λ 演算和图灵机。这怎么可能呢？事实证明，这两个抽象是等价的，这意味着图灵机的任何程序都可以转换成等价的 λ 演算程序，反之亦然。此外，经证明图灵机或 λ 演算比任何已知的表示算法[⊖]的形式系统都更具表现能力。因此，似乎任何算法都可以表示为图灵机或 λ 演算程序。这一观察结果被称为丘奇-图灵论题，以计算机科学的两位先驱命名。丘奇-图灵论题表达了算法的表现能力和范围。由于算法的定义基于有效指令的概念，这是与人类能力相关的直觉概念，因此算法无法以数学方式形式化。丘奇-图灵论题不是一个可以证明的定理，而是对算法直观概念的观察。丘奇-图灵论题相当重要，因为它暗示了所有关于算法的知识都可以通过研究图灵机和 λ 演算来发现。丘奇-图灵论题被大多数计算机科学家所接受。

[⊖] 在这里，"算法"一词狭义地指计算数学函数的方法，不包括例如菜谱的事物。

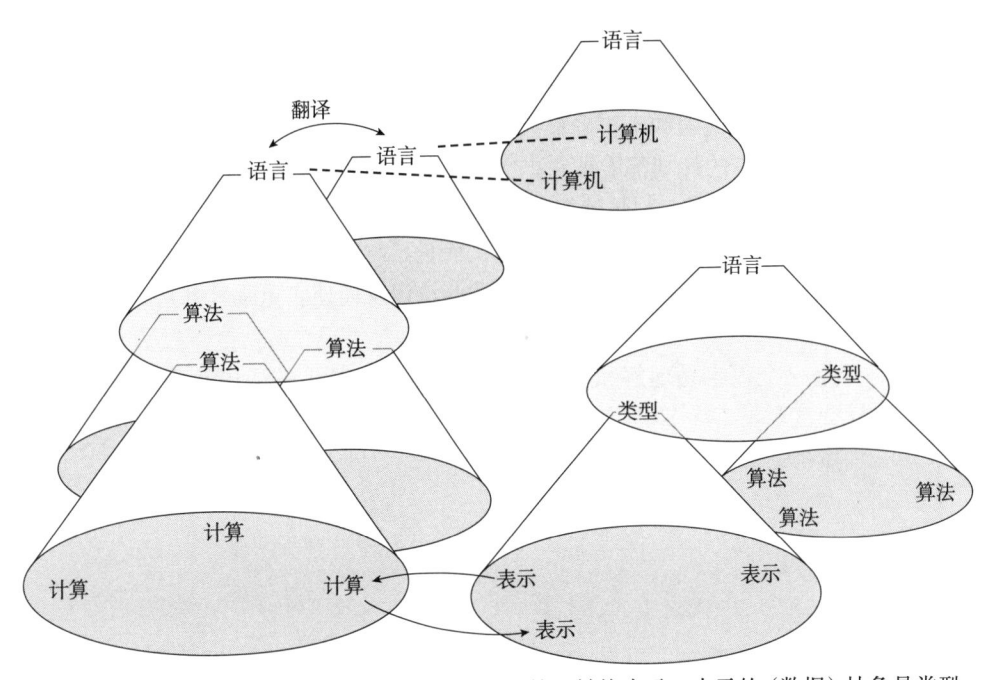

图 15.5 抽象塔。算法是对计算的（函数）抽象。算法转换表示，表示的（数据）抽象是类型。算法可接收的输入和输出也表示为类型。每个算法都用一种语言表示，这种语言是算法的抽象。翻译算法可以将算法从一种语言转换为另一种语言，从而使算法独立于理解其所用语言的特定计算机或抽象机器。语言也是计算机的抽象，因为翻译可以有效地消除计算机之间的差异。类型也被表示为语言的一部分。抽象层次说明了计算机科学中的所有抽象都是用某种语言表达的

✳ ✳ ✳

计算的本质在于系统地解决问题。虽然电子计算机促进了计算的空前增长和应用普及，但它们只是计算的一种工具。计算的概念本身具有更广泛的普适性。正如我们所看到的，汉赛尔和格莱特已经知道如何执行算法，以及如何成功地使用石子表示路径的抽象。夏洛克·福尔摩斯是符号和表示的大师，他利用数据结构来破案。印第安纳·琼斯也没有使用电子计算机来完成他的任何搜索。音乐的语言可能无法直接解决问题，但它包含了你能想象到的所有语法和语义。菲尔·康纳斯可能不懂任何理论计算机科学，但他面临着同样的计算的基本极限问题：停机问题的不可解性。马蒂·麦克弗莱和布朗博士生活在递归中，哈利·波特向我们展示了类型和抽象的魔力。

这些故事中的英雄可能不是计算机领域的英雄，但他们的故事深刻揭示了计算的本质。在本书结束时，我想再给大家讲一个故事——计算机科学的故事。这是一个关于征服计算概念的抽象的故事。它的主角是算法，可以通过转换表示系统地解决问题。它通过巧妙地应用其基本工具——控制结构和递归——来达到这个目的。尽管问题可以用不同的方式解决，但主角算法并不满足于任何特定的解决方案，而是希望通过使用其秘密武器参数来变得尽可能通用。然而，它的每个具体任务的执行都是一场鏖战，因为主角算法总是面临着它的主要敌人复杂性的阻挠：

计算 = Story(算法 , 解决问题)

故事随着新的更大的问题将算法推向极限而展开。但在算法的斗争中，它得到了来自抽象家族的亲朋好友的支持：它的姐妹效率为它规划稀缺资源的优化配置；它的兄弟类型，坚韧不拔地保护它免受编程错误和不正确输入的影响；还有它智慧的祖母语言，赋予它丰富的表现能力，并确保它所有的计划都能被它忠实的伴侣计算机理解和执行：

计算机科学 = Story(抽象 , 刻画计算)

算法不是万能的，它不能解决所有的问题，而且始终面临着效率瓶颈与错误风险的双重挑战。但它很清楚这一事实。这种对自身局限性的认识反而使它更强壮并对未来的冒险充满信心。

进一步探索

《哈利·波特》中的魔法诠释了类型和类型规则的概念，并展示了它们如何帮助预测未来。L. E. 莫德斯特的奇幻小说系列《雷克斯传奇》(The Saga of Recluce) 构建了一套严谨的魔法体系。在《雷克斯传奇》中，魔法是一个人控制所有物质固有的混乱和秩序的能力。吉姆·布彻的系列小说《德累斯顿档案》的主角是一名私家侦探和巫师，他调查涉及超自然现象的案件。这些故事包含了不同类型的魔法、魔法法则和魔法工具。

在 J. R. R. 托尔金的小说《指环王》和《霍比特人》中，存在许多具有特定能力的生物的例子，这些生物可以被描述为类型。《X 战警》漫画系列和相应电影中的超级英雄都有明确定义的特殊能力，并以精确定义的方式与自然界互动。有些超级英雄定义的类型只有一个元素，即他们自己，而其他类型包含多个成员。

不正确地使用设备通常会导致类型错误，并可能导致故障。这经常被用来制造戏剧效果，比如在电影《变蝇人》中，不恰当地使用远距传送装置会导致人类和苍蝇的 DNA 混合在一起。当人们改变或转换社会角色时，也会发生类型错误，这与角色相关的刻板印象有关。例如，在电影《疯狂星期五》中，青春期少女与其母亲互换了身体，这导致她们的行为完全不符合社会的预期。在马克·吐温的《王子与乞丐》中，一个王子和一个穷男孩互换了角色。

抽象概念的表现形式多种多样。实景模型抽象常用来表现历史上重要的事件。电影《傻瓜的晚餐》中就有这样的例子。巫毒娃娃是某人的抽象，用来隔空对此人施加痛苦。《夺宝奇兵：毁灭神庙》和《加勒比海盗：惊涛怪浪》都有这种场景的设定。在吉姆·布彻的《德累斯顿档案》中，巫毒娃娃也多次出现。同样，化身是主体在远端环境中的具体呈现，这也是电影《阿凡达》的主题。电影《头脑特工队》将心灵描绘成一个由五个人居住的空间，这些人代表了人的 5 种基本情感。

货币是价值的抽象，是经济中交换商品的重要工具。货币是一种社会建构的抽象概念，只有在所有参与者都同意其价值的情况下才能发挥作用。这一事实在使用非传统货币的故事中得到了很好的说明，比如在《疯狂的麦克斯 2》中，汽油是主要货币，或者在电影《时空穿越》中，一个人的一生被用作货币。在弗兰克·赫伯特的《沙丘》中，水和香料是货币，道格拉斯·亚当的《银河系漫游指南》中包含了许多奇怪的货币例子。

行为准则的抽象可以在艾萨克·阿西莫夫的短篇小说集《我，机器人》中找到，它以机器人的三条定律的形式出现，旨在确保机器人在不伤害人类的情况下很好地为人类服务。这些准则代表了道德的抽象。这些故事说明了这些准则的应用及其局限性，并导致了准则的不断修改和扩展。在马克斯·巴里的《词典》中，一个秘密社团开发了一种新颖的语言，这种语言不是交流思想的工具，而是控制他人行为的工具。虽然自然语言通常为描述世界提供抽象，但《词典》中的特殊语言基于对引导人类行为的神经化学反应的抽象，类似于一些魔法咒语，可以直接操控他人的行为。

推荐阅读

算法导论（原书第3版）

作者：Thomas H.Cormen, Charles E.Leiserson, Ronald L.Rivest, Clifford Stein
译者：殷建平 徐云 王刚 等 ISBN：978-7-111-40701-0 定价：128.00元

MIT四大名师联手铸就，影响全球千万程序员的"算法圣经"！国内外千余所高校采用！

《算法导论》全书选材经典、内容丰富、结构合理、逻辑清晰，对本科生的数据结构课程和研究生的算法课程都是非常实用的教材，在IT专业人员的职业生涯中，本书也是一本案头必备的参考书或工程实践手册。

本书是算法领域的一部经典著作，书中系统、全面地介绍了现代算法：从最快算法和数据结构到用于看似难以解决问题的多项式时间算法；从图论中的经典算法到用于字符串匹配、计算几何学和数论的特殊算法。本书第3版尤其增加了两章专门讨论van Emde Boas树（最有用的数据结构之一）和多线程算法（日益重要的一个主题）。

—— Daniel Spielman，耶鲁大学计算机科学系教授

作为一个在算法领域有着近30年教育和研究经验的教育者和研究人员，我可以清楚明白地说这本书是我所见到的该领域最好的教材。它对算法给出了清晰透彻、百科全书式的阐述。我们将继续使用这本书的新版作为研究生和本科生的教材及参考书。

—— Gabriel Robins，弗吉尼亚大学计算机科学系教授

算法基础：打开算法之门

作者：Thomas H. Cormen 译者：王宏志 ISBN：978-7-111-52076-4 定价：59.00元

《算法导论》第一作者托马斯 H. 科尔曼面向大众读者的算法著作；理解计算机科学中关键算法的简明读本，帮助您开启算法之门。

算法是计算机科学的核心。这是唯一一本力图针对大众读者的算法书籍。它使一个抽象的主题变得简洁易懂，而没有过多拘泥于细节。本书具有深远的影响，还没有人能够比托马斯 H. 科尔曼更能胜任缩小算法专家和公众的差距这一工作。

—— Frank Dehne，卡尔顿大学计算机科学系教授

托马斯 H. 科尔曼写了一部关于基本算法的引人入胜的、简洁易读的调查报告。有一定计算机编程基础并富有进取精神的读者将会洞察到隐含在高效计算之下的关键的算法技术。

—— Phil Klein，布朗大学计算机科学系教授

托马斯 H. 科尔曼帮助读者广泛理解计算机科学中的关键算法。对于计算机科学专业的学生和从业者，本书对每个计算机科学家必须理解的关键算法都进行了很好的回顾。对于非专业人士，它确实打开了每天所使用的工具的核心——算法世界的大门。

—— G. Ayorkor Korsah，阿什西大学计算机科学系助理教授